行人重识别技术

荆晓远　马　飞　程　立　訾　璐　彭志平　著

U0178194

科学出版社

北　京

内 容 简 介

行人重识别是计算机视觉领域的重要分支。本书在内容上涵盖了部分传统的以及当前主流的行人重识别算法。全书共 13 章，分为 5 个部分：第 1 部分（第 1 章和第 2 章）阐述行人重识别的研究现状以及一些传统的方法和数据库；第 2 部分（第 3～5 章）介绍度量学习在行人重识别中的应用与研究；第 3 部分（第 6～9 章）讨论一些基于字典学习的行人重识别方法；第 4 部分（第 10～12 章）对当前流行的深度学习行人重识别算法进行探讨和分析；第 5 部分（第 13 章）介绍行人重识别数据库的采集与构建方法。

本书可供图像检索和行人重识别相关领域研究人员和工程技术人员阅读参考，也可供对机器学习及行人重识别技术感兴趣的人士参考。

图书在版编目（CIP）数据

行人重识别技术/荆晓远等著. —北京：科学出版社，2021.11
ISBN 978-7-03-069634-2

Ⅰ. ①行… Ⅱ. ①荆… Ⅲ. ①行人-识别系统 Ⅳ. ①TP391.4

中国版本图书馆 CIP 数据核字（2021）第 175967 号

责任编辑：戴 薇 王国策 吴超莉 / 责任校对：赵丽杰
责任印制：吕春珉 / 封面设计：东方人华平面设计部

科学出版社 出版
北京东黄城根北街 16 号
邮政编码：100717
http://www.sciencep.com
三河市骏杰印刷有限公司印刷
科学出版社发行 各地新华书店经销
*
2021 年 11 月第 一 版 开本：B5（720×1000）
2021 年 11 月第一次印刷 印张：12 插页：6
字数：255 000

定价：115.00 元

（如有印装质量问题，我社负责调换〈骏杰〉）
销售部电话 010-62136230 编辑部电话 010-62135120-2005

前　言

近年来，由于社会安全形势的日趋复杂和安防需求的日益增长，全国各地以平安城市为代表的安防监控系统得到大规模普及应用，社会安全形势得到显著改善。这些监控不断地产生大量的监控数据，传统的视频监控加人工检索判读的方式存在效能低下、效果不佳、人力资源消耗大等突出问题，发展高效、精准、鲁棒的行人重识别技术能有效解决这些问题。行人重识别关注的问题是：计算机程序如何从海量的行人图像或视频中快速准确地找到与给定的行人影像匹配的行人图像或视频。

本书涵盖各种基于机器学习的行人重识别方法研究，不仅包含已被深入探讨过的传统方法，还包含当前的研究热门和富有成效的深度学习方法，以及对行人重识别任务中数据采集工作的实践指导。全书共 13 章，每章后面都附有详细的参考文献，以方便读者查阅。按内容相关性，本书可分为 5 个部分：

第 1 部分（第 1 章和第 2 章）阐述行人重识别研究现状、进展、不足与展望，以及机器学习方法和相关数据库。

第 2 部分（第 3～5 章）介绍度量学习在行人重识别中的应用与研究，深入探讨了基于负样本区别对待的度量学习行人重识别算法和基于集合的度量学习行人重识别算法。此外，还介绍了经典的 NK3ML、HAP2S 及深度度量嵌入方法。

第 3 部分（第 6～9 章）讨论字典学习在行人重识别中的应用与研究，详细研究了基于投影和异质字典对学习的图像到视频行人重识别方法、基于半耦合低秩鉴别字典的超分辨率行人重识别方法和基于双重特征的字典学习方法。除此之外，还介绍了跨视图投影字典学习（cross-view projective dictionary learning，CPDL）、判别式半耦合投影学习字典（discriminative semi-coupled projective dictionary learning，DSPDL）和拉普拉斯正则字典学习 3 个经典的字典学习技术。

第 4 部分（第 10～12 章）分析深度学习在行人重识别中的应用与研究，包括基于对称三元组约束的深度度量学习、基于跨模态特征生成和目标信息保留的无监督图像到视频的行人重识别算法的详细情况，同时对两种典型的基于深度学习的行人重识别算法进行介绍。

第 5 部分（第 13 章）介绍行人重识别数据库采集与方法，主要包括场景设定、相机部署、行人分割与归一化。

随着越来越多的研究者投身于行人重识别技术的研究中，行人重识别技术的发展愈发迅速，笔者仅结合自身在行人重识别方面的研究对近年主流的行人重识别技术进行了归纳和阐述，因所知有限且限于篇幅，本书未能尽述所有行人重识别技术。此外，笔者虽竭尽所能地避免错漏不当之处，但受时间和精力所限，书中不妥之处在所难免，若蒙各位读者同行不吝告知，将不胜感激。

荆晓远

2021 年 6 月于广东石油化工学院

目　　录

第1部分　绪论

第2部分　度量学习在行人重识别中的应用与研究

第 4 部分　深度学习在行人重识别中的应用与研究

第 1 部分

绪　　论

第 1 章　行人重识别概论

由于行人重识别技术在自动视频监控应用中具有重要作用，因此在计算机视觉和机器学习领域引起了人们广泛的研究兴趣。尽管现有的方法已经克服了行人重识别中的一些难题，并取得了较好的重识别效果，但其在行人匹配过程中依然存在着很多亟待解决的实际问题。

1.1　课题背景与意义

改革开放以来，随着经济的快速发展，利益主体日益多元化，利益诉求日益多样化，社会形态日益复杂化，我国安全形势面临严峻的挑战。为了维护和增强社会的稳定，公安部于 2006 年开始综合部署全国城市报警与监控系统建设试点工程，先后在全国 600 多个城市共计投入 1000 亿元建设“平安城市”，希望通过技术攻关和集成来整合社会视频监控与报警资源，以提高社会治安综合防控能力。这表明了国家对加强公共安全视频监控建设的决心。随着监控设备的不断增加，每天都会有海量的视频资源被收集。在公安机关调查取证过程中，依靠人力在海量的视频资源中查找犯罪嫌疑人的线索是一项耗时耗力的难题。例如，在震惊全国的“1·6 南京枪击抢劫案”的侦查过程中，为了找到嫌疑人，公安部门曾调动 1000 名视频侦查民警在两个月内观看了将近 30 万 GB 的监控视频。因此，针对特定目标（尤其是人）的监控视频检索就成为一项亟待解决的重要课题。

学者们通常将针对行人的监控视频检索问题称为行人重识别或行人再标识（person re-identification），本书中称为行人重识别。作为一种重要的自动化视频检索技术，行人重识别是指对于给定的某个行人的一张图像或一段视频，从分布在不重叠区域的其他摄像头拍摄的图像或视频中重新识别出该行人的过程。彩图 1 展示了行人重识别的基本任务。在实际监控环境中，不同摄像头拍摄的行人图像之间往往存在着光照变化、姿态变化、分辨率差异及遮挡，这些因素使得行人重识别研究极具挑战性。

行人重识别技术在多摄像头视频监控和视频取证等方面都有着重要的作用。例如，给定犯罪嫌疑人的一张图像或一段视频，利用行人重识别技术，公安人员可以快速地在视频监控网络中检索到犯罪嫌疑人的行动路线。此外，行人重识别技术在日常生活中也可以发挥作用。例如，阿尔茨海默病患者走失事件时有发生，利用行人重识别技术，将使寻找走失人员变得更加容易。因此，行人重识别技术的研究对于提高和维护国家的社会安全与稳定有着重要的意义。随着城市视频监控系统的普及，公安刑事侦查破案方式发生了巨大的变化。在实际的视频侦查工作中，侦查人员通常需要查看案发现场附近区域及案发时间前后的大量监控视频，从多个摄像头拍摄到的视频中查找同一个可疑目标的活动画面及轨迹，以便迅速锁定和追踪可疑目标。然而，由于缺乏可靠的自动化分析与搜索技术，目前的视频侦查工作主要是通过人工浏览的方式来寻找嫌疑目标。人工浏览的方式不仅耗费大量的人力和时间，而且极容易错过破案的最佳时机，所以它无法适应现代刑侦工作的需求。因此，针对特定目标（尤其是人）的视频检索已成为刑侦工作中亟待解决的重要研究课题。在计算机视觉领域，学者们把这种在无重叠多摄像头场景中针对某个特定目标行人的检索问题称为行人重识别问题[1]。

行人重识别已成为亟待解决的实际需求，对安防也具有非常重要的价值。行人重识别研究课题对提高刑侦工作的工作效率及预防犯罪、维护社会稳定均具有重要的意义。

1.2 行人重识别研究现状与进展

近年来，行人重识别研究在计算机视觉和机器学习领域受到了广泛关注[2]。为了解决行人重识别中的各种难题，国内外的研究者们已经提出了一系列行人重识别方法。根据表示行人所使用的对象进行划分，现有的行人重识别研究可以划分为两大类：基于图像的行人重识别和基于视频的行人重识别。在基于图像的行人重识别中，研究者们往往使用一张图像或几张无序的图像来表示一个行人。大多数现有的行人重识别工作都属于这一类[1]。在基于视频的行人重识别中，一个行人通常由一个视频片段（或一系列连续的图像帧）来表示。由于视频片段往往比一张图像包含更多的有用信息，近年来，基于视频的行人重识别研究已经取得了初步进展。随着现代社会中信息技术的不断发展，人们可以越来越方便地从不同角度描述对象，于是多视图数据应运而生。在模式识别领域，把针对同一模式从多种途径或角度进行描述的数据称为多视图数据。目前的生物特征识别技术已经开始使用多视图数据的思想，即将每种数据分别看作一个视图，多种数据就形成了多视图数据。这种方法使得基于生物特征识别的方法可以从多种数据描述的角度进行识别。例如，在多光谱数据中，人们采集到的掌纹或指纹等数据通常包括红、绿、蓝、近红外光谱信息。这些光谱数据都是对同一对象从不同的角度进行描述的。在虹膜识别中，为了更全面地描述虹膜图像，通常会对同一虹膜图像提取多种特征，如 Gabor 特征、LBP（local binary patterns，局部二值模式）特征和 PCA（principle component analysis，主成分分析）特征来分别描述同一虹膜。不仅如此，对不同姿态的人脸数据，如人脸旋转角度为-30°、-15°、0°、15°、30°也可以将每一种姿态的变化数据看作一个视图。更为广义地说，多视图数据包含了多模态数据。例如，在亲属关系识别的研究中[3]，作者认为，从每一张人脸图像中提取多种特征可以得到更多的鉴别信息。同时，这种方式可以从多种特征中学习到更令人满意的距离度量。另外，在自然语言理解中，同一语义对象通常可以用不同的语言、文字或图像进行表达，这些不同的表述方法构成了语义对象中的不同视图。传统方法中单一的特征往往难以充分准确地捕捉到高层语义信息。与之对应的是，利用多种类型特征进行学习则有利于机器对高层语义的理解。实际上，已经有文献证实在语音识别问题中利用多视图的数据进行学习和建模通常要比直接利用底层或是单一的数据进行学习，效果要好得多。因此，多视图数据已经涉及了很广泛的实际问题。通过上述分析可知，将多视图的思想应用到模式识别任务中，对其是非常有利的。

1.2.1　基于图像的行人重识别研究

按照研究的重点不同，现有的基于图像的行人重识别工作又可以粗略地划分为两类：一类专注于行人的特征表示[4]，研究如何从行人图像中提取有效的、鲁棒的视觉特征；另一类重点关注如何学习具有鉴别力的匹配模型，使得正确匹配的行人图像之间的相似性得到提高，而错误匹配的行人图像之间的相似性降低[5]。

由于在不换装的情况下同一个行人的外貌在多摄像头下具有一定的鲁棒性，因此现有的行人重识别方法常常利用底层视觉特征对行人图像进行描述与表示[6]。2006 年，Gheissari 等[2]使用多三角形模型来表示人体的外形结构，并利用从各部分提取的颜色特征进行行人重识别。2007 年，Wang 等[7]提出将人身体分割成多个区域，并通过计算共生矩阵获得每个区域的颜色空间结构，最后使用获得的矩阵来表示行人图像。2008 年，Gray 和 Tao[8]认为视角变化是导致行人外貌变化的一个重要因素，并提出通过特征学习来选择一组视角变化时最有效的特征，以提升特征组合的整体鲁棒性。为了减少视角变化产生的外观差异，Farenzena 等[9]提出了一种基于人身体对称性的特征提取方法，其基本原理如彩图 2 所示。其中，B 表示待提取非对称轴的区域，i_{HL} 和 i_{TL} 表示提取到的两条非对称轴，根据非对称轴，将图像划分为两个区域，第 k 个区域用 R_k 表示，$j_{\mathrm{lr}k}$ 表示在区域 R_k 上提取到的对称轴。具体地，该方法通过预处理操作将人体划分为头、躯干、腿部和左右对称中轴，然后从除头部以外的各区域提取颜色特征和纹理特征，并根据与对称中轴的距离远近对各区域的特征进行加权（距离中轴越近，权值越高）。2011 年，Cheng 等[10]设计了一个自适应的身体外形结构（包括头、胸、大腿和小腿），然后提取每个部分的颜色特征来表示行人图像。2012 年，Bazzani 等[11]使用行人的多帧图像的累积 HSV［hue（色调），saturation（饱和度），value（明度）］颜色直方图来表示行人的全局特征，并从各帧图像的上、下半身图像中提取出现频率高的块信息作为局部特征，最后对全局特征和局部特征进行加权融合来作为行人的最终表示。2013 年，Bazzani 等[12]提出将从行人图像中提取的颜色直方图特征、最大稳定区域颜色特征、高频的块结构特征进行融合来表示一个行人的外貌特征。除此之外，还有一些方法尝试利用语义属性特征来描述行人图像[13]。

1.2.2 基于视频的行人重识别研究

在实际应用中，一个行人视频片段往往比一张行人图像包含更多的有用信息。具体地，除了包含更加丰富的可视化外貌信息外，在视频片段中还包含时空运动信息，充分利用这些信息将会对行人重识别的研究工作产生积极作用。在实际场景中，不仅同一个行人的不同视频之间存在着剧烈的差异，每个视频内部的各个步态周期之间也存在着巨大的差异，这些差异增加了行人视频之间匹配的难度。近几年，一部分研究者已经开始研究基于视频的行人重识别，即在匹配过程中使用视频片段来表示每个行人。2014 年，Wang 等[14]提出了一种鉴别视频片段选择及排序方法（discriminative video fragments selection and ranking，DVR），用于解决视频行人重识别问题。具体地，该方法首先利用流能量分布（flow energy profile，FEP）曲线将一个行人视频划分为若干个步态周期，如彩图 3 所示；然后，从每个步态周期的图像序列中提取时空特征（Hog3D）用来表示该步态周期，并选择一个最具鉴别力的步态周期用于视频的排序。2015 年，Liu 等[15]提出了一种新的视频特征表示方法，即基于 3D 的时空 Fisher 向量表示（spatial-temporal Fisher vector representation for 3D，STFV3D）。该方法首先从视频片段中提取完整的步态周期；然后从每个步态周期中建立一系列身体-动作单元，其中每个动作单元对应于身体的一个部分；最后从每个身体-动作单元中提取一个 Fisher 向量作为该单元的特征表示，并将所有身体-动作单元的 Fisher 向量拼接起来表示一个步态周期。

1.2.3 分类与评价方法

一般地，首先将数据集中所有的正确视频匹配对平均划分为两份，一份用于训练，另一份用于测试。然后，进一步将测试集中第一个摄像头的视频序列用作 Probe 集合，另一个摄像头的视频序列作为 Gallery 集合。利用标准累积匹配特征（cumulated matching characteristics，CMC）曲线作为评价指标，并且报告 10 次实

验的排名前 r 的平均匹配率，其表示形式如表 1-1 和图 1-1 所示。

表 1-1　不同方法在 PRID 2011 数据集上排名前 r 的平均匹配率

（单位：%）

方法	r=1	r=5	r=10	r=20
DVR	28.9	55.3	65.5	82.8
Salience+DVR	41.7	64.5	77.5	88.8
MS-Colour&LBP+DVR	37.6	63.9	75.3	89.4
STFV3D	42.1	71.9	84.4	91.6
STFV3D+KISSME	64.1	87.3	89.9	92.0
SI^2DL	76.7	95.6	96.7	98.9

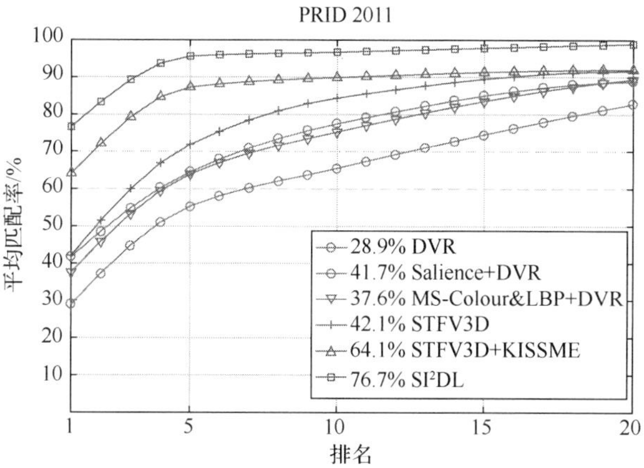

图 1-1　不同方法在 PRID 2011 数据集上的平均匹配率 CMC 曲线
（其中每个方法名前面已经给出排名前 1 的平均匹配率）

1.3　行人重识别研究不足与展望

近年来，虽然国内外学者已经对行人重识别问题进行了大量的研究，并解决了很多行人重识别中的难题，然而在行人之间的匹配过程中依然存在一些亟待解决的实际问题。

1. 如何充分利用负样本的鉴别信息

现有的基于度量学习的行人重识别方法通过利用负样本包含的鉴别信息来确保学到的行人匹配模型具有良好的鉴别力，并取得了不错的重识别效果。在行人重识别中，不同类型的负样本包含的鉴别信息的量是不同的。一般地，较难分的负样本包含的鉴别信息会相对较多，而可分性较好的负样本包含的鉴别信息会相对较少。然而，现有的基于度量学习的方法要么平等地对待所有负样本（导致鉴别信息被折中），要么仅利用一部分鉴别信息含量较多的负样本（导致无法利用包含在其他负样本中的鉴别信息）。因此，有必要研究如何在度量学习过程中更有效地利用负样本包含的鉴别信息，进而提高行人匹配模型的鉴别力。

2. 低分辨率的影响

在实际环境中，很多因素会导致监控摄像头拍摄到的行人图像分辨率较低，如行人和摄像头之间的距离较大或摄像头硬件质量较差等。分辨率的降低会直接造成行人图像可视化外观信息的损失。然而，目前已有的基于图像的行人重识别方法都是基于图像的可视化外观信息，直接利用这些方法对低分辨率图像进行重识别势必会影响识别效果。因此，如何在低分辨率情况下学习一个有鉴别力的行人匹配模型是一个亟待解决的问题。

3. 行人视频内部差异的影响

由于光照、拍摄角度、行人姿态等变化的存在，不同摄像头捕获的同一个行人的不同视频之间往往存在着较大差异，这些差异是影响行人重识别性能的主要因素。在实际中，由于行人在行走过程中背景的变化、遮挡等因素的存在，同一个行人视频内部的不同图像帧之间及不同步态周期之间也存在较大差异，这些视频内部的差异也是影响视频之间匹配结果的一个重要因素。现有的基于视频的行人重识别方法仅研究了如何降低视频间的差异带来的影响，而没有考虑视频内部差异的影响。因此，如何同时降低视频间和视频内差异对行人匹配带来的影响是一个重要的研究问题。

4. 行人图像和行人视频之间如何匹配

在行人重识别中，表示一个行人的方式有两种：图像和视频。现有的行人重识别方法在研究过程中要么关注图像和图像之间的匹配，要么关注视频和视频之间的匹配。实际上，行人图像和行人视频之间的匹配在现实环境中也是一种非常重要的应用场景。例如，根据犯罪嫌疑人的一张图像，在监控摄像头拍摄的行人视频中查找该犯罪嫌疑人的踪迹就属于图像和视频之间的匹配。然而，现有的行人重识别方法却对这个场景鲜有研究。虽然图像与视频之间的匹配可以利用图像和图像之间的匹配来实现，然而这种做法无法利用视频中包含的时空信息，这将限制此类方法的性能。因此，如何学习一个能够在图像和视频之间有效地进行重识别的行人匹配模型是一个非常值得研究的问题。

1.4 本书的内容安排

鉴于行人重识别是实现安防监控系统智能化和自动化的核心支撑技术，本书对行人重识别领域的现有研究成果和未来发展进行讨论。首先，对行人重识别的研究现状、存在的问题、行人重识别数据库及相关机器学习技术等背景知识进行介绍，为后续内容的展开做好铺垫。在此之后，以两种度量学习算法为例详细讨论度量学习在行人重识别中的应用，同时对其他基于度量学习的行人重识别算法进行总结。接着，以 3 种经典字典学习行人重识别算法为核心内容，辅以对其他字典学习算法的概括总结，展示字典学习在解决行人重识别任务时的原理与效果。考虑到近年来深度学习在行人重识别领域的广泛应用，本书重点介绍两种基于深度学习的行人重识别算法，并对其他的基于深度学习的行人重识别算法进行总结。最后，对行人重识别研究中数据库的采集构建方法和步骤进行介绍。

参 考 文 献

[1] 范彩霞，朱虹，蔺广逢. 多特征融合的人体目标再识别[J]. 中国图象图形学报，2013，18（6）：711-717.

[2] GHEISSARI N, SEBASTIAN T B, HARTLEY R. Person reidentification using spatiotemporal appearance[C]//2006 IEEE Computer Society Conference on Computer Vision and Pattern Recognition (CVPR'06), 2006: 1528-1535.

[3] ZHENG W S, LI X, XIANG T, et al. Partial person re-identification[C]//Proceedings of the IEEE International Conference on Computer Vision, 2015: 4678-4686.

[4] JÜNGLING K, BODENSTEINER C, ARENS M. Person re-identification in multi-camera networks[C]//CVPR 2011 WORKSHOPS, 2011: 55-61.

[5] LIAO S C, HU Y, ZHU X Y, et al. Person re-identification by local maximal occurrence representation and metric learning[C]//Proceedings of the IEEE Conference on Computer Vision and Pattern Recognition, 2015: 2197-2206.

[6] ZHENG W S, GONG S G, XIANG T. Associating groups of people[C]//Proceedings of the British Machine Vision Conference, 2009: 1-11.

[7] WANG X G, DORETTO G, SEBASTIAN T, et al. Shape and appearance context modeling[C]//2007 IEEE 11th International Conference on Computer Vision, 2007: 1-8.

[8] GRAY D, TAO H. Viewpoint invariant pedestrian recognition with an ensemble of localized feature[C]//European Conference on Computer Vision, 2008: 262-275.

[9] FARENZENA M, BAZZANI L, PERINA A, et al. Person re-identification by symmetry-driven accumulation of local features[C]//2010 IEEE Computer Society Conference on Computer Vision and Pattern Recognition, 2010: 2360-2367.

[10] CHENG D S, CRISTANI M, STOPPA M, et al. Custom pictorial structures for re-identification[C]//Bmvc, 2011: 1-11.

[11] BAZZANI L, CRISTANI M, PERINA A, et al. Multiple-shot person re-identification by chromatic and epitomic analyses[J]. Pattern Recognition Letters, 2012, 33(7): 898-903.

[12] BAZZANI L, CRISTANI M, MURINO V. Symmetry-driven accumulation of local features for human characterization and re-identification[J]. Computer Vision and Image Understanding, 2013, 117(2): 130-144.

[13] LIU X, SONG M L, ZHAO Q, et al. Attribute-restricted latent topic model for person re-identification[J]. Pattern Recognition, 2012, 45(12): 4204-4213.

[14] WANG T Q, GONG S G, ZHU X T, et al. Person re-identification by video ranking[C]//European Conference on Computer Vision, 2014: 688-703.

[15] LIU K, MA B P, ZHANG W, et al. A spatio-temporal appearance representation for video-based pedestrian re-identification[C]//Proceedings of the IEEE International Conference on Computer Vision, 2015: 3810-3818.

第 2 章　行人重识别研究综述

本章主要介绍行人重识别的相关技术，包括基于特征表示的行人重识别方法、基于度量学习的行人重识别方法及稀疏表示的相关技术。基于特征表示的行人重识别方法利用行人图像中容易获得的简单明显的特征作为描述子，如颜色特征、纹理特征和形状特征。但是，这些描述子不是很稳定，容易受到外界因素的影响而发生变化。在多个摄像头场景下，由于跨摄像头之间的亮度变化、姿态变化和角度或者视角变化，经常会导致颜色特征和纹理特征发生剧烈变化。人体的关节活动也会导致不同摄像头中行人的轮廓和几何结构发生变化。基于度量学习的行人重识别算法将研究重点从选择最佳的特征转向了学习一种合适的距离度量，在该距离度量中可以使匹配精确度最大化，而不用专注于行人外貌特征的选择。这种度量学习方法的目的是在图像特征空间里学习一个度量，使得在该度量里的图像特征满足同类聚集，异类分散。目前这种基于度量学习的行人重识别方法已经取得了不错的效果。然而，基于距离度量学习的方法应用到行人重识别场景中时依然存在着诸多问题，如小样本问题。稀疏表示分类是近些年开始应用在图像处理、模式识别领域的方法，并且也取得了良好的效果。

自 2013 年以来，各种不同的复杂深度网络的提出促进了模式识别技术的快速发展，大量研究人员开始关注行人重识别领域，一些重要的网络结构、识别算法等先后被提出，获得了良好的效果。在解决分类问题时，深度学习方法可以直接从图像/视频本身卷积提取与目标函数相适应的特征，效果相比人工设计特征的传统机器学习方法来说提升很大。在不同的网络结构中，众多研究人员提出了多种新的网络层设置和约束，提升了跨摄像头行人数据匹配的准确率。这些深度方法的核心是对每对行人样本提取鉴别能力强的行人特征来做分类问题。二分类损失函数经常用来训练行人重识别网络，其要求所有的正类样本对保持一个较小的距离，所有的负类样本对保持一个很大的距离。另外，还有很多方法采用三元组关系约束项，其目的是深度挖掘三元组样本内部之间的关系。如果不考虑以上函数，还可以将基于排序的损失函数嵌入网络中，这种基于排序损失函数的方法对相似度计算方法很敏感，如欧氏距离、三元组损失等。

2.1　传统的行人重识别方法

完整的行人重识别过程包含一系列的工作，主要包括对视频内容进行人体提取、对检测到的行人图像进行特征提取和对特征进行相似性度量。作为行人重识别过程的预处理工作，人体提取的效果将会对以后的行人重识别过程产生非常大的影响。人体提取的主要目的是从视频中判断区域内的像素是否属于人体目标。人体提取过程主要分为运动目标检测和行人检测两个部分。

从行人重识别问题的特点可知，由于不同摄像头之间的视角、光照、背景和遮挡等存在较大差异，因此同一个人的外貌在不同摄像头中也会有较大的变化，这样就可能导致不同人的图像看起来比同一个人在两个不同摄像头中的图像更相似。目前，关于行人重识别问题的研究主要集中在以下两个方面：

1）专注对行人的特征提取表示，研究如何提取更具有鲁棒性的视觉特征来表示行人目标。

2）专注基于行人特征间的距离度量学习，通过学习一个有判别力的距离度量，使得处于该距离度量中的同一行人的图像间距离小于不同行人的图像间距离，从而实现行人身份的识别。

2.1.1　基于特征表示的方法

在视频监控环境中，行人的外貌特征比较容易提取和表示，并且同一行人的外貌特征具有一定的鲁棒性。在行人重识别领域中，通常把那些仅依赖视觉特征进行识别的方法称为基于特征表示的行人重识别方法。

在基于特征表示的方法中，往往使用图像描述子进行行人目标的比较。这些图像描述子对行人重识别方法的整体性能来说具有非常重要的作用。近几年的学术论文中提供了非常丰富的图像描述子，如：①颜色描述子，由于衣服的颜色是一种简单而且有效的可视化特征，因此通常情况下会提取 RGB（red，green，blue）或者 HSV 空间结构中的颜色特征[1]；②形状描述子，如基于 HOG（histogram of oriented gradient，图像局部纹理特征）的特征[2]；③纹理描述子，纹理特征经常使用 Gabor 滤波器、差分分类器、Harr-like[3]和协方差矩阵[4]来表示；④特征点描述子，如 SIFT（scale-invariant feature transform，尺度不变特征变换）[5]和 SURF（speeded up robust features，加速稳健特征）[6]；⑤图像区域[7]。

基于底层视觉特征的方法不考虑多人的训练集，而是主要利用人体结构约束提取特征或进行特征学习，然后使用标准距离（如曼哈顿距离、欧氏距离和马氏距离等）进行相似性度量。这类方法通常将考虑的重点放在设计最具有鉴别能力的特征上。由于底层视觉特征容易提取和表示，因此许多研究者都试图利用人体的结构约束得到更准确的特征。2005 年，Bird 等[8]提出先对行人图像水平分割成相同大小的若干区域，再对每个区域的前景提取中值 HSL（hue，saturation，lightness）颜色特征。2006 年，Gheissari 等[9]利用时空局部特征归类和匹配原理进行行人重识别。在这种方法中，选取每个行人视频中的多个连续的关键帧，然后通过聚类提取不受动态变化影响的行人外观特征。在此基础上，Gheissari 提出了一个更稳定的模型，该模型使用一个多三角形模型表示人的身体结构，并提取各部分的颜色特征进行精确的行人重识别。2007 年，Wang 等[10]将形状和外貌特征用于行人重识别。这些形状和外貌特征是通过计算形状关键字和视觉关键字的共生矩阵得到的。该方法先将行人图像分割成多个小的图像块，然后分别对每个图像块提取共生矩阵特征。当行人图像的视角变化较小时，这种方法的效果会非常好。2008 年，Hamdoun 等[11]的方法应用在较短的视频序列中，该方法利用从一些图像中提取的 SURF 特征点来进行匹配。2010 年，Bak 等[12]首先根据人体构造对行人图像进行粗略的分割，然后对各个部分的图像提取协方差特征进行行人重识别。2010 年，Farenzena 等[13]提出了基于人体对称性原理的特征提取方法，这种特征提取方法可以减少视角变化导致的行人外貌变化。该方法首先通过一个分割过程，把行人身体分割成头部、躯干、腿部和左右对称的部分；然后分别提取除头部外的各个身体部分的特征，这些特征包括纹理特征和颜色特征；再对这些特征进行加权，加权的原则是越靠近左右对称中轴的权重越大。2011 年，Cheng 等[14]也提出对行人分割的方法。该方法首先使用自适应的人体结构对行人的各个身体部分进行分割，然后分别对每个部分提取特征，最后将这些提取的特征用于行人重识别。2012 年，Bazzani 等[15]提出的行人重识别方法结合了行人图像的全局特征和局部特征。该方法首先提取单个摄像头下拍摄到的行人的多个关键帧；然后对关键帧提取颜色特征，将该颜色特征作为全局特征；再将行人分割成上半身和下半身，并提取多个关键帧中重复出现的特征，将该特征作为局部特征；最后将全局特征和局部特征进行加权融合并进行行人重识别。2013 年，Bazzani 等[16]使用 3 种特征进行融合来表示一个行人的外貌特征，这 3 种特征分别是颜色直方图特征、最大稳定区域颜色特征、重复出现频率较高的块结构特征。上面提到的各种方法中的特征都可以利用对称和非对称轴从行人图像中获得。但是，基于底层视觉特征的方法本身对外界因素（如光照、姿态和视角等）比较敏感，当外界因素发生明显变化时，这类方法提取的特征的鲁棒性就会明显下降，进而影响匹配率。近年来，一些更高效的行人特征表示方法已经被提出。2013 年，Zhao 等[1]

提出利用行人图像中的显著点信息进行行人重识别。2014 年，Yang 等[17]设计了一种基于显著颜色名称的颜色描述子（salient color names based color descriptor，SCNCD）。具体地，SCNCD 首先利用 RGB 颜色空间的 16 色调色板中的颜色作为基准颜色名字，然后通过计算概率分布将行人图像的 RGB 颜色值映射成相应的颜色名称，并利用获得的颜色名称分布来表示行人图像。彩图 4 为 SCNCD 的基本原理。实验表明，SCNCD 对于光照变化、背景干扰和部分遮挡具有一定的鲁棒性。2015 年，Lisanti 等[18]设计了一种重叠条纹加权直方图特征提取方法（weighted histograms of overlapping stripes，WHOS），其基本原理如彩图 5 所示。具体地，WHOS 首先将行人图像划分为若干有重叠的固定大小的条纹，然后从条纹中提取 Hue-Saturation（HS）和 RGB 柱状图，并根据每个像素点对柱状图的贡献用 Epanechnikov 核函数进行加权。与此同时，再从图像的网格划分中提取 HOG 描述子，最后将所有提取的特征进行拼接作为行人图像的特征表示。随着深度学习在计算机视觉领域的应用，一些研究者开始利用卷积神经网络从行人图像中提取有鉴别力的深度特征[14]。例如，文献[14]利用卷积神经网络从多个数据集中学习鲁棒的深度特征表示。

基于学习的方法是将特征和对这些特征的约束结合起来，然后通过训练得到某种特性。但是，这类方法一般有这样一个假设：从训练样本中学到的特性也适用于其他未被训练的样本。2003 年，Nakajima 等[19]对每个目标计算局部特征和全局特征，并通过一个多类的 SVM（support vector machine，支持向量机）进行识别和姿势估计。2008 年，Gray 和 Tao[20]提出通过特征学习选择最佳的一组特征，使得这种行人特征对视角变化具有更好的鲁棒性。该方法首先提取各种颜色特征和纹理特征，然后通过 AdaBoost 算法对特征进行加权并融合成行人的外貌特征。Lin 和 Davis[21]通过将各个匹配对的特征进行训练和学习，最终使得特征适应最近邻分类的方法。2009 年，Schwartz 和 Davis[6]将一个由纹理、梯度和颜色信息组成的高维特征投影到低维鉴别空间中，该降维过程是通过偏最小二乘（partial least squares，PLS）法实现的。2011 年，Satta 等[22]将多成分学习（multiple component learning，MCL）方法应用到了行人重识别领域中，把多成分学习称为多成分匹配（multiple component matching，MCM），并利用基于对称的局部特征累积（symmetry-driven accumulation of local features，SDALF）作为描述子。2009 年，Zheng 等[23]使用了一种新的群体表示和匹配算法，首先假设图像中的某一群人可以被检测到，然后从图像中提取该组人的可视化特征进行识别。2010 年，Bak 等[4]将行人重识别问题看作一个二分类问题，使用 Harr-like 特征和 MPEG7 颜色特征。Prosser 等[24]、Zheng 等[23] 和 Wu 等[25]将行人重识别问题看作一个排序问题，并且通过学习获得一个子空间，这个子空间中的正确匹配对的特性和排序最靠前的匹配对特性一致。

基于学习的方法和基于底层视觉特征的方法一样也需要考虑环境因素的影响，如白天和夜晚、室内和室外。此外，一些基于学习的方法太依赖训练集，如果某个新的行人目标加入基准集中，这类方法还需要将该目标加入训练集中重新再训练一次。

2.1.2　基于匹配模型的方法

基于特征表示的方法的主要目的是能够有效地、鲁棒地表示行人特征。然而，同一行人穿过无重叠区的两个摄像头时，其外貌特征很容易受到光照、姿态、视角变化和遮挡等外界因素的影响。直接利用提取到的特征对行人进行匹配势必会受到这些因素的影响。专注于匹配模型的行人重识别方法的目的就是要通过学习一个具有鉴别力的模型来消除这些影响。距离度量学习是一种典型的匹配模型学习方法，并且已经在行人重识别中取得了良好的识别性能。距离度量学习的主要思想是通过学习获得一个有鉴别力的距离度量函数，使得同一个行人的不同图像间的距离小于不同行人的图像间的距离。2007 年，Davis 等[26]提出了一种信息论方法来学习马氏距离度量（information theoretic metric learning，ITML）。2008 年，Weinberger 等[27]提出一种基于最大近邻分类间隔的距离度量学习算法（large margin nearest neighbor classification，LMNN），该算法的基本思想是拉近正确匹配的样本间的距离，同时惩罚出现的伪装者样本（impostor sample）。图 2-1 展示了 LMNN 方法在距离度量学习过程中采用的基本思想。2010 年，Yang 等[28]提出了逻辑鉴别度量学习方法（logistic discriminant metric learning，LDML），该方法能够从一系列带标记的样本对中学习距离度量。2010 年，Dikmen 等[29]对 LMNN 算法进行了改进，使用所有样本点的平均近邻边界来代替 LMNN 中不同样本点采用的各自近邻边界，并将改进后的方法应用在行人重识别中。2011 年，Hirzer 等[30]提出了一种高效的基于伪装者样本的距离度量学习方法（efficient impostor-based metric learning，EIML）。同年，Hirzer 等通过对马氏距离度量学习中的正半定约束进行松弛，简化了距离度量优化算法，并取得了不错的效果。2012 年，Koestinger 等[31]提出了一种基于简单、直接原则的度量学习方法（keep it simple and straightforward metric，KISSME），该方法从统计推断的角度出发，利用等价约束来快速学习距离度量。2013 年，Zheng 等[32]提出了一种相对距离比较方法（relative distance comparison，RDC），该方法通过最大化正确匹配样本间距离小于错误匹配样本间距离的概率来学习一个距离度量。2015 年，Liao 等[33]通过向 KISSME 方法中加入一个子空间投影矩阵，提出了一种跨视图二次鉴别分析方法（crossview quadratic discriminant analysis，XQDA）。

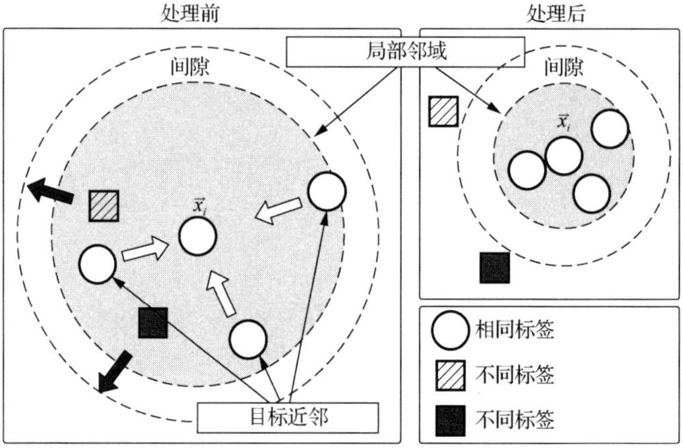

图 2-1　LMNN 方法在距离度量学习过程中采用的基本思想

除了距离度量学习之外，还有一些方法利用字典学习技术来学习匹配模型。2014 年，Liu 等[34]提出了一种半监督耦合字典学习方法（semi-supervised coupled dictionary learning，SSCDL）来消除两个摄像头之间的差异。具体地，SSCDL 假设存在一对字典，使得同一个行人在两个摄像头中的图像具有相同的编码系数，然后基于该假设，SSCDL 学习一对字典，并利用学习到的字典对对 Probe 图像进行重构，从而消除摄像头之间的差异。SSCDL 方法的基本原理如彩图 6 所示。2015 年，Li 等[35]提出了一种跨视图的投影字典学习方法，该方法通过同时学习图像级别和块级别（patch-level）字典来充分利用行人图像的特征。

2.1.3　基于距离度量学习的方法

同一行人穿过无重叠区的两个摄像头时，其外貌特征容易受到光照、行人姿态和视角变化等外界因素的影响。同时，标准距离度量对每一种特征都平等对待，无法选择性去除那些独立使用时效果很差的特征。因此，研究人员尝试使用距离度量学习的方法。这种方法的主要思想是通过学习获得一个最优的距离度量空间，使得在该空间内同一个行人的不同图像的距离小于不同行人间的距离。一般度量学习算法的流程如彩图 7 所示。

首先，特征提取，一般提取颜色特征和纹理特征等特征进行融合；然后，通过约束同类样本距离小于不同类样本的距离，学习一个距离度量空间；最后，将测试样本与基准样本均投影到度量空间中，计算测试样本与基准样本中距离最小的样本类别，将测试样本划分到该类别中即可。

一般的方法在进行距离度量函数学习时，对样本的约束是与同类样本距离最小化，而与不同类样本距离最大化。但是，该方法考虑的是相对约束，即对于每个样本，选择一个与其同类的样本和不同类的样本组成三元组。在进行距离度量函数学习时，要求同类样本之间的距离小于不同类样本之间的距离。下面将详细介绍这些距离度量学习方法中的某些方法。由于上述几种距离度量学习方法基本上使用了马氏距离学习，因此在介绍距离度量学习之前，本书将首先介绍马氏距离学习的相关内容。

1. 马氏距离学习

马氏距离学习是一种利用数据之间的内在结构来提高分类结果的重要方法，其应用非常广泛。下面给出马氏距离的定义：给定 n 个样本特征 $\boldsymbol{x}_i \in \mathbb{R}^m$，求出一个度量矩阵 $\boldsymbol{M}$ 来度量两个样本之间的距离：

$$d_{\boldsymbol{M}}(\boldsymbol{x}_i,\boldsymbol{x}_j)=(\boldsymbol{x}_i-\boldsymbol{x}_j)^{\mathrm{T}}\boldsymbol{M}(\boldsymbol{x}_i-\boldsymbol{x}_j) \tag{2-1}$$

式（2-1）描述的是一个半度量。实际上，式（2-1）中的矩阵 $\boldsymbol{M}$ 应该是半正定矩阵，即 $|\boldsymbol{M}|\geqslant 0$。如果 $\boldsymbol{M}=\boldsymbol{\Sigma}^{-1}$（样本协方差矩阵的逆），则式（2-1）表示的就是马氏距离。式（2-1）更直观的一种表示方法如下：

$$d_{\boldsymbol{L}}(\boldsymbol{x}_i,\boldsymbol{x}_j)=\left\|\boldsymbol{L}(\boldsymbol{x}_i-\boldsymbol{x}_j)\right\|^2 \tag{2-2}$$

式（2-2）可以很容易地从如下推导过程获得：

$$(\boldsymbol{x}_i-\boldsymbol{x}_j)^{\mathrm{T}}\boldsymbol{M}(\boldsymbol{x}_i-\boldsymbol{x}_j)=(\boldsymbol{x}_i-\boldsymbol{x}_j)^{\mathrm{T}}\underbrace{\boldsymbol{L}^{\mathrm{T}}\boldsymbol{L}}_{\boldsymbol{M}}(\boldsymbol{x}_i-\boldsymbol{x}_j)=\left\|\boldsymbol{L}(\boldsymbol{x}_i-\boldsymbol{x}_j)\right\|^2 \tag{2-3}$$

因此，可以从训练样本集中获得度量矩阵 $\boldsymbol{M}$ 或者因式分解矩阵 $\boldsymbol{L}$。

如果对样本 $\boldsymbol{x}$ 添加类标记 $y(\boldsymbol{x})$，那么不仅可以利用数据之间的内在结构，还可以利用数据的鉴别信息。然而，许多问题（包括行人重识别）往往缺少类标记信息。因此，给定一个样本对 $(\boldsymbol{x}_i,\boldsymbol{x}_j)$，把原始的多类问题通过两个步骤划分为两类问题。首先，将样本从数据空间转换到差分空间 $\boldsymbol{\chi}=\{\boldsymbol{x}_{ij}=\boldsymbol{x}_i-\boldsymbol{x}_j\}$，该差分空间是式（2-1）和式（2-2）中的度量定义固有的。其次，由于原始类标记信息缺失，因此，对匹配对添加同类和不同类的约束，即将样本的类别划分为同类集合 S 和不同类集合 D：

$$S=\{(\boldsymbol{x}_i,\boldsymbol{x}_j)\mid y(\boldsymbol{x}_i)=y(\boldsymbol{x}_j)\} \tag{2-4}$$

$$D=\{(\boldsymbol{x}_i,\boldsymbol{x}_j)\mid y(\boldsymbol{x}_i)\neq y(\boldsymbol{x}_j)\} \tag{2-5}$$

在行人重识别领域中，匹配对 $(\boldsymbol{x}_i,\boldsymbol{x}_j)$ 是由不同摄像头拍摄到的行人图像。其中，$\boldsymbol{x}_i$ 和 $\boldsymbol{x}_j$ 表示同一个人的两张不同图像。为了方便阅读，引入符号 $\boldsymbol{C}_{ij}=(\boldsymbol{x}_i-\boldsymbol{x}_j)(\boldsymbol{x}_i-\boldsymbol{x}_j)^{\mathrm{T}}$ 和变量：

$$y_{ij}=\begin{cases}1, y(\boldsymbol{x}_i)=y(\boldsymbol{x}_j)\\0, y(\boldsymbol{x}_i)\neq y(\boldsymbol{x}_j)\end{cases} \tag{2-6}$$

2. 基于信息论的度量学习算法

基于信息论的度量学习（information theoretic metric learning，ITML）算法是由 Davis 等[26]提出的，他们通过最小化距离一个由信息论方法得到的预定义度量矩阵 $\boldsymbol{M}_0$ 来归一化度量矩阵 $\boldsymbol{M}$。该方法利用了马氏距离与等均值多变量高斯分布之间存在的联系，首先使 $d_{\boldsymbol{M}}$ 成为一个马氏距离，然后给出与其一致的多变量高斯分布函数：

$$p(\boldsymbol{x},\boldsymbol{M})=\frac{1}{Z}\exp\left(-\frac{1}{2}d_{\boldsymbol{M}}(\boldsymbol{x},\mu)\right) \tag{2-7}$$

式中，Z 为归一化因子；μ 为均值；协方差通过 $\boldsymbol{M}^{-1}$ 得到。

该方法通过最小化 $\boldsymbol{M}$ 和 $\boldsymbol{M}_0$ 之间的熵产生如下最优化问题：

$$\min \mathrm{KL}(g(\boldsymbol{x},\boldsymbol{M}_0))\,\|\,g(\boldsymbol{x},\boldsymbol{M}) \tag{2-8}$$

$$\text{s.t. } d_{\boldsymbol{M}}(\boldsymbol{x}_i,\boldsymbol{x}_j)\leqslant u \quad (\boldsymbol{x}_i,\boldsymbol{x}_j)\in S \tag{2-9}$$

$$d_{\boldsymbol{M}}(\boldsymbol{x}_i,\boldsymbol{x}_j)\geqslant l \quad (\boldsymbol{x}_i,\boldsymbol{x}_j)\in D \tag{2-10}$$

式中，KL 为 Kullback-Leibler 散度。

约束条件式（2-9）和式（2-10）表示同类匹配对之间的距离小于某个值，而不同类的样本对之间的距离大于某个值。

式（2-8）～式（2-10）描述的最优化问题可以通过 Bregman 散度来表示，如果以度量矩阵 $\boldsymbol{M}_0$ 为初始矩阵，则马氏距离度量 $\boldsymbol{M}$ 可以根据以下公式获得：

$$\boldsymbol{M}_{t+1}=\boldsymbol{M}_t+\beta\boldsymbol{M}_t\boldsymbol{C}_{ij}\boldsymbol{M}_t \tag{2-11}$$

式中，β 可以对类标签和步长进行调整。

3. LMNN 算法

LMNN 算法是由 Weinberger 等[36]提出的，该方法利用了数据的局部结构，如图 2-2 所示。其基本原理是：对于每一个样本，其局部邻域内的同类样本向内部紧缩，不同类样本向外扩张，并且之间的间隔尽可能大。更严格地说，对于一个目标样本对 $(\boldsymbol{x}_i,\boldsymbol{x}_j)\in S$，用 $y_{ij}=1$ 表示同类，任何样本点 $\boldsymbol{x}_l$ 如果符合如下公式，则用 $y_{ij}=0$ 表示目标样本对的伪装者：

$$\|\boldsymbol{L}(\boldsymbol{x}_i-\boldsymbol{x}_l)\|^2\leqslant\|\boldsymbol{L}(\boldsymbol{x}_i-\boldsymbol{x}_j)\|^2+1 \tag{2-12}$$

即如果错误匹配对 $(\boldsymbol{x}_i,\boldsymbol{x}_l)$ 之间的距离小于正确匹配对 $(\boldsymbol{x}_i,\boldsymbol{x}_j)$ 之间的距离与单位 1 之和，则称样本 $\boldsymbol{x}_l$ 为目标样本 $(\boldsymbol{x}_i,\boldsymbol{x}_l)$ 的伪装者。

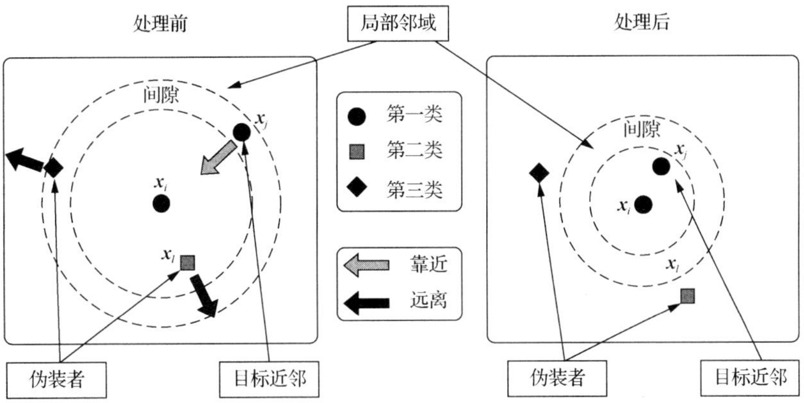

图 2-2　LMNN 算法

因此，该方法的目标是拉近正确匹配对之间的距离，同时使与正确匹配对不同类的样本（伪装者）远离目标样本。该过程是通过以下目标函数实现的：

$$\ell(\boldsymbol{M})=\sum_{j\to i}\left[d_{\boldsymbol{M}}(\boldsymbol{x}_i,\boldsymbol{x}_j)+\beta\sum_{l}(1-y_{il})\xi_{ijl}(\boldsymbol{M})\right] \tag{2-13}$$

式中，$\xi_{ijl}(\boldsymbol{M})=1+d_{\boldsymbol{M}}(\boldsymbol{x}_i,\boldsymbol{x}_j)-d_{\boldsymbol{M}}(\boldsymbol{x}_i,\boldsymbol{x}_l)$；$\beta$ 为权重因子。

式（2-13）中的第一项最小化正确匹配对 $\boldsymbol{x}_i$ 和 $\boldsymbol{x}_j$ 之间的距离，由 $j\to i$ 来表示；第二项表示正确匹配对 $(\boldsymbol{x}_i,\boldsymbol{x}_l)$ 的伪装者的数量。为了得到度量矩阵 $\boldsymbol{M}$，可以通过对式（2-13）使用梯度下降法：

$$\frac{\partial\ell(\boldsymbol{M})}{\partial\boldsymbol{M}}=\sum_{j\to i}\boldsymbol{C}_{ij}+\beta\sum_{(i,j,l)\in N}(\boldsymbol{C}_{ij}-\boldsymbol{C}_{il}) \tag{2-14}$$

式中，N 为三元组集合。

LMNN 方法最终被 Dikmen 等[29]改进成了适合行人重识别的方法，即 LMNN-R。该算法规定：如果某个目标样本的所有近邻都超出了一个阈值（或者所有样本点的平均近邻边界），则表示没有样本与目标样本可以匹配。

4. LDML 算法

LDML 算法是由 Guillaumin 等[37]提出的，该算法从概率的角度进行考虑和研究。因此，为了获得马氏距离，一个相似样本对 $(\boldsymbol{x}_i,\boldsymbol{x}_j)$ 的概率 P_{ij} 应该使用如下公式建立：

$$P_{ij}=P(y_{ij}=1\,|\,\boldsymbol{x}_i,\boldsymbol{x}_j;\boldsymbol{M},b)=\sigma[b-d_{\boldsymbol{M}}(\boldsymbol{x}_i,\boldsymbol{x}_j)] \tag{2-15}$$

式中，$\sigma(z)=[1+\exp(-z)]^{-1}$ 为 S 型函数，z 为因变量，是 σ 函数的计算形式；b 为偏置项。

由于式（2-15）是一个标准的线性逻辑函数，因此矩阵 $\boldsymbol{M}$ 可以通过最大化对数似然函数进行优化：

$$\ell(\boldsymbol{M})=\sum_{ij}y_{ij}\ln(P_{ij})+(1-y_{tj})\ln(1-p_{ij}) \tag{2-16}$$

最优解是通过在如下方向的梯度上升获得的：

$$\frac{\partial\ell(\boldsymbol{M})}{\partial\boldsymbol{M}}=\sum_{ij}(y_{ij}-P_{ij})\boldsymbol{C}_{ij} \tag{2-17}$$

其中，每一对样本在梯度方向上的影响被限制在一定的概率范围内。此外，没有其他的约束项。

5. EIML 算法

从上述描述的 LMNN 算法可知，LMNN 算法依赖复杂的最优化过程。EIML 算法则可以更高效地利用伪装者提供的信息。对于给定的一个目标样本对 $(\boldsymbol{x}_i,\boldsymbol{x}_j)$，如果一个与 $\boldsymbol{x}_i$ 不同类别的样本 $\boldsymbol{x}_l$ 满足如下关系，则样本 $\boldsymbol{x}_l$ 是目标样本对 $(\boldsymbol{x}_i,\boldsymbol{x}_j)$ 的伪装者：

$$\left\|(\boldsymbol{x}_i-\boldsymbol{x}_l)\right\|^2\leqslant\left\|(\boldsymbol{x}_i-\boldsymbol{x}_j)\right\|^2 \tag{2-18}$$

为了获得度量矩阵 $\boldsymbol{M}=\boldsymbol{L}^{\mathrm{T}}\boldsymbol{L}$，需要对下面的目标函数进行最小化运算：

$$\ell(\boldsymbol{L})=\sum_{(\boldsymbol{x}_i,\boldsymbol{x}_j)\in S}\left\|\boldsymbol{L}(\boldsymbol{x}_i-\boldsymbol{x}_l)\right\|^2-\sum_{(\boldsymbol{x}_i,\boldsymbol{x}_l)\in D}\left\|\boldsymbol{L}w(\boldsymbol{x}_i-\boldsymbol{x}_j)\right\|^2 \tag{2-19}$$

式中，D 为异类样本匹配对的集合；S 为同类样本集；$w_{il}=\mathrm{e}^{-\frac{\|\boldsymbol{x}_i-\boldsymbol{x}_l\|}{\|\boldsymbol{x}_i-\boldsymbol{x}_j\|}}$ 为权重因子，该权重因子考虑了伪装者对正确匹配对样本的干扰程度。

通过添加一个正交约束 $\boldsymbol{L}\boldsymbol{L}^{\mathrm{T}}=\boldsymbol{I}$，式（2-19）可以重新表示成一个特征值问题：

$$(\boldsymbol{\varSigma}_S-\boldsymbol{\varSigma}_D)\boldsymbol{L}=\boldsymbol{\varLambda}\boldsymbol{L} \tag{2-20}$$

式中，$\boldsymbol{\varSigma}_S$ 为 S 的协方差矩阵，$\boldsymbol{\varSigma}_S=\dfrac{1}{|S|}\sum_{(\boldsymbol{x}_i,\boldsymbol{x}_j)\in S}\boldsymbol{C}_{ij}$；$\boldsymbol{\varSigma}_D$ 为 D 的协方差矩阵，$\boldsymbol{\varSigma}_D=\dfrac{1}{|D|}\sum_{(\boldsymbol{x}_i,\boldsymbol{x}_j)\in D}\boldsymbol{C}_{ij}$。

因此，该问题就变得非常容易并且可以被高效地解决。

6. 基于简单而且直接的度量方法

基于简单而且直接的度量（keep it simple and straightforward metric，KISSME）方法是由 Weinberger 等[27]提出的，其从统计推断的角度来研究度量学习方法。因此，该方法假设 H_0 表示样本对 $(\boldsymbol{x}_i,\boldsymbol{x}_j)$ 不相似，H_1 表示样本对 $(\boldsymbol{x}_i,\boldsymbol{x}_j)$ 相似。将这两者的概率比值作为一个似然概率：

$$\delta(\boldsymbol{x}_i,\boldsymbol{x}_j)=\log\left(\frac{P(\boldsymbol{x}_i,\boldsymbol{x}_j\mid H_0)}{P(\boldsymbol{x}_i,\boldsymbol{x}_j\mid H_1)}\right)=\log\left(\frac{f(\boldsymbol{x}_i,\boldsymbol{x}_j,\theta_0)}{f(\boldsymbol{x}_i,\boldsymbol{x}_j,\theta_1)}\right) \tag{2-21}$$

式中，δ 为对数似然比值；$f(\boldsymbol{x}_i,\boldsymbol{x}_j,\theta_0)$ 为以 θ 为参数的概率密度函数。

假设式（2-21）中使用的是零均值高斯分布，则该公式可以表示为

$$\delta(\boldsymbol{x}_i,\boldsymbol{x}_j)=\log\left(\frac{\frac{1}{\sqrt{2\pi|\boldsymbol{\Sigma}_D|}}\exp\left[-\frac{1}{2}(\boldsymbol{x}_i-\boldsymbol{x}_j)^{\mathrm{T}}\boldsymbol{\Sigma}_D^{-1}(\boldsymbol{x}_i-\boldsymbol{x}_j)\right]}{\frac{1}{\sqrt{2\pi|\boldsymbol{\Sigma}_S|}}\exp\left[-\frac{1}{2}(\boldsymbol{x}_i-\boldsymbol{x}_j)^{\mathrm{T}}\boldsymbol{\Sigma}_S^{-1}(\boldsymbol{x}_i-\boldsymbol{x}_j)\right]}\right) \tag{2-22}$$

式中，$\boldsymbol{\Sigma}_S$ 为 S 的协方差矩阵，$\boldsymbol{\Sigma}_S=\frac{1}{|S|}\sum_{(\boldsymbol{x}_i,\boldsymbol{x}_j)\in S}\boldsymbol{C}_{ij}$；$\boldsymbol{\Sigma}_D$ 为 D 的协方差矩阵，$\boldsymbol{\Sigma}_D=\frac{1}{|D|}\sum_{(\boldsymbol{x}_i,\boldsymbol{x}_j)\in D}\boldsymbol{C}_{ij}$。

高斯分布的最大似然估计等价于最小化最小二乘法的均值距离，这种性质使得KISSME能够分别找到 S 和 D 的相关方向。通过使用对数函数并且丢弃常数项，可以把式（2-22）化简成如下形式：

$$\begin{aligned}\delta(\boldsymbol{x}_i,\boldsymbol{x}_j)&=(\boldsymbol{x}_i-\boldsymbol{x}_j)^{\mathrm{T}}\boldsymbol{\Sigma}_S^{-1}(\boldsymbol{x}_i-\boldsymbol{x}_j)-(\boldsymbol{x}_i-\boldsymbol{x}_j)^{\mathrm{T}}\boldsymbol{\Sigma}_D^{-1}(\boldsymbol{x}_i-\boldsymbol{x}_j)\\&=(\boldsymbol{x}_i-\boldsymbol{x}_j)^{\mathrm{T}}(\boldsymbol{\Sigma}_S^{-1}-\boldsymbol{\Sigma}_D^{-1})(\boldsymbol{x}_i-\boldsymbol{x}_j)\end{aligned} \tag{2-23}$$

因此，马氏距离矩阵 $\boldsymbol{M}=(\boldsymbol{\Sigma}_S^{-1}-\boldsymbol{\Sigma}_D^{-1})$。

7. 基于 RDC 的行人重识别方法

基于 RDC 的行人重识别方法是从相对约束的角度考虑的，即对于每个样本，与该样本同类的样本和不同类的样本构成三元组。在进行距离度量学习时，要求同类样本之间的距离小于不同类样本之间的距离。这种方法对所有的特征都无差别对待，并且没有假设存在普遍适用的、显著的和稳定的特征。作者先假设一个行人的两张不同图像 $\boldsymbol{z}$ 和 $\boldsymbol{z}'$，另一个行人的一张图像为 $\boldsymbol{z}''$，该方法的目的就是学习一个距离函数 $f(\cdot)$ 并且满足 $f(\boldsymbol{z},\boldsymbol{z}')<f(\boldsymbol{z},\boldsymbol{z}'')$。为了实现这个目标，首先用 $\boldsymbol{x}_i^p$ 表示正确匹配对的向量差（同一个行人的两张不同图像的特征向量之差），其中 i 表示行人的标签，$\boldsymbol{x}_i^n$ 表示行人标签为 i 的特征向量与其他行人图像特征向量差。因此，可以产生一个表示差分对的集合：$O=\{O_i=(\boldsymbol{x}_i^p,\boldsymbol{x}_i^n)\}$。差分向量 x 就是由两个样本的特征向量计算得到的，即 $\boldsymbol{x}=d(\boldsymbol{z},\boldsymbol{z}')$。

对于给定的差分对集合 O，距离函数 $f(\cdot)$ 将差分向量作为输入，然后根据相对距离的约束 $f(\boldsymbol{x}_i^p)<f(\boldsymbol{x}_i^n)$ 进行学习。为了表示两种差分向量的关系，该方法使用逻辑函数来表示两种差分向量的距离：

$$C_f(\boldsymbol{x}_i^p,\boldsymbol{x}_i^n)=(1+\exp\{f(\boldsymbol{x}_i^p)-f(\boldsymbol{x}_i^n)\})^{-1} \tag{2-24}$$

本方法假设，在进行相对距离比较时，正确匹配对的差分向量与错误匹配对的差分向量是两个相互独立事件。该方法通过以下约束来学习得到函数 $f(\cdot)$：

$$\min_f r(f,O)$$
$$r(f,O) = -\log\left(\prod_{O_i} C_f(\boldsymbol{x}_i^p, \boldsymbol{x}_i^n)\right) \tag{2-25}$$

距离函数 $f(\cdot)$ 用马氏距离的形式表示：

$$f(\boldsymbol{x}) = \boldsymbol{x}^{\mathrm{T}}\boldsymbol{M}\boldsymbol{x},\ \ \boldsymbol{M} \geqslant 0 \tag{2-26}$$

式中，$\boldsymbol{M}$ 为半正定矩阵。

所以，距离学习的问题就变成了利用式（2-25）学习 $\boldsymbol{M}$ 的问题。通过半定规划技术直接求解 $\boldsymbol{M}$ 的方法效率太低，尤其是实验过程中数据的维度很高，直接求解 $\boldsymbol{M}$ 的方法不现实。为了解决这个问题，该方法使用了特征分解的方式：

$$\boldsymbol{M} = \boldsymbol{A}\boldsymbol{\Lambda}\boldsymbol{A}^{\mathrm{T}} = \boldsymbol{W}\boldsymbol{W}^{\mathrm{T}} \quad \boldsymbol{W} = \boldsymbol{A}\boldsymbol{\Lambda}^{\frac{1}{2}} \tag{2-27}$$

式中，$\boldsymbol{A}$ 中的列向量是矩阵 $\boldsymbol{M}$ 的正交特征向量；对角矩阵 $\boldsymbol{\Lambda}$ 中的对角线上是非零特征值；$\boldsymbol{W}$ 为由正交向量组成的矩阵。

因此，学习距离函数 $f(\cdot)$ 就等价于学习矩阵 $\boldsymbol{W} = (\boldsymbol{w}_1, \cdots, \boldsymbol{w}_l, \cdots, \boldsymbol{w}_L)$。最终，目标函数为

$$\min_{\boldsymbol{W}} r(\boldsymbol{W},O) \ \text{s.t.}\ \boldsymbol{w}_i^{\mathrm{T}}\boldsymbol{w}_j = 0, \forall i \neq j$$
$$r(\boldsymbol{W},O) = \sum_{O_i} \log\left(1 + \exp\left\{\left\|\boldsymbol{W}^{\mathrm{T}}\boldsymbol{x}_i^p\right\|^2 - \left\|\boldsymbol{W}^{\mathrm{T}}\boldsymbol{x}_i^n\right\|^2\right\}\right) \tag{2-28}$$

与基于特征表示的方法相比，基于距离度量学习的方法由于考虑到了特征样本的差异性，因此一般能够取得比较好的识别效果。然而，基于距离度量学习的方法应用到行人重识别场景时依然存在诸多问题。

2.1.4 稀疏表示相关技术

近些年，基于稀疏表示的分类（sparse representation classification, SRC）[18]技术已经被成功运用到人脸识别、指纹识别等众多领域。稀疏表示的目的是学习一个字典，同时能够从这个字典中找到一组字典原子的稀疏线性组合来表示观察到的图像或者图像特征。现在已经出现了非常多的稀疏表示算法，大致可以分为以下几类：重构稀疏编码、有监督的稀疏编码、鉴别稀疏编码、结构稀疏编码和图正则化稀疏编码。

1）重构稀疏编码：学习最优字典，然后通过最小化数据重构误差来找到最佳的稀疏表示。

2）有监督的稀疏编码：利用标签信息来学习一个过完备字典和相应的稀疏表示进行分类。

3）鉴别稀疏编码：鉴别分析在分类问题中扮演着一个重要的角色。与直接利用类别标签信息的有监督稀疏编码不同，鉴别稀疏编码方法在目标函数中包含类别分离准则，其中最典型的就是 Fisher 准则。

4）结构稀疏编码：利用结构稀疏（如组稀疏和分级稀疏）扩展重构稀疏编码[38]。

5）图正则化稀疏编码：使用图正则化来利用数据分布的局部几何形状。图的拉普拉斯算子是一个具有代表性的图正则化。

1. 稀疏表示

稀疏表示就是利用训练样本组成一个过完备字典，然后利用这些字典原子的一个稀疏线性组合表示测试样本[39]。假设要表示一个数据库中的第 i 类的样本 $\boldsymbol{X}_i \in \mathbb{R}^{N\times M}$，其中 $\boldsymbol{X}_i$ 类中的每一列都是第 i 类的一个样本。如果训练样本集中一共有 K 个类别，即 $\boldsymbol{X}=[\boldsymbol{X}_1,\boldsymbol{X}_2,\cdots,\boldsymbol{X}_K]$。当想要表示一个测试样本 $\boldsymbol{y}\in\mathbb{R}^M$ 时，将该样本编码表示为 $\boldsymbol{y}\approx\boldsymbol{X}\boldsymbol{\alpha}$，其中 $\boldsymbol{\alpha}=[\boldsymbol{\alpha}_1;\cdots;\boldsymbol{\alpha}_i;\cdots;\boldsymbol{\alpha}_k]$，并且 $\boldsymbol{\alpha}_i$ 是第 i 类的稀疏表示。如果 $\boldsymbol{y}$ 是第 i 类的样本，则通常可以用 $\boldsymbol{y}\approx\boldsymbol{X}_i\boldsymbol{\alpha}_i$ 表示得很好。这就意味着大多数的系数 $\boldsymbol{\alpha}_k$，$k\neq i$ 均为零，只有第 i 类的系数 $\boldsymbol{\alpha}_i$ 是非零的。也就是说，整个系数 $\boldsymbol{\alpha}$ 中非零部分的编码就是测试样本 $\boldsymbol{y}$ 的稀疏表示的系数。图 2-3 所示为稀疏表示的基本原理。

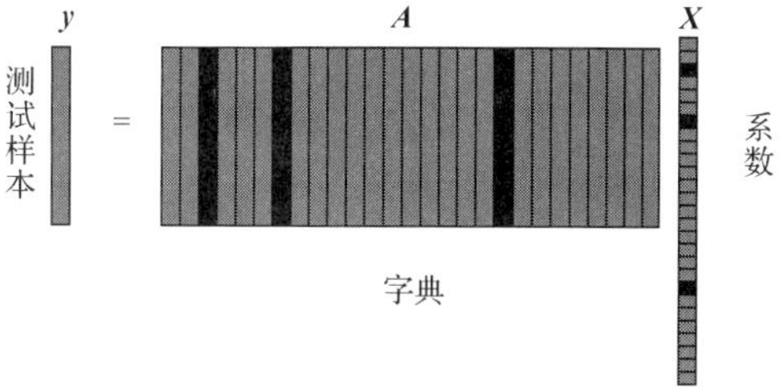

图 2-3　稀疏表示的基本原理

下面详细介绍稀疏表示的模型建立过程。给定一个 $N\times M$ 的矩阵 $\boldsymbol{A}$，其中 $M>N$ 并且 $M>>N$。该矩阵 $\boldsymbol{A}$ 中包含构造一个过完备字典所需的原子。对于测试样本 $\boldsymbol{y}\in\mathbb{R}^M$，系数表示的目的是找到一个 $M\times 1$ 的系数向量 $\boldsymbol{\alpha}$，使得 $\boldsymbol{y}=\boldsymbol{A}\boldsymbol{\alpha}$ 并且 $\|\boldsymbol{\alpha}\|_0$ 满足最小化，即

$$\boldsymbol{\alpha}=\min_{\alpha'}\|\boldsymbol{\alpha}'\|_0 \text{ s.t. } \boldsymbol{y}=\boldsymbol{A}\boldsymbol{\alpha} \tag{2-29}$$

式中，$\|\boldsymbol{\alpha}\|_0$ 为计算 ℓ_0 范式，等价于向量 $\boldsymbol{\alpha}$ 中非零元素的个数。

由于式（2-29）是一个 NP（nondeterministic polynomial，非确定性多项式）问题，因此可以使用迭代的方法来获得近似解。通过将式（2-29）中的 ℓ_0 范式替换为 ℓ_1 范式来近似求解，即

$$\boldsymbol{\alpha}=\min_{\alpha'}\|\boldsymbol{\alpha}'\|_1 \text{ s.t. } \boldsymbol{y}=\boldsymbol{A}\boldsymbol{\alpha} \tag{2-30}$$

式中，$\|\boldsymbol{\alpha}\|_1$ 是计算 ℓ_1 范式。

文献[26]已经证明，如果某些条件满足稀疏，即解足够的稀疏，则式（2-29）的解等价于式（2-30）的解。式（2-30）允许一定程度的噪声。为了找到系数 $\boldsymbol{\alpha}$，

需要对以下目标函数进行最小化：

$$J_1(\boldsymbol{\alpha};\lambda)=\|\boldsymbol{y}-\boldsymbol{A\alpha}\|_2^2+\lambda\|\boldsymbol{\alpha}\|_1 \tag{2-31}$$

式中，λ为一个平衡重构误差和稀疏性的参数，$\lambda>0$。

2. 联合稀疏表示

与标准的稀疏表示不同，联合稀疏表示考虑的是对两个特征空间 X 和 Y 学习两个字典 $\boldsymbol{D}_x$ 和 $\boldsymbol{D}_y$ 的问题。特征空间 X 和 Y 是通过某个投影函数 F 进行联系的，因此用字典 $\boldsymbol{D}_x$ 表示 $\boldsymbol{x}_i\in\boldsymbol{X}$ 的系数应该与用字典 $\boldsymbol{D}_y$ 表示 $\boldsymbol{y}_i\in\boldsymbol{Y}$ 的系数相同，其中 $\boldsymbol{y}_i=F(\boldsymbol{x}_i)$。因此，如果 $\boldsymbol{y}_i$ 是观测样本，可以通过 $\boldsymbol{y}_i$ 在字典 $\boldsymbol{D}_y$ 上的稀疏编码来恢复其隐含的 $\boldsymbol{x}_i$。Yang 等[28]通过如下方法解决了这个问题：

$$\begin{aligned}&\min_{\boldsymbol{D}_x,\boldsymbol{D}_y,\{\alpha_i^{x\backslash y}\}_{i=1}^N}\sum_{i=1}^{N}\left\{\frac{1}{2}\left\|\boldsymbol{x}_i-\boldsymbol{D}_x\boldsymbol{\alpha}_i^x\right\|_2^2+\lambda\left\|\boldsymbol{\alpha}_i^x\right\|_1\right\}+\left\{\frac{1}{2}\left\|y_i-\boldsymbol{D}_y\boldsymbol{\alpha}_i^y\right\|_2^2+\lambda\left\|\boldsymbol{\alpha}_i^y\right\|_1\right\}\\&\text{s.t. }\left\|\boldsymbol{D}_x(:,k)\right\|_2\leqslant 1,\left\|\boldsymbol{D}_y(:,k)\right\|_2\leqslant 1,\boldsymbol{\alpha}_i^x=\boldsymbol{\alpha}_i^y\end{aligned} \tag{2-32}$$

化简后等价于：

$$\begin{aligned}&\min_{\boldsymbol{D}_x,\boldsymbol{D}_y,\{\alpha_i^{x\backslash y}\}_{i=1}^N}\sum_{i=1}^{N}\left\{\left\|\boldsymbol{x}_i-\boldsymbol{D}_x\boldsymbol{\alpha}_i\right\|_2^2+\left\|y_i-\boldsymbol{D}_y\boldsymbol{\alpha}_i\right\|_2^2\right\}+\lambda\left\|\boldsymbol{\alpha}_i\right\|_1\\&\text{s.t.}\left\|\boldsymbol{D}_x(:,k)\right\|_2\leqslant 1,\left\|\boldsymbol{D}_y(:,k)\right\|_2\leqslant 1\end{aligned} \tag{2-33}$$

式（2-33）的基本要求是稀疏表示 $\boldsymbol{\alpha}_i$ 应该能够很好地重构 $\boldsymbol{x}_i$ 和 $\boldsymbol{y}_i$。将两个重构误差项放在一起，可以用如下符号表示：

$$\overline{\boldsymbol{x}_i}=\begin{bmatrix}\boldsymbol{x}_i\\ \boldsymbol{y}_i\end{bmatrix},\quad \overline{\boldsymbol{D}}=\begin{bmatrix}\boldsymbol{D}_x\\ \boldsymbol{D}_y\end{bmatrix}$$

这样就可以把式（2-33）转换成标准的稀疏编码问题：

$$\begin{aligned}&\min_{\overline{D},\{\boldsymbol{\alpha}_i\}_{i=1}^N}\sum_{i=1}^{N}\left\|\overline{\boldsymbol{x}_i}-\overline{\boldsymbol{D}}\boldsymbol{\alpha}_i\right\|_2^2+\lambda\left\|\boldsymbol{\alpha}_i\right\|_1\\&\text{s.t.}\left\|\overline{\boldsymbol{D}}(:,k)\right\|_2\leqslant 1\end{aligned} \tag{2-34}$$

因此，联合稀疏编码方法只能在特征空间 X 和 Y 有某种联系的情况下进行优化，但在每个单独的特征空间内无法进行联合稀疏编码。

2.2 基于深度学习的方法

本节以 Siamese 为例介绍深度度量学习的一个经典应用，在 Siamese 这个经典有效的网络设计上，进行改进的三元组内在约束关系的深度学习方法的研究。除此之外，本节介绍一种在网络层结构上提取行人邻块差异特征的改进深度网络，包括其详细的深度框架和思想。

行人重识别的目的是判断两个人的图像是否属于同一个目标。在实际应用中，需要匹配的两个图像经常是由两个完全不相关的摄像头采集来的。行人重识别的表现类似于其他一些应用，如跨摄像头追踪、行人定位和目标检测等。这些领域提出的方法和其他领域的方法是重叠的。行人身份的识别与生物特征识别问题非常相似，如人脸识别，这些方法的核心是找到一个良好的特征表示方法和良好的度量来评估行人样本之间的相似性。与生物识别问题相比，行人重识别更具有挑战性，因为行人图像中包含低分辨率图像、高光照、低光照、背景完全不同等诸多变化，摄像机的方向和人的姿势也是任意的。

基于深度度量学习的行人重识别方法（deep metric learning，DML）[40]是在 Siamese 网络的基础上进行改进的。给定两个行人图像 $\boldsymbol{x}$ 和 $\boldsymbol{y}$，利用 Siamese 深度神经网络来计算两个图像的相似度 $s=\mathrm{DML}(\boldsymbol{x},\boldsymbol{y})$。与原始的 Siamese 网络不同，DML 不需要两个共享权重和偏置参数的子网络，通过这个方法，每一个子网络能够最好地学习与其相关的视图，以此有效地克服行人在不同摄像头下的跨视图匹配问题。通过最后一层用余弦距离来计算两个样本特征的距离 $s=\mathrm{DML}(\boldsymbol{x},\boldsymbol{y})=\mathrm{Cosine}[B_1(\boldsymbol{x}),B_2(\boldsymbol{y})]$，$B_1$ 和 B_2 表示 DML 的两个子网络。DML 方法包含以下 3 点优势：①DML 直接从行人图像像素层面来学习匹配度量矩阵，这比非深度模型利用人工的特征来学习更有效；②DML 从颜色和结构信息上同时利用多核卷积来学习度量矩阵，相比简单的特征融合策略的传统方法，它更能充分利用样本的鉴别信息；③DML 的网络结构能够通过是否使两个不同的子网络来切换视图差异和行人鉴别任务，以此灵活地进行跨摄像头行人数据匹配的网络训练。

如图 2-4 所示，给定两个行人图像，首先将图像分别分割为 3 个重叠的部分，然后将图像对通过 Siamese 网络来进行匹配，这个过程中使用空间卷积神经网络（spatial convolutional neural network，SCNN）。对于两个给定的图像块 $\boldsymbol{x}$ 和 $\boldsymbol{y}$，SCNN 能够预测出标签 $l=\pm1$ 来表示 $\boldsymbol{x}$ 和 $\boldsymbol{y}$ 是否属于同一人。SCNN 的具体结构如图 2-4 所示，其有两个 CNN（convolutional neural network，卷积神经网络）层，一个余弦距离计算层，由此得到两个网络输出的匹配度：

$$s=\frac{B_1(\boldsymbol{x})^{\mathrm{T}}B_2(\boldsymbol{y})}{\sqrt{B_1(\boldsymbol{x})^{\mathrm{T}}B_1(\boldsymbol{x})}\sqrt{B_2(\boldsymbol{y})^{\mathrm{T}}B_2(\boldsymbol{y})}} \tag{2-35}$$

式中，B_1 和 B_2 分别为两个卷积神经网络。

当 B_1 和 B_2 两个网络拥有各自的权重参数、偏置参数时，被称为“View Specific” SCNN 模式，它可以解决跨视图的匹配问题。当 B_1 和 B_2 共享使用相同的网络参数时，被称为“General Specific” SCNN 模式，它能够有效地完成一般的匹配应用。

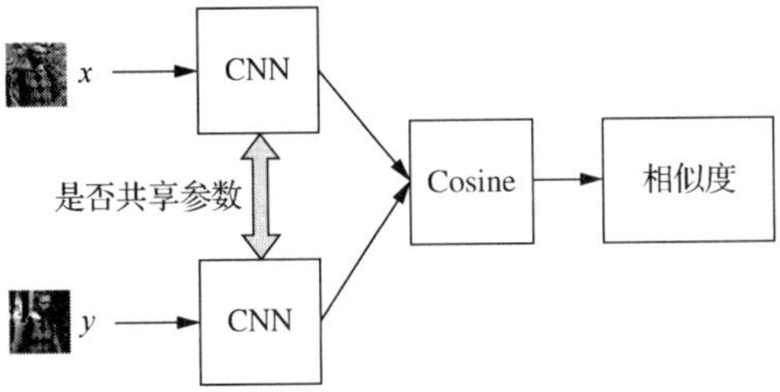

图 2-4　基于 Siamese 网络的行人重识别方法的网络结构

网络结构：SCNN 包括两个卷积层、两个最大池化层和一个全连接层，卷积层和池化层的通道数为 32、32、48 和 48。CNN 的输出是 500 维特征。每一个池化层包括一个跨通道的归一化单元。卷积层的设置为 $\boldsymbol{C}_1(7\times7)$、$\boldsymbol{C}_2(5\times5)$，并对每一个卷积层设置用 ReLu 激活函数进行非线性映射。

损失函数和训练过程：该方法利用反向传播算法来学习 SCNN 的参数。对于损失函数，选择 $J_{\text{dev}}=\ln(\mathrm{e}^{-2\text{Cosine}[B_2(\boldsymbol{x}),B_2(\boldsymbol{y})]}l+1)$，利用随机梯度优化进行训练。

行人重识别是用不同的相机或者不同时间拍摄的行人图像之间匹配的问题。行人重识别是监控系统和人机交互系统中的一项重要能力。在摄像头配置、光照强弱、角度偏正的影响下，同一行人的图像表现得极其不同，负类行人的图像看起来异常相似。一个典型的重识别系统包括输入两个图像，每个图像包含一个人完整的身体，系统输出两图像的相似性或相同的图像对的分类。

该方法提出了一个同时面向行人特征学习和相似度度量学习的深度行人重识别方法。给定一个图像对 $(\boldsymbol{x}_i,\boldsymbol{x}_j)$，该网络通过计算跨样本相邻差异可以得到两个输入样本的局部联系，然后计算其模块总结特征，最后得出该样本对的相似度，模型结构如彩图 8 所示。

该网络包括两个卷积层，其作用是为每个输入样本计算高维特征，卷积层的参数在两个视图下的图像是参数共享的。第一个卷积层的输入为 $60\times160\times3$ 的 RGB 图像，包括 20 个 $5\times5\times3$ 的卷积核，输出的特征再经过一个最大池化层。然后经过第二个卷积层，包括 25 个 $5\times5\times20$ 的卷积核，再经过一个最大池化层。经过两个卷积层之后，得到 25 个 12×37 的特征图。

上述两个卷积层为每个图像样本计算出 25 个特征。假设 $\boldsymbol{f}_i$ 和 $\boldsymbol{g}_i$ 分别表示两个视角的第 i 个特征 $(1\leqslant i\leqslant25)$，接下来利用跨样本相邻差异计算层对两个视图产生的对应特征计算特征差异 $\boldsymbol{K}_i$。因为 $\boldsymbol{f}_i,\boldsymbol{g}_i\in\mathbb{R}^{12\times37}$，$\boldsymbol{K}_i\in\mathbb{R}^{12\times37\times5\times5}$，其中 5×5 是一个块的 4 个邻居。每个 $\boldsymbol{K}_i$ 包括 5×5 大小的 12×37 差异，像素点 (x,y) 的跨样本相邻差异用 $K_i(x,y)\in\mathbb{R}^{5\times5}$ 表示，其中，$1\leqslant x\leqslant12$ 且 $1\leqslant y\leqslant37$。更精确

地说，$\boldsymbol{K}_i(x,y)=f_i(x,y)1(5,5)-\mathcal{N}[g_i(x,y)]$，其中，$1(5,5)\in\mathbb{R}^{5\times5}$是 1 的$5\times5$的矩阵，$\mathcal{N}[g_i(x,y)]\in\mathbb{R}^{5\times5}$是以$(x,y)$为中心的$\boldsymbol{g}_i$的$5\times5$的邻居块。

在邻居块的差异矩阵计算之后，开始计算差异综合特征。该层将跨样本相邻差异进行映射，使$\boldsymbol{K}\in\mathbb{R}^{12\times37\times5\times5\times25}\rightarrow\boldsymbol{L}\in\mathbb{R}^{12\times37\times25}$。这一层通过以 25 个$5\times5\times25$的卷积核对$\boldsymbol{K}$进行卷积，步长为 5。对$\boldsymbol{K}_i(x,y)$中的 25 个块进行计算，得到位置$\boldsymbol{L}(x,y)$的 25 维特征向量，由此计算得到样本对的跨样本差异特征在位置(x,y)的特征$\boldsymbol{f}_i$和$\boldsymbol{g}_i$的高水平综合特征。通过同样的计算方式为$\boldsymbol{L}$和$\boldsymbol{K}$计算得到$\boldsymbol{L}'$和$\boldsymbol{K}'$，再利用 ReLu 层进行非线性映射。

通过上一步得到的局部相邻的高水平差异特征，再通过 25 个$3\times3\times25$的卷积核对这些局部相邻差异特征进行卷积，步长设置成 1，以此来学习空间联系，再进行最大池化。最后得到 25 个5×18的特征图，表示为$\boldsymbol{M}\in\mathbb{R}^{5\times18\times25}$。通过从$\boldsymbol{L}'$计算得到跨块特征$\boldsymbol{M}'$，映射器$\boldsymbol{L}\rightarrow\boldsymbol{M}$和$\boldsymbol{L}'\rightarrow\boldsymbol{M}'$不是一致的。

最后，应用全连接层对$\boldsymbol{M}$和$\boldsymbol{M}'$的信息进行结合，在 ReLu 非线性映射后得到 500 维的特征向量，最后一层将 500 维的输入特征转化为二维输出的 SoftMax 单元，一次表示两个图像属于同一个人/不同人的概率。

2.3　行人重识别数据库现状

自 2007 年发布第一个行人重识别数据库 VIPeR 以来，先后有基于图像和视频的数据库逐步公开，其中有些数据库广泛应用于各类算法的测试。

2.3.1　基于图像的数据库

1. VIPeR 数据集

VIPeR 数据集[41]是广泛使用的一个行人重识别数据集。该数据集包含 632 个行人的 1264 张图像，每个人有两张由不同摄像头拍摄的图像。图 2-5 展示了 VIPeR 数据集中的一些行人图像，其中每列对应的两张图像代表同一个行人。实验采用了文献[41]中给出的评价方案。具体地，首先从 632 个行人中随机选择 316 人的图像作为训练集，其余 316 人的图像作为测试集；然后将测试集中来自 A 摄像头的图像作为 Gallery 集合，将测试集中来自 B 摄像头的图像作为 Probe 集合。每个 Probe 图像与 Gallery 集合中的所有图像进行匹配。

图 2-5　VIPeR 数据集中的一些行人图像

2. ETHZ 数据集

ETHZ 数据集[42]包含 146 个行人的 8555 张图像，所有图像都是在街道场景中利用一台移动摄像机拍摄的。图 2-6 展示了 ETHZ 数据集中的一些行人图像。在该数据集上的实验中采用了文献[41]描述的评价方案。具体地，首先从每个人的图像中随机选择两张图像来构成一个训练图像对，然后随机选择两张图像构成一个测试图像对。因此，总共构成了 146 个训练图像对和 146 个测试图像对。最后，测试图像对中的图像，分别分配给 Probe 集合和 Gallery 集合。

图 2-6　ETHZ 数据集中的一些行人图像

3. i-LIDS 数据集

i-LIDS 数据集[23]总共包含 119 个行人的 476 张图像，平均每人有 4 张图像，所有图像由多个不重叠摄像头拍摄。图 2-7 展示了 i-LIDS 数据集中的一些行人图像，其中每列对应的两张图像代表同一个行人。实验中，首先从每个行人的图像中随机选择两张构成一个图像对，总共构成 119 个图像对；然后随机选择 39 个图像对作为训练集，其余 80 个图像对作为测试集；测试阶段，进一步从测试集中的每个人中选择一张图像作为 Gallery 集合，其余测试图像作为 Probe 集合。

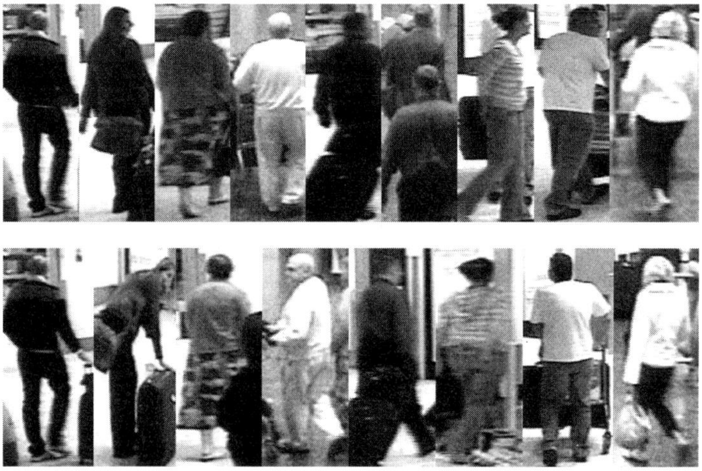

图 2-7　i-LIDS 数据集中的一些行人图像

4. CUHK01 数据集

CUHK01 行人数据集[43]由 971 张行人图像构成，所有图像由两个不重叠摄像头（摄像头 A 和 B）拍摄得到。每个行人在 A、B 摄像头中各有两张图像，A 摄像头拍摄的是行人的正面或背面图像，而 B 摄像头拍摄的是行人的侧面图像。每张图像被归一化为 160 像素×60 像素大小。从 971 个高低分辨率图像对中随机选择 485 个图像对作为训练集，其余 486 个图像对中的图像进一步划分为 Gallery 集合和 Probe 集合。

2.3.2　基于视频的数据库

1. iLIDS-VID 数据集

iLIDS-VID 数据集[44]包含 300 个行人的 600 个图像序列，每个行人拥有来自不同摄像头的两个图像序列。图 2-8（a）展示了 iLIDS-VID 数据集中的一些行人图像（每个序列仅采样显示了 5 张图像），其中同一行的两个图像序列属于同一个人。每个图像序列的长度从 22 帧到 192 帧不等，平均长度为 71 帧。由于行人着装的相似性、摄像头间光照和视角的变化、杂乱背景及遮挡等因素的存在，因此 iLIDS-VID 数据集极具挑战性。

2. PRID 2011 数据集

PRID 2011 行人序列数据集[30]由两个不重叠摄像头拍摄（用 Cam-A 和 Cam-B 表示）的图像序列构成。图 2-8（b）展示了 PRID 2011 数据集中的一些行人图像（每个序列仅采样显示了 5 张图像），其中同一行的两个图像序列属于同一个人。Cam-A 和 Cam-B 分别包含 385 和 749 个图像序列，每个图像序列的长度从 5 帧到 675 帧不等，平均序列长度为 84 帧。其中，前 200 个行人同时在两个摄像头中出现。

（a）iLIDS-VID

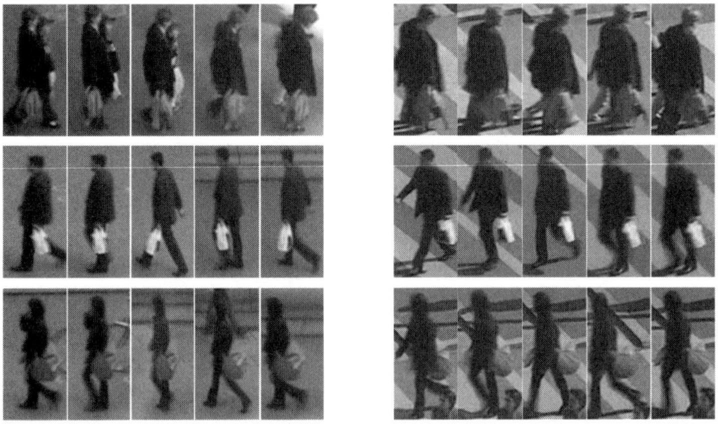

（b）PRID 2011

图 2-8　iLIDS-VID 和 PRID 2011 数据集中的一些行人图像

参考文献

[1] ZHAO R, OUYANG W L, WANG X G. Unsupervised salience learning for person re-identification[C]//Proceedings of the IEEE Conference on Computer Vision and Pattern Recognition, 2013: 3586-3593.

[2] OREIFEJ O, MEHRAN R, SHAH M. Human identity recognition in aerial images[C]//2010 IEEE Computer Society Conference on Computer Vision and Pattern Recognition, 2010: 709-716.

[3] 向金鹏. 无重叠视域行人再识别[D]. 广州：华南理工大学，2014.

[4] BAK S, CORVEE E, BREMOND F, et al. Person re-identification using haar-based and dcd-based signature[C]//2010 7th IEEE International Conference on Advanced Video and Signal Based Surveillance,. 2010: 1-8.

[5] 王彦杰. 基于显著局部特征的视觉物体表示方法[D]. 北京：北京理工大学，2010.

[6] SCHWARTZ W R, DAVIS L S. Learning discriminative appearance-based models using partial least squares[C]//2009 XXII Brazilian Symposium on Computer Graphics and Image Processing, 2009: 322-329.

[7] JÜNGLING K, BODENSTEINER C, ARENS M. Person re-identification in multi-camera networks[C]//CVPR 2011 WORKSHOPS. 2011: 55-61.

[8] BIRD N D, MASOUD O, PAPANIKOLOPOULOS, et al. Detection of loitering individuals in public transportation areas[J]. IEEE Transactions on Intelligent Transportation Systems, 2005, 6(2): 167-177.

[9] GHEISSARI N, SEBASTIAN T B, HARTLEY R. Person re-identification using spatiotemporal appearance[C]//2006 IEEE Computer Society Conference on Computer Vision and Pattern Recognition (CVPR'06), 2006: 1528-1535.

[10] WANG X G, DORETTO G, SEBASTIAN T, et al. Shape and appearance context modeling[C]//2007 IEEE 11th International Conference on Computer Vision, 2007: 1-8.

[11] HAMDOUN O, MOUTARDE F, STANCIULESCU B, et al. Person re-identification in multi-camera system by signature based on interest point descriptors collected on short video sequences[J]. 2008 Second ACM/IEEE International Conference on Distributed Smart Cameras, 2008: 140-145.

[12] BAK S, CORVEE E, BREMOND F, et al. Person re-identification using spatial covariance regions of human body parts[C]//2010 7th IEEE International Conference on Advanced Video and Signal Based Surveillance, 2010: 435-440.

[13] FARENZENA M, BAZZANI L, PERINA A, et al. Person re-identification by symmetry-driven accumulation of local features[C]//2010 IEEE Computer Society Conference on Computer Vision and Pattern Recognition, 2010: 2360-2367.

[14] CHENG D S, CRISTANI M, STOPPA M, et al. Custom pictorial structures for re-identification[C]//22nd British Machine Vision Conference, 2011: 1-11.

[15] BAZZANI L, CRISTANI M, PERINA A, et al., Multiple-shot person re-identification by chromatic and epitomic analysis[J]. Pattern Recognition Letters, 2012, 33(7): 898-903.

[16] BAZZANI L, CRISTAN M, MURINO V. Symmetry-driven accumulation of local features for human characterization and re-identification[J]. Computer Vision and Image Understanding, 2013, 117(2): 130-144.

[17] YANG Y, YANG J M, YAN J J, et al. Salient color names for person re-identification[C]//European Conference on Computer Vision, 2014: 536-551.

[18] LISANTI G, MASI L, BAGDANOV A D, et al. Person re-identification by iterative re-weighted sparse ranking[J]. IEEE Transactions on Pattern Analysis and Machine Intelligence, 2015, 37(8): 1629-1642.

[19] NAKAJIMA C, PONTIL M, HEISELE B, et al. Full-body person recognition system[J]. Pattern recognition, 2003, 36(9): 1997-2006.

[20] GRAY D, TAO H. Viewpoint invariant pedestrian recognition with an ensemble of localized features[C]//European Conference on Computer Vision, 2008: 262-275.

[21] LIN Z, DAVIS L S. Learning pairwise dissimilarity profiles for appearance recognition in visual surveillance[C]// International Symposium on Visual Computing, 2008: 23-34.

[22] SATTA R, FUMERA G, ROLI F, et al. A multiple component matching framework for person re-identification[C]// International Conference on Image Analysis and Processing, 2011, 6979(2): 140-149.

[23] ZHENG W S, GONG S G, XIANG T. Associating groups of people[C]//Proceedings of the British Machine Vision Conference, 2009: 23.1-23.11.

[24] PROSSER B J, ZHENG W S, GONG S G, et al. Person re-identification by support vector ranking[C]//BMVC, 2010: 21.1-21.11.

[25] WU Y, MINOH M, MUKUNOKI M, et al. Set based discriminative ranking for recognition[C]//European Conference on Computer Vision, 2012: 497-510.

[26] DAVIS J V, KULIS B, JAIN P, et al. Information-theoretic metric learning[C]//Proceedings of the 24th International Conference on Machine Learning, 2007, 209-216.

[27] WEINBERGER K Q, SAUL L K. Fast solvers and efficient implementations for distance metric learning[C]// Proceedings of the 25th International Conference on Machine Learning, 2008: 1160-1167.

[28] YANG J C, WRIGHT J, HUANG T S, et al. Image super-resolution via sparse representation[J]. IEEE Transactions on Image Processing, 2010, 19(11): 2861-2873.

[29] DIKMEN M, AKBAS E, HUANG T S, et al. Pedestrian recognition with a learned metric[C]//Asian Conference on Computer vision, 2010: 501-512.

[30] HIRZER M, BELEZNAI C, ROTH P M, et al. Person re-identification by descriptive and discriminative classification[C]// Scandinavian Conference on Image Analysis, 2011: 91-102.

[31] KOESTINGER M, HIRZER M, WOHLHART P, et al. Large scale metric learning from equivalence constraints[C]// 2012 IEEE Conference on Computer Vision and Pattern Recognition, 2012: 2288-2295.

[32] ZHENG W S, GONG S G, XIANG T. Reidentification by relative distance comparison[J]. IEEE Transactions on Pattern Analysis and Machine Intelligence, 2013, 35(3): 653-668.

[33] LIAO S C, HU Y, ZHU X, et al. Person re-identification by local maximal occurrence representation and metric learning[C]//Proceedings of the IEEE Conference on Computer Vision and Pattern Recognition, 2015: 2197-2206.

[34] LIU X, SONG M L, TAO D C, et al. Semi-supervised coupled dictionary learning for person re-identification[C]// Proceedings of the IEEE Conference on Computer Vision and Pattern Recognition, 2014: 3550-3557.

[35] LI S, SHAO M, FU Y. Cross-view projective dictionary learning for person re-identification[C]// Twenty-Fourth International Joint Conference on Artificial Intelligence, 2015: 2155-2161.

[36] WEINBERGER K L, BLITZER J, SAUL L. Distance metric learning for large margin nearest neighbor classification[C]//NIPS, 2005: 1473-1480.

[37] GUILLAUMIN M, VERBEEK J, SCHMID C. Is that you? Metric learning approaches for face identification[C]// 2009 IEEE 12th International Conference on Computer Vision, 2009: 498-505.

[38] 高隽，谢昭，张骏，等. 图像语义分析与理解综述[J]. 模式识别与人工智能，2010, 23(2): 191-202.

[39] 胡正平，李静，白洋. 基于样本-扩展差分模板的联合双稀疏表示人脸识别算法[J]. 信号处理，2012, 28(12): 1663-1669.

[40] YI D, LEI Z, LIAO S C, et al. Deep metric learning for person re-identification[C]//2014 22nd International Conference on Pattern Recognition, 2014: 34-39.

[41] GRAY D, BRENNAN S, HAI T. Evaluating appearance models for recognition, reacquisition, and tracking[J]. International Journal of Computer Vision, 2007, 89(2): 56-68.

[42] ESS A, LEIBE B, VAN GOOL L. Depth and appearance for mobile scene analysis[C]//2007 IEEE 11th International Conference on Computer Vision, 2007: 2065-+.

[43] LI W, ZHAO R, WANG X G. Human reidentification with transferred metric learning[C]//Asian Conference on Computer Vision, 2012: 31-44.

[44] WANG T Q, GONG S G, ZHU X T, et al. Person re-identification by video ranking[C]//European Conference on Computer Vision, 2014: 688-703.

第 2 部分

度量学习在行人重识别中的应用与研究

第 3 章　基于负样本区别对待的度量学习行人重识别算法

3.1　伪装者样本定义及本章研究内容

由于在视频监控和取证等应用中的重要作用，行人重识别技术近年来在机器学习和计算机视觉领域引起了人们广泛的研究兴趣[1]。给定一个摄像头拍摄的某个行人的一张图像或一段视频，行人重识别是指从其他摄像头拍摄的图像或视频中识别出该行人的过程。在现实情况中，由于光照变化、视角变化、复杂背景、遮挡及图像分辨率差异等因素的存在，同一个行人在不同摄像头下拍摄到的图像往往存在较大的差异。此外，由于实际环境中的监控摄像头之间往往是非重叠的，行人重识别大多数情况下只能依靠行人图像的可视化外观特征。这些因素使得行人重识别成为一项极具挑战性的研究任务。图 3-1 展示了不同摄像头拍摄的行人图像之间的差异，其中同一行的图像来自同一个摄像头，同一列的两张图像属于同一个行人。

图 3-1　不同摄像头拍摄的行人图像之间的差异

现有的行人重识别工作可以大体分为两类，即基于特征表示的方法[2]和基于度量学习的方法[3]，其中前者注重为行人图像设计鉴别的、鲁棒的特征表示方法[4]。代表性的特征包括显著性特征[5]、中层特征[6]、显著颜色特征[7]和 WHOS 特征[8]。

近年来，还有一些方法借助于字典学习技术来学习更加具有鉴别力的特征[9]。与基于特征表示的方法不同，基于度量学习的方法注重为行人重识别任务学习一个最优化的距离度量，并且这类方法已经取得了不错的效果[10]。大多数现有的基于度量学习的方法通过平等地利用所有样本对来学习距离度量[11]，而伪装者样本往往比其他负样本包含更多的鉴别信息，如文献[12]在距离度量学习过程中仅利用伪装者样本提供的信息。伪装者样本的详细定义参见定义 3-1。

定义 3-1　伪装者样本。假设样本 $\boldsymbol{x}_i$ 和 $\boldsymbol{x}_j$ 具有相同的类别标记，$\boldsymbol{x}_k$ 和 $\boldsymbol{x}_i$ 的类别标记不相同。如果 $\|\boldsymbol{x}_i-\boldsymbol{x}_k\|^2<\|\boldsymbol{x}_i-\boldsymbol{x}_j\|^2$，就称 $\boldsymbol{x}_k$ 是 $\boldsymbol{x}_i$ 相对于 $\boldsymbol{x}_j$ 的一个伪装者样本。同时，$\boldsymbol{x}_i$、$\boldsymbol{x}_j$ 和 $\boldsymbol{x}_k$ 构成一个三元组，记作 $<i,j,k>$。

文献[12]的研究表明，不同类型的负样本包含的鉴别信息的量是不相同的，并且在行人重识别问题中，伪装者样本往往比其他具有良好可分性的负样本包含更多的鉴别信息。然而，现有的基于度量学习的行人重识别方法不能充分利用包含在所有负样本中的鉴别信息，导致其性能受到限制。具体分析如下：

1）基于所有样本对的度量学习方法[11]平等对待不同类型的负样本，导致伪装者样本蕴含的鉴别信息被折中。

2）基于伪装者样本的度量学习方法[12]主要存在以下两方面的不足。

① 当一个伪装者样本和它对应的正确匹配样本对的关系是非对称时，这些方法不能有效地去除该伪装者样本。其详细的理论分析参见 3.2 节。

② 这些方法在距离度量学习过程中忽略了具有良好可分性的负样本，而这些样本实际上包含一些有用的鉴别信息。

通过更有效地利用伪装者样本和具有良好可分性的负样本提供的不同鉴别信息，来学习一个距离度量，使得在该距离度量的作用下，更有效地去除伪装者样本，并且具有良好可分性的负样本可以保持其良好的可分性。

本章研究内容的主要贡献可以总结为以下 3 点。

1）提出了一个新的度量学习方法并将其用于解决行人重识别问题。此方法在学习距离度量过程中利用了伪装者样本提供的信息，同时发掘了良好可分的负样本包含的有用信息。由于此方法区别对待伪装者样本和良好可分负样本，因此可以更有效地利用包含在负样本中的鉴别信息，从而使学习到的距离度量具有更好的鉴别能力。

2）设计了一个对称三元组约束，该约束要求每个三元组中的伪装者样本同时远离其对应的正确匹配对中的两个样本。利用设计的三元组约束，伪装者样本可以被更有效地去除。

3）执行了一系列的实验来验证本章提出的方法的有效性，如匹配率对比实验、对称三元组约束的作用评估、良好可分负样本的作用评估等。

由于本章提出的方法借助对称三元组约束来利用伪装者样本提供的信息，同时发掘利用良好可分负样本包含的有用信息（leverage impostors with symmetric triplet constraint and exploit the well separable negative samples），因此将该方法命名为 LISTEN。

3.2　伪装者样本与正确匹配样本对的对应关系及伪装者样本去除

本章将三元组中伪装者样本与其对应的正确匹配样本对之间的对应关系分为两类：对称的对应关系（symmetric corresponding relationship，SCR）和非对称的对应关系（asymmetric corresponding relationship，ACR）。其具体的划分准则如下。给定伪装者样本 $\boldsymbol{x}_k$ 及其对应的正确匹配样本对 $<\boldsymbol{x}_i,\boldsymbol{x}_j>$，如果 $\boldsymbol{x}_k$ 不仅是 $\boldsymbol{x}_i$ 相对于 $\boldsymbol{x}_j$ 的一个伪装者样本，而且也是 $\boldsymbol{x}_j$ 相对于 $\boldsymbol{x}_i$ 的一个伪装者样本，那么 $\boldsymbol{x}_k$ 和 $<\boldsymbol{x}_i,\boldsymbol{x}_j>$ 之间的对应关系就是对称的，如图 3-2（a）所示；否则，$\boldsymbol{x}_k$ 和 $<\boldsymbol{x}_i,\boldsymbol{x}_j>$ 之间的对应关系就是非对称的，如图 3-2（b）和（c）所示。

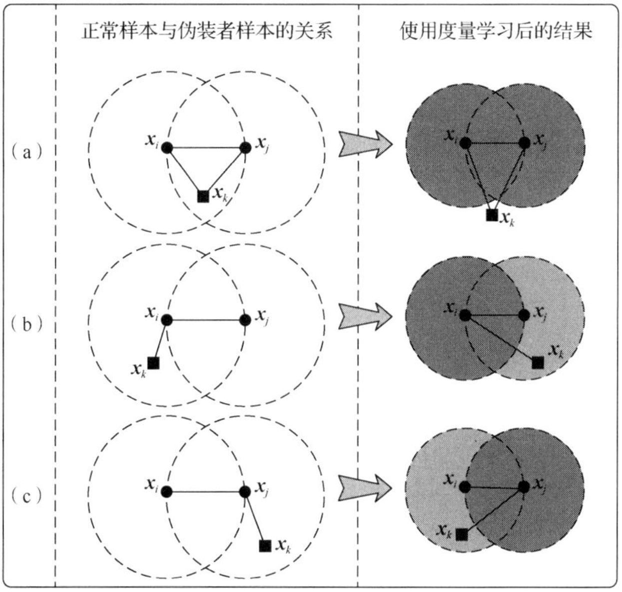

图 3-2　伪装者样本与对应的正确匹配样本对之间的关系，以及在现有的基于伪装者样本的度量学习方法学到的度量作用下可能出现的结果（方块表示伪装者样本，圆形表示正确匹配对的样本）

图 3-3 所示为 3 个基准行人重识别数据集（包括 VIPeR[13]、ETHZ[14]和

i-LIDS[15]）中具有 SCR 和 ACR 的伪装者样本比例，可以看出行人数据集上具有非对称对应关系的伪装者样本在所有的伪装者样本中占据了很大的比例。

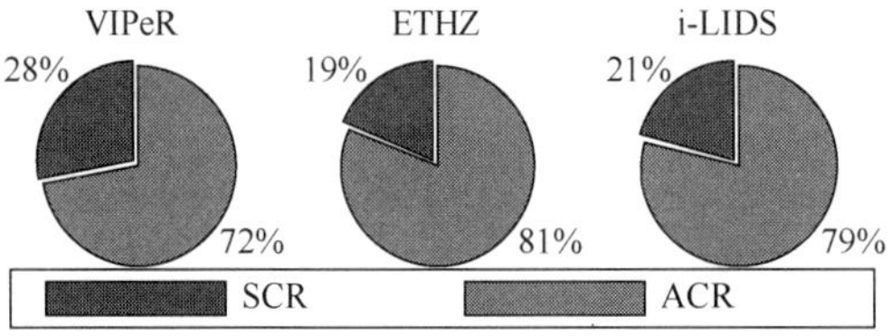

图 3-3　3 个基准行人重识别数据集中具有 SCR 和 ACR 的伪装者样本比例

EIML 借助于普通三元组约束来利用伪装者样本中包含的信息。具体地，对于一个三元组 $<i,j,k>$，该方法仅要求 $d(i,j)<d(i,k)$，其中 $d(\cdot)$ 是距离函数。这使得该方法在伪装者样本与它的正确匹配样本对的对应关系非对称的情况下，无法有效地去除伪装者样本。

具体分析如下：

1）对于图 3-2（a）中具有对称对应关系的伪装者样本，可以构成两个三元组，分别是 $<i,j,k>$ 和 $<j,i,k>$。根据普通三元组约束的基本思想，这些方法会同时要求 $d(i,j)<d(i,k)$ 和 $d(j,i)<d(j,k)$。从图 3-2（a）的右侧可以看到，在这些方法学到的距离度量的作用下，x_k 的合适位置在两个圆形之外的区域，这意味着这些方法可以很好地去除具有对称对应关系的伪装者样本。

2）对于图 3-2（b）中具有非对称对应关系的伪装者样本，仅可以构成一个三元组，即 $<i,j,k>$。在这种情况下，这些方法会要求 $d(i,j)<d(i,k)$。从图 3-2（b）的右侧可以看到，在这些方法学到的距离度量的作用下，$\boldsymbol{x}_k$ 的合适位置在深色圆形之外的区域。然而，当 $\boldsymbol{x}_k$ 的位置落在浅色区域时，$\boldsymbol{x}_k$ 会变成 $\boldsymbol{x}_j$ 相对于 $\boldsymbol{x}_i$ 的一个伪装者样本，这意味着在这种情况下这些方法可能无法有效地去除伪装者样本。

3）图 3-2（c）中的情况和图 3-2（b）类似。

因此，很有必要研究在距离度量学习过程中如何更有效地去除具有非对称对应关系的伪装者样本。

3.3　基于负样本区别对待的度量学习

本节首先介绍如何进行负样本划分；然后基于负样本划分结果，提出基于负样本区别对待的度量学习算法及对应的优化算法；最后讨论该方法与现有的基于度量学习的行人重识别方法之间的区别。

3.3.1 负样本划分

由于不同负样本含有的鉴别信息的量是不相同的，因此，应该将负样本划分为不同类型，然后有区别地处理和利用不同类型的负样本。通过这种方式，不同负样本包含的鉴别信息就可以被更加有效地利用。本章将每个目标样本的所有负样本划分为两类：伪装者样本和良好可分负样本（well separable negative sample，WSN-sample）。其具体的划分策略如下。

令 $\boldsymbol{x}_i$ 表示一个目标样本，$\boldsymbol{x}_j$ 是 $\boldsymbol{x}_i$ 的一个正确匹配样本（与 $\boldsymbol{x}_i$ 属于同一个行人），X' 是 $\boldsymbol{x}_i$ 的所有负样本的集合（这些图像与 $\boldsymbol{x}_i$ 属于不同的行人）。对于 X' 中的每个样本，根据定义 3-1，可以很容易地判断出它是否是 $\boldsymbol{x}_i$ 相对于 $\boldsymbol{x}_j$ 的一个伪装者样本。如果 X' 中某个样本不是 $\boldsymbol{x}_i$ 的伪装者样本，就称它是 $\boldsymbol{x}_i$ 的良好可分负样本。对于每个伪装者样本，将它和它对应的正确匹配样本对构成一个三元组。为了避免重复构造三元组，对于具有对称对应关系的伪装者样本仅构造一个三元组。构造的所有三元组的集合记作 G。对于每个良好可分负样本，使用它和它对应的目标样本组成一个良好可分负匹配对。所有良好可分负匹配对的集合记作 D。

利用以上划分策略，在 3 个行人重识别数据集（包括 VIPeR、ETHZ 和 i-LIDS）上进行了负样本划分，并且统计了伪装者负样本和良好可分负样本所占的比例，结果如表 3-1 所示。由表 3-1 可以看出，在每个数据集上都存在大量的良好可分负样本。因此，除了更加充分地利用伪装者样本提供的信息外，还应该考虑如何利用包含在大量良好可分负样本中的鉴别信息。

表 3-1　伪装者负样本和良好可分负样本所占的比例

（单位：%）

负样本	VIPeR	ETHZ	i-LIDS
伪装者负样本	20.47	3.66	15.86
良好可分负样本	79.53	96.34	84.14

3.3.2 问题建模

基于负样本划分之后得到的三元组集合与良好可分负样本对集合可以学习一个距离度量，在该距离度量的作用下，每个三元组中的伪装者样本被更加有效地去除，同时每个良好可分负样本对中的负样本能够保持良好的可分性。为了有效地去除伪装者样本，本章设计了一个新的三元组约束。该约束要求三元组中的伪装者样本要同时远离其对应的正确匹配样本对中的两个样本。将设计的约束命名为对称三元组约束。为了保持每个良好可分负样本的可分性，要求良好可分负样本与其目标样本之间的距离要足够大。LISTEN 方法的基本原理如彩图 9 所示。

因此，设计了如下目标函数：

$$\max_{M} J_1(\boldsymbol{M}) + \lambda J_2(\boldsymbol{M}) \tag{3-1}$$

式中，λ为平衡因子，用来调节两个功能项的作用；$J_1(\boldsymbol{M})$用于确保三元组中正确匹配样本对之间的距离同时小于两个错误匹配对的距离，进而包含在三元组中的伪装者样本就可以被去除，即

$$J_1(\boldsymbol{M}) = \frac{1}{|G|}\sum_{<i,j,k>\in G}\{[\rho_1 d(\boldsymbol{x}_i,\boldsymbol{x}_k) - d(\boldsymbol{x}_i,\boldsymbol{x}_j)] + [\rho_2 d(\boldsymbol{x}_j,\boldsymbol{x}_k) - d(\boldsymbol{x}_i,\boldsymbol{x}_j)]\}$$

$J_2(\boldsymbol{M})$用于确保在学到的距离度量作用下，良好可分负样本对中两个样本间保持远离，即

$$J_2(\boldsymbol{M}) = \frac{1}{|D|}\sum_{<i,j>\in D} d(\boldsymbol{x}_i,\boldsymbol{x}_j)$$

$J_1(\boldsymbol{M})$和$J_2(\boldsymbol{M})$中的$d(\cdot)$是在距离度量学习过程中学到的距离函数，即

$$d(\boldsymbol{x}_i,\boldsymbol{x}_j) = (\boldsymbol{x}_i - \boldsymbol{x}_j)^{\mathrm{T}}\boldsymbol{M}(\boldsymbol{x}_i - \boldsymbol{x}_j) \tag{3-2}$$

式中，$\boldsymbol{M}$为半正定矩阵。

ρ_1和ρ_2分别是三元组中两个错误匹配对$<\boldsymbol{x}_i,\boldsymbol{x}_k>$和$<\boldsymbol{x}_j,\boldsymbol{x}_k>$的惩罚因子，即

$$\rho_1 = \exp(-\|\boldsymbol{x}_i - \boldsymbol{x}_k\| / \|\boldsymbol{x}_i - \boldsymbol{x}_j\|)$$

$$\rho_2 = \exp(-\|\boldsymbol{x}_j - \boldsymbol{x}_k\| / \|\boldsymbol{x}_i - \boldsymbol{x}_j\|)$$

由于$\boldsymbol{M}$可以被分解为$\boldsymbol{M}=\boldsymbol{V}\boldsymbol{V}^{\mathrm{T}}$，因此式（3-2）可以重写为如下形式：

$$d(\boldsymbol{x}_i,\boldsymbol{x}_j) = \|\boldsymbol{V}^{\mathrm{T}}(\boldsymbol{x}_i - \boldsymbol{x}_j)\|^2 \tag{3-3}$$

因此，学习$\boldsymbol{M}$就可以转换为学习$\boldsymbol{V}$。把式（3-3）代入$J_1(\boldsymbol{M})$和$J_2(\boldsymbol{M})$，则目标函数可以写作：

$$\begin{aligned}
&\min_{V}\frac{1}{|G|}\sum_{<i,j,k>\in G}\left\{\left(\|\boldsymbol{V}^{\mathrm{T}}(\boldsymbol{x}_i - \boldsymbol{x}_j)\|^2 - \rho_1\|\boldsymbol{V}^{\mathrm{T}}(\boldsymbol{x}_i - \boldsymbol{x}_k)\|^2\right)\right.\\
&\left.+\left(\|\boldsymbol{V}^{\mathrm{T}}(\boldsymbol{x}_j - \boldsymbol{x}_i)\|^2 - \rho_2\|\boldsymbol{V}^{\mathrm{T}}(\boldsymbol{x}_j - \boldsymbol{x}_k)\|^2\right)\right\}\\
&-\lambda\frac{1}{|D|}\sum_{<i,j>\in D}\|\boldsymbol{V}^{\mathrm{T}}(\boldsymbol{x}_i - \boldsymbol{x}_j)\|^2\\
&\text{s.t. } \boldsymbol{V}^{\mathrm{T}}\boldsymbol{V} = \boldsymbol{I}
\end{aligned} \tag{3-4}$$

式中，约束条件$\boldsymbol{V}^{\mathrm{T}}\boldsymbol{V}=\boldsymbol{I}$用于限制$\boldsymbol{V}$的范围，从而使得对于$\boldsymbol{V}$的优化问题是适定的。

本章提出的 LISTEN 方法利用设计的对称三元组约束来处理三元组，确保了非对称对应关系的伪装者样本可以被更好地去除；LISTEN 为伪装者样本和良好可分负样本设计不同的目标函数项，使得包含在所有负样本中的不同鉴别信息可以被更充分地利用。因此，LISTEN 学到的距离度量拥有更好的鉴别能力。

3.3.3 目标函数优化

本节会为目标函数［式（3-4）］设计一个高效的解决方案。首先，将$J_1(\boldsymbol{M})$化

简为如下形式：

$$J_1(\boldsymbol{M}) = \mathrm{tr}(\boldsymbol{V}^{\mathrm{T}} \boldsymbol{\Sigma}_G \boldsymbol{V}) \tag{3-5}$$

式中：

$$\boldsymbol{\Sigma}_G = \frac{1}{|G|} \sum_{<i,j,k>\in G} \{\rho_1(\boldsymbol{x}_i - \boldsymbol{x}_k)(\boldsymbol{x}_i - \boldsymbol{x}_k)^{\mathrm{T}} - (\boldsymbol{x}_i - \boldsymbol{x}_j)(\boldsymbol{x}_i - \boldsymbol{x}_j)^{\mathrm{T}} + \rho_2(\boldsymbol{x}_j - \boldsymbol{x}_k)(\boldsymbol{x}_j - \boldsymbol{x}_k)^{\mathrm{T}} - (\boldsymbol{x}_j - \boldsymbol{x}_i)(\boldsymbol{x}_j - \boldsymbol{x}_i)^{\mathrm{T}}\}$$

类似地，$J_2(\boldsymbol{M})$ 可以化简为

$$J_2(\boldsymbol{M}) = \mathrm{tr}(\boldsymbol{V}^{\mathrm{T}} \boldsymbol{\Sigma}_D \boldsymbol{V}) \tag{3-6}$$

式中：

$$\boldsymbol{\Sigma}_D = \frac{1}{|D|} \sum_{<i,j>\in D} (\boldsymbol{x}_i - \boldsymbol{x}_j)(\boldsymbol{x}_i - \boldsymbol{x}_j)^{\mathrm{T}}$$

将式（3-5）和式（3-6）代入式（3-4），目标函数可以重写为

$$\begin{aligned} &\max_{\boldsymbol{V}} \mathrm{tr}[\boldsymbol{V}^{\mathrm{T}}(\boldsymbol{\Sigma}_G + \lambda \boldsymbol{\Sigma}_D)\boldsymbol{V}] \\ &\mathrm{s.t.}\, \boldsymbol{V}^{\mathrm{T}}\boldsymbol{V} = \boldsymbol{I} \end{aligned} \tag{3-7}$$

通过构造拉格朗日函数，并将其对 $\boldsymbol{V}$ 的偏导数设置为零，可以得到：

$$(\boldsymbol{\Sigma}_G + \lambda \boldsymbol{\Sigma}_D)\boldsymbol{V} = \gamma \boldsymbol{V} \tag{3-8}$$

式中，γ 为拉格朗日乘子。

可以看出，式（3-8）利用特征值分解来求解。这里，$\boldsymbol{V}$ 的最优解被设置为 $(\boldsymbol{\Sigma}_G + \lambda \boldsymbol{\Sigma}_D)$ 的前 k 个最大特征值对应的特征向量。利用学到的距离度量 $\boldsymbol{V}$，就可以借助于最近邻分类器来实现 Probe 图像和 Gallery 图像之间的重识别。

算法的计算代价主要包含以下几部分：负样本划分、矩阵 $\boldsymbol{\Sigma}_G$ 和 $\boldsymbol{\Sigma}_D$ 的计算，以及式（3-8）中的特征值分解。因此，本章提出的 LISTEN 方法的计算复杂度为 $O(N^2 \times d + d^2 \times N_1 + d^2 \times N_2 + d^3)$，其中 d 表示样本的维度，N 表示训练样本的个数，N_1 表示 G 中三元组的个数，N_2 表示 D 中良好可分负匹配对的个数。在实际应用中，d 的值通常较小。因此，本章提出的算法具有较低的计算复杂度。

3.4　实验设置与结果

本节通过在 3 个公开的行人图像数据集上（包括 VIPeR、ETHZ 和 i-LIDS）执行大量的实验来验证本章所提方法的有效性。

1. 对比方法

为了验证 LISTEN 方法的有效性，将 LISTEN 与几个领先的基于度量学习的

方法进行对比，包括最大近邻分类间隔（large margin nearest neighbor classification，LMNN）算法[16]，相对距离比较（relative distance comparison，RDC）算法[17]，信息论度量学习（information-theoretic metric learning，ITML）算法[18]，保持简单且直接的度量（keep it simple and straightforward metric，KISSME）算法[19]，Logistic判别度量学习（Logistic discriminant metric learning，LDML）算法[20]，松弛成对学习度量（relaxed pairwise learned metric，RPLM）算法[21]，高效的基于伪装者的度量学习（efficient impostor-based metric learning，EIML）算法[22]。跨视图二次鉴别分析方法（crossview quadratic discriminant analysis，XQDA）对于方法 RDC、ITML、KISSME、LDML 和 LMNN，在实验中使用了原作者提供的源代码。对于 RPML、EIML 和 XQDA 方法，由于原作者没有提供源代码，因此严格按照他们论文中的内容对两个方法进行了重实现。

2. 特征表示

实验中，利用了文献[8]中提出的特征表示。具体地，行人图像首先被分割为重叠的横条，然后从每块横条中提取 HS（hue-saturation，色调饱和度）、RGB、Lab 和 LBP 特征；同时，行人图像被划分为网格状的图像块，然后从中提取出 HOG 特征；最后，所有得到的特征拼接成一个列向量，用于表示一张行人图像。

3. 参数设置

在本章提出的 LISTEN 方法中有一个参数，即λ。在 VIPeR 数据集上的实验中，λ的值被设置为 0.15；在 ETHZ 数据集上的实验中，λ的值被设置为 0.35；在 i-LIDS 数据集上的实验中，λ的值被设置为 0.2。除此之外，实验中将 3 个数据集上学到的距离度量矩阵的列向量个数统一设置为 70。

4. 评价设置

实验中，所有对比方法使用和 LISTEN 方法相同的特征数据。将标准的累积匹配特征（cumulated matching characteristics，CMC）曲线作为评价指标，并同时报告 10 次实验的排名前 k 的平均匹配率（rank k 匹配率）。

3.4.1 VIPeR 数据集上的实验结果

VIPeR 数据集[13]的相关介绍详见 2.3.1 节。

表 3-2 和彩图 10 所示为所有方法在 VIPeR 数据集上的 rank 1～20 的匹配率。可以观察到，LISTEN 方法在匹配率方面超越了其他对比方法。具体地，以 rank 1 匹配率为例，LISTEN 至少将平均匹配率提升了 6.85 个百分点（39.62%–32.77%）。LISTEN 方法能够取得更好结果的原因主要有两方面：①LISTEN 方法区别对待不同类型的负样本，因而包含在每种类型负样本中的鉴别信息可以被更有效地利用；

②LISTEN 方法使用了对称三元组约束，从而能够更好地去除伪装者样本。

表 3-2　VIPeR 数据集上排名前 r 的平均匹配率

（单位：%）

方法	r=1	r=5	r=10	r=20
RDC	27.55	58.42	73.06	85.75
ITML	20.66	42.05	57.82	75.16
KISSME	29.18	60.38	74.15	86.46
LDML	18.35	39.06	52.75	70.32
RPML	32.77	63.35	78.08	87.82
EIML	31.80	62.04	76.70	86.95
LMNN	26.39	57.59	72.85	85.38
LISTEN	39.62	70.47	82.28	91.20
XQDA	32.52	63.01	76.09	88.13

3.4.2　ETHZ 数据集上的实验结果

ETHZ 数据集[14]的相关介绍详见 2.3.1 节。

表 3-3 和彩图 11 展示了 ETHZ 数据集上所有对比方法的匹配率。可以看出，LISTEN 方法的性能超越了对比方法。具体地，LISTEN 方法将 rank 1 平均匹配率至少提升了 5.14 个百分点（88.36%−83.22%）。

表 3-3　ETHZ 数据集上排名前 r 的平均匹配率

（单位：%）

方法	r=1	r=5	r=10	r=20
RDC	79.52	86.33	88.47	91.04
ITML	78.17	84.53	86.82	90.15
KISSME	81.32	87.07	89.33	91.32
LDML	77.42	82.36	84.75	87.48
RPML	82.15	88.64	90.06	92.17
EIML	83.22	89.08	90.75	93.12
LMNN	74.55	79.62	81.37	84.21
LISTEN	88.36	92.19	93.97	95.82
XQDA	82.44	89.89	91.56	94.06

3.4.3　i-LIDS 数据集上的实验结果

i-LIDS 数据集[15]的相关介绍详见 2.3.1 节。

表 3-4 和彩图 12 展示了 i-LIDS 数据集上所有对比方法的匹配率。可以观察到，和其他对比方法相比，LISTEN 方法在 i-LIDS 数据集上取得了更好的匹配结果，并且 rank 1 平均匹配率至少提升了 7.5 个百分点（53.75%−46.25%）。

表 3-4　i-LIDS 数据集上排名前 r 的平均匹配率

（单位：%）

方法	r=1	r=5	r=10	r=20
RDC	38.37	58.75	68.87	81.25
ITML	27.45	52.16	63.28	75.25
KISSME	36.40	57.13	67.87	80.17
LDML	23.35	47.66	58.48	71.82
RPML	43.06	64.92	74.49	84.12
EIML	42.00	63.83	73.75	82.95
LMNN	32.25	55.36	65.69	78.00
LISTEN	53.75	70.38	80.12	89.75
XQDA	46.25	67.96	76.42	84.13

3.5　LISTEN 有效性评估

3.5.1　对称三元组约束的作用

本章设计对称三元组约束的目的是更加有效地去除伪装者样本。为了评价设计的对称三元组约束的作用，本节对比了 LISTEN 方法和基于伪装者样本的度量学习方法的伪装者样本去除能力（impostor removal capabilities，IRC）。IRC 指标的计算公式如下：

$$\mathrm{IRC}=\frac{N_{\text{before}}-N_{\text{after}}}{N_{\text{before}}}\tag{3-9}$$

式中，N_{after} 和 N_{before} 分别为使用或不使用学到的距离度量情况下测试集合中伪装者样本的个数。

图 3-4 展示了 LISTEN 方法和两个有代表性的基于伪装者样本的度量学习方法（LMNN 和 EIML）在 VIPeR、ETHZ 和 i-LIDS 数据集上的伪装者样本去除能力值对比。可以看到，LISTEN 方法取得了比其他两个对比方法更高的 IRC 值，这也证明了本章设计的对称三元组约束在去除伪装者样本方面的有效性。

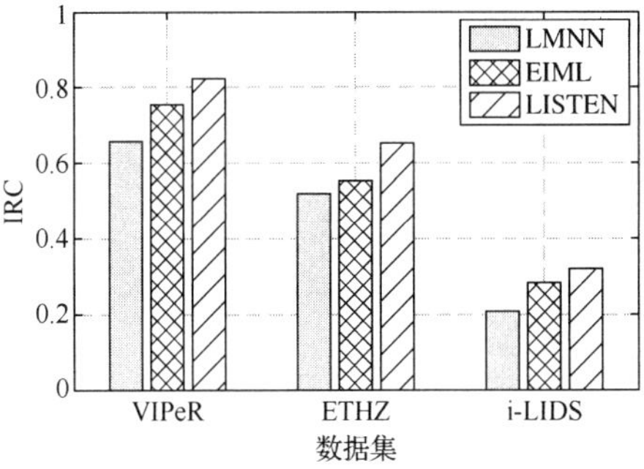

图 3-4　LISTEN 方法与基于伪装者样本的度量学习方法 LMNN 和 EIML 在 VIPeR、ETHZ 和 i-LIDS 数据集上的伪装者样本去除能力值对比

为了进一步考察本章设计的对称三元组约束对方法性能的影响，本节对比了 LISTEN 方法使用对称三元组约束或者普通三元组约束情况下的性能。将使用普通三元组约束的 LISTEN 方法命名为 LISTEN_norm。表 3-5 所示为 LISTEN 与 LISTEN_norm 在 3 个数据集（包括 VIPeR、ETHZ 和 i-LIDS）上的 rank 1 匹配率对比。可以看出，使用对称三元组约束有助于提升方法的匹配性能。具体地，通过使用对称三元组约束，LISTEN 方法至少将 rank 1 匹配率提升了 3.88 个百分点（88.36%–84.48%，ETHZ 数据集）。

表 3-5　LISTEN 和 LISTEN_norm 在 VIPeR、ETHZ 和 i-LIDS 数据集上的 rank 1 匹配率对比

（单位：%）

方法	VIPeR	ETHZ	i-LIDS
LISTEN_norm	34.85	84.48	48.11
LISTEN	39.62	88.36	53.75

3.5.2　良好可分负样本的作用

LISTEN 方法在距离度量学习过程中同时利用了包含在伪装者样本和良好可分负样本中的鉴别信息。为了评估利用良好可分负样本的作用，将 LISTEN 方法中与良好可分负样本相关的项去除，以产生一个 LISTEN 方法的修改版本。将不使用良好可分负样本的 LISTEN 版本命名为 LIST，然后通过实验来对比 LISTEN 方法和 LIST 方法的性能。表 3-6 所示为 LISTEN 和 LIST 在 VIPeR、ETHZ 和 i-LIDS 数据集上的 rank 1 匹配率对比。可以观察到，利用良好可分负样本可以将 rank 1 匹配率至少提升 1.19 个百分点（88.36%–87.17%，ETHZ 数据集），这意味着良好可分负样本中包含对行人重识别有利的鉴别信息。

表 3-6　LISTEN 和 LIST 在 VIPeR、ETHZ 和 i-LIDS 数据集上的 rank 1 匹配率对比

（单位：%）

方法	VIPeR	ETHZ	i-LIDS
LIST	38.34	87.17	52.25
LISTEN	39.62	88.36	53.75

参 考 文 献

[1] MA J A, YUEN P C, LI J W. Domain transfer support vector ranking for person re-identification without target camera label information[C]//Proceedings of the IEEE International Conference on Computer Vision, 2013: 3567-3574.

[2] LI A N, LIU L Q, WANG K, et al. Clothing attributes assisted person re-identification[J]. IEEE Transactions on Circuits and Systems for Video Technology, 2014, 25(5): 869-878.

[3] PARK K, SHEN C H, HAO Z H, et al. Efficiently learning a distance metric for large margin nearest neighbor classification[C]//Proceedings of the Twenty-Fifth AAAI Conference on Artificial Intelligence, 2011.

[4] BALTIERI D, VEZZANI R, CUCCHIARA R. Learning articulated body models for people re-identification[C]// Proceedings of the 21st ACM International Conference on Multimedia, 2013: 557-560.

[5] ZHAO R, OUYANG W, WANG X G. Unsupervised salience learning for person re-identification[C]//Proceedings of the IEEE Conference on Computer Vision and Pattern Recognition, 2013: 3586-3593.

[6] ZHAO R, OUYANG W, WANG X G. Learning mid-level filters for person re-identification[C]//Proceedings of the IEEE Conference on Computer Vision and Pattern Recognition, 2014: 144-151.

[7] YANG Y, YANG J M, YAN J J, et al. Salient color names for person re-identification[C]//European Conference on Computer Vision, 2014: 536-551.

[8] LISANTI G, MASI I, BAGDANOV A D, et al. Person re-identification by iterative re-weighted sparse ranking[J]. IEEE Transactions on Pattern Analysis and Machine Intelligence, 2014, 37(8): 1629-1642.

[9] LIU X, SONG M L, TAO D C, et al. Semi-supervised coupled dictionary learning for person re-identification[C]// Proceedings of the IEEE Conference on Computer Vision and Pattern Recognition, 2014: 3550-3557.

[10] LI W, WANG X. Locally aligned feature transforms across views[C]//Proceedings of the IEEE Conference on Computer Vision and Pattern Recognition, 2013: 3594-3601.

[11] LIAO S C, HU Y, ZHU X Y, et al. Person re-identification by local maximal occurrence representation and metric learning[C]//Proceedings of the IEEE Conference on Computer Vision and Pattern Recognition, 2015: 2197-2206.

[12] DIKMEN M, AKBAS E, HUANG T S, et al. Pedestrian recognition with a learned metric[C]//Asian Conference on Computer Vision, 2010: 501-512.

[13] GRAY D, BRENNAN S, HAI T. Evaluating appearance models for recognition, reacquisition, and tracking[J]. International Journal of Computer Vision, 2007, 89(2): 56-68.

[14] ESS A, LEIBE B, VAN GOOL L. Depth and appearance for mobile scene analysis[C]// 2007 IEEE 11th International Conference on Computer Vision, 2007: 2065.

[15] WEI-SHI Z, GONG S G, XIANG T. Associating groups of people[C]//Proceedings of the British Machine Vision Conference, 2009: 1-11.

[16] WEINBERGER K Q, BLITZER J, SAUL L. Distance metric learning for large margin nearest neighbor classification[J]. Advances in Neural Information Processing Systems, 2005(18): 1473-1480.

[17] ZHENG W S, GONG S, XIANG T. Re-identification by relative distance comparison[J]. IEEE Transactions on Pattern Analysis and Machine Intelligence, 2012, 35(3): 653-668.

[18] DAVIS J V, KULIS B, JAIN P, et al. Information-theoretic metric learning[C]//Proceedings of the 24th International Conference on Machine Learning, 2007: 209-216.

[19] KOESTINGER M, HIZER M, WOHLHART P, et al. Large scale metric learning from equivalence constraints[C]// 2012 IEEE Conference on Computer Vision and Pattern Recognition, 2012: 2288-2295.
[20] GUILLAUMIN M, VERBEEK J, SCHMID C. Is that you? Metric learning approaches for face identification[C]// 2009 IEEE 12th International Conference on Computer Vision, 2009: 498-505.
[21] HIRZER M, ROTH P M, KOSTINGER M, et al. Relaxed pairwise learned metric for person re-identification[C]// European Conference on Computer Vision, 2012: 780-793.
[22] HIRZER M, ROTH P M, BISCHOF H. Person re-identification by efficient impostor-based metric learning[C]//2012 IEEE Ninth International Conference on Advanced Video and Signal-Based Surveillance, 2012: 203-208.

第 4 章　基于集合的度量学习行人重识别算法

4.1　基于集合的度量学习与本章的研究内容

行人重识别的基本任务就是匹配多个摄像头拍摄到的行人图像或行人视频。由于在自动化视频监控和视频取证应用中的重要性，行人重识别技术在计算机视觉与机器学习领域受到了人们广泛的关注。近年来，为了解决行人重识别问题，一大批方法已经被先后提出。大多数现有的行人重识别方法关注基于图像的行人重识别[1]（匹配过程中的基本单位是静态图像）。这些方法可以被进一步划分为两类：专注特征学习的方法和专注度量学习的方法。前者的目标是从行人图像中提取具有鉴别力的特征，如显著性特征[2]、中层特征[3]和显著颜色特征[4]；度量学习方法专注于学习一个有效的距离度量来测量两张图像之间的相似性，使得无论选择何种图像特征，其匹配准确率都可以达到最大化。流行的度量学习方法包括 LMNN[5]、KISSME[6]、RDC[7]等。

与一张行人图像相比，行人视频包含更多的信息：不同的图像帧能够包含行人更多的外貌信息；此外，行人视频中还包含时空信息，这些都有助于提升行人重识别的性能。因此，基于视频的行人重识别已经开始受到研究人员的关注。在基于视频的行人重识别中，基本的匹配单位是一段行人视频，其基本任务如彩图 13 所示。最近，研究人员提出了两个基于视频的行人重识别方法[8]。这两个方法都是关注从行人视频中提取时空特征来表示每个视频，然后利用获得的时空特征进行行人重识别。具体地说，首先将行人视频划分为若干片段（步态周期），然后从每个片段中提取时空特征，最后使用一个由该视频所有片段的时空特征构成的集合来表示该视频。因此，两个视频间的重识别问题可以看作一个集到集（set to set）的匹配问题。在实际环境中，由于光照、姿态、视角及遮挡的变化，不同摄像头拍摄到的同一个行人的视频片段之间存在较大的差异（称为视频间差异），而且同一个行人视频的不同图像帧之间也存在较大的差异（称为视频内差异）。图 4-1 展示了 iLIDS-VID[8]和 PRID 2011[9]数据集中的一些行人图像序列示例，每个序列仅采样显示了 5 张图像，其中同一行的两个图像序列属于同一个人。从图 4-1 中可以看到，同一个行人的不同视频之间及同一个视频的不同图像帧之间均存在着较大的差异。这些差异决定了从不同视频中提取到的时空特征之间，以及从同一个视频的不同步态周期中提取的时空特征之间都存在着较大的差异。然而，现有的这两个基于视频的行人重识别方法都没有同时处理视频间和视频内的差异，这也直接限制了它们的性能。

（a）iLIDS-VID

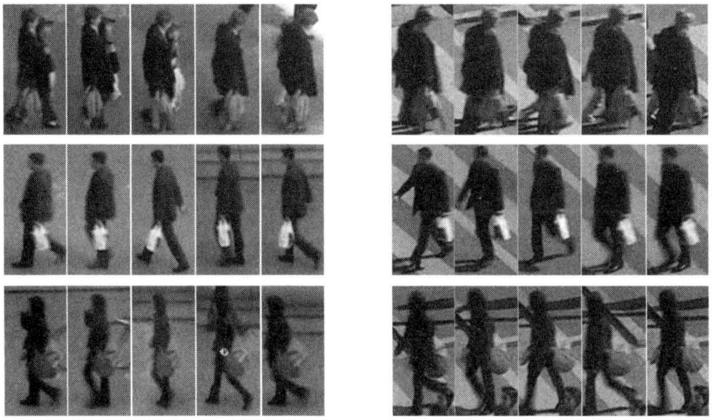

（b）PRID 2011

图 4-1　iLIDS-VID 和 PRID 2011 数据集中的一些行人图像序列示例

基于集合的度量学习（set-based distance metric learning）是一项用来降低集合之间差异的有效技术。近年来，一些基于集合的度量学习方法已经被提出，包括流形判别分析（manifold discriminant analysis，MDA）[10]，基于集合的判别排序（set-based discriminative ranking，SBDR）[11]，协方差判别学习（covariance discriminative learning，CDL）[12]，集合到集合的距离度量学习（set-to-set distance metric learning，SSDML）[9]和局部多核度量学习（localized multi-kernel metric learning，LMKML）[13]。

现有的基于度量学习的行人重识别方法[6]已经展示了度量学习技术对于行人重识别任务的有效性。然而，这些方法是为基于图像的行人重识别任务设计的，没有考虑视频内的差异对重识别带来的影响。尽管一个行人视频可以被看作一个样本集合，已有的基于集合的度量学习方法并不是为了解决视频行人重识别任务而设计。由于在行人视频数据中存在着较大的视频内和视频间差异，因此研究如何同时降低这些差异的影响，进而学习鉴别能力更强的距离度量，是一项很有价值的研究任务。

本章工作的主要贡献可以总结为以下几点：

1）提出了一个新的基于视频的行人重识别方法，即视频内和视频间的同步度量学习（simultaneous intra-video and inter-video distance learning，SI^{2}DL）。据作者所知，本章工作是首次利用基于集合的度量学习技术来解决基于视频的行人重识别任务。

2）设计了一个新的基于集合的度量学习模型，该模型的目标是学习一对视频内和视频间距离度量来分别处理视频内和视频间差异。通过使用学到的视频内度量，每个行人视频变得更加紧凑；使用学到的视频间度量，使得正确匹配的视频间距离小于错误匹配的视频间距离。

3）为了提升学到的视频间距离度量的鉴别力，设计了一个新的视频关系模型，即视频三元组。每个视频三元组由一对正确匹配的视频和一个伪装者视频构成。

4）在公开行人序列数据集 iLIDS-VID 和 PRID 2011 上对 SI^{2}DL 方法进行了评估，实验结果表明 SI^{2}DL 取得了领先的性能。

4.2　与 SI^{2}DL 相关的工作

本节简要回顾与 SI^{2}DL 方法相关的两类研究工作：①基于视频的行人重识别方法；②基于集合的度量学习方法。

4.2.1　基于视频的行人重识别

基于视频的行人重识别在现实环境中是一个非常重要的应用。基于时空颜色外观模型（spatio-temporal color appearance model）[14]的多人再识别方法是较早的相关研究。此外，研究人员提出了两个基于视频的行人重识别方法，即鉴别视频片段选择及排序方法（discriminative video fragments selection and ranking，DVR）[8]和基于 3D 的时空 Fisher 向量表示（spatial-temporal Fisher vector representation for 3D，STFV3D）[15]。这两个方法重点关注从行人视频中提取时空特征来表示行人视频。DVR 首先利用光流能量轮廓信息将每个行人视频划分为若干片段，然后从每个片段中提取 HOG 3D 特征来表示每个片段，最后从获得的特征中学习一个排序模型。STFV3D 首先根据行人的动作原型将行人视频划分为若干步态周期；然后根据人体的 6 个部位（头、躯干、左右胳膊和左右腿）将每个步态周期分割为 6 个身体-动作单元（body-action units）；最后从每个身体-动作单元中提取 Fisher 向量，并将所有身体-动作单元的 Fisher 向量进行拼接，作为一个步态周期的特征表示。

SI^2DL 方法和现有的视频行人重识别方法[8]之间的区别主要有两个方面：①这些方法关注于提取时空特征，而 SI^2DL 关注于同时学习一对距离度量；②这些方法没有同时处理视频内和视频间的差异，而 SI^2DL 通过学习一个视频内的距离度量和一个视频间的距离度量来处理这些差异。

4.2.2 基于集合的度量学习

基于视频的分类在很多计算机视觉任务中都是一项非常重要的研究问题。由于视频可以被看作一个图像集（每个元素是一个图像帧），因此一些基于集合的度量学习方法被提出，用于解决基于视频的分类问题[16]。文献[10]将每个集合模型化为一个流形（manifold），然后学习一个嵌入空间来最大化流形间隙；文献[12]通过将每个集合模型化为一个协方差矩阵来学习一个集到集距离度量；文献[17]将每个集合模型化为一个凸包，并将点到点的度量学习扩展为集到集的度量学习。

SI^2DL 方法和这些方法的主要区别可以总结为以下两点：①这些方法是为图像分类任务（如人脸识别、对象分类）而设计的，而 SI^2DL 方法是专门为基于视频的行人重识别任务而设计的；②这些方法都是学习一个公共的距离度量来处理集合内与集合间的差异，而 SI^2DL 方法通过学习一对距离度量来分别处理视频内和视频间的差异。

4.3 视频内和视频间度量学习方法

4.3.1 问题建模

令 $\boldsymbol{X}=[\boldsymbol{X}_1,\cdots,\boldsymbol{X}_i,\cdots\boldsymbol{X}_k]$ 表示一个包含 K 个行人视频的 p 维训练样本集，其中 $\boldsymbol{X}_i\in\mathbb{R}^{p\times n_i}$ 是对应于第 i 个视频的训练样本集，n_i 表示 $\boldsymbol{X}_i$ 中样本的个数。用 $\boldsymbol{x}_{ij}$ 表示 $\boldsymbol{X}_i$ 中的第 j 个样本。由于同一个视频内部及同一人的不同视频之间均存在着较大的差异，因此直接进行两个行人视频之间的匹配是非常困难的。直观上，降低每个视频内部的差异有益于提升视频之间的可分性。如果可以使每个行人视频中的样本变得更加紧凑，那么学习一个具有良好鉴别能力的视频到视频距离度量将会变得更加容易。因此，想从训练样本中同时学习一个视频内的距离度量和一个视频间的距离度量。其中，视频内的距离度量用于提升每个视频的紧缩性，而视频间的距离度量用于提高视频内度量学习后的视频之间的可分性。SI^{2}DL 方法的基本思想如彩图 14 所示，其中每个虚线圆形表示一个行人视频，包含相同形状的虚线圆形表示两个行人视频来自同一个人。

因此，将 SI^{2}DL 的基本框架设计如下：

$$\begin{aligned}&J(\boldsymbol{V},\boldsymbol{W})=\arg\min_{\boldsymbol{V},\boldsymbol{W}} f(\boldsymbol{V},\boldsymbol{X})+\mu g(\boldsymbol{W},\boldsymbol{V},\boldsymbol{X})\\&\text{s.t. } \|\boldsymbol{v}_i\|_2^2\leqslant 1,\|\boldsymbol{w}_i\|_2^2\leqslant 1\end{aligned}\tag{4-1}$$

式中，$\boldsymbol{V}\in\mathbb{R}^{p\times K_1}$ 和 $\boldsymbol{W}\in\mathbb{R}^{K_1\times K_2}$ 分别为需要学习的视频内和视频间距离度量，K_1 和 K_2 是正整数；$\boldsymbol{v}_i$ 和 $\boldsymbol{w}_i$ 分别为 $\boldsymbol{V}$ 和 $\boldsymbol{W}$ 中的第 i 个列向量；$f(\boldsymbol{V},\boldsymbol{X})$ 为视频内的聚集项，它要求每个样本都要向其所属的视频中心靠拢；$g(\boldsymbol{W},\boldsymbol{V},\boldsymbol{X})$ 为视频间的鉴别项，它要求两个正确匹配的行人视频之间的距离小于错误匹配的两个视频之间的距离；μ为平衡因子。

约束条件用于限制 $\boldsymbol{V}$ 和 $\boldsymbol{W}$ 的数值范围。

正如文献[18]所介绍的，有很多种模型可以用来表示一个集合。考虑到视频内度量学习的结果要能够直接用于学习视频间距离度量，选择一阶统计特征（该特征反映了样本集在高维空间中的平均位置）来表示每个视频。用 $\boldsymbol{m}_i$ 表示样本集 $\boldsymbol{X}_i$ 的一阶统计特征，则 m_i 的计算公式如下：

$$m_i=\frac{1}{n_i}\sum_{j=1}^{n_i}\boldsymbol{x}_{ij}\tag{4-2}$$

因此，将 $f(\boldsymbol{V},\boldsymbol{X})$ 设计如下：

$$f(\boldsymbol{V},\boldsymbol{X})=\frac{1}{N}\sum_{i=1}^{K}\sum_{j=1}^{n_i}\left\|\boldsymbol{V}^{\mathrm{T}}(\boldsymbol{x}_{ij}-\boldsymbol{m}_i)\right\|_2^2\tag{4-3}$$

式中，N 为训练集 $\boldsymbol{X}$ 中的总样本个数；$\boldsymbol{m}_i$ 为 $\boldsymbol{X}_i$ 的一阶统计特征。

$g(\boldsymbol{W},\boldsymbol{V},\boldsymbol{X})$ 的设计如下：

$$g(\boldsymbol{W},\boldsymbol{V},\boldsymbol{X})=\frac{1}{|D|}\sum_{<i,j,k>\in D}\left[\left\|\boldsymbol{W}^{\mathrm{T}}\boldsymbol{V}^{\mathrm{T}}(\boldsymbol{m}_i-\boldsymbol{m}_j)\right\|_2^2-\rho\left\|\boldsymbol{W}^{\mathrm{T}}\boldsymbol{V}^{\mathrm{T}}(\boldsymbol{m}_i-\boldsymbol{m}_k)\right\|_2^2\right]\tag{4-4}$$

式中，D 为视频三元组的集合，每个视频三元组由一个正确匹配的视频对和它的一个伪装者视频构成（视频三元组的详细构造方法参见定义 4-1）；$|D|$为 D 中的视频三元组的个数；ρ为惩罚因子。

$$\rho=\exp\left[-\left\|\boldsymbol{V}^{\mathrm{T}}(\boldsymbol{m}_i-\boldsymbol{m}_k)\right\|_2^2\Big/\left\|\boldsymbol{V}^{\mathrm{T}}(\boldsymbol{m}_i-\boldsymbol{m}_j)\right\|_2^2\right]\tag{4-5}$$

定义 4-1（视频三元组） 给定视频内的距离度量 $\boldsymbol{V}$ 和行人视频 $\boldsymbol{X}_i$、$\boldsymbol{X}_j$、$\boldsymbol{X}_k$ 及它们对应的一阶统计特征 $\boldsymbol{m}_i$、$\boldsymbol{m}_j$、$\boldsymbol{m}_k$，其中 $\boldsymbol{X}_j$ 是 $\boldsymbol{X}_i$ 的正确匹配，而 $\boldsymbol{X}_k$ 是 $\boldsymbol{X}_i$ 的错误匹配。如果 $\left\|\boldsymbol{V}^{\mathrm{T}}(\boldsymbol{m}_i-\boldsymbol{m}_k)\right\|_2^2<\left\|\boldsymbol{V}^{\mathrm{T}}(\boldsymbol{m}_i-\boldsymbol{m}_j)\right\|_2^2$，$\boldsymbol{X}_k$ 就被称为 $\boldsymbol{X}_i$ 在距离度量 $\boldsymbol{V}$ 下的一个伪装者视频，此时 $\boldsymbol{X}_i$、$\boldsymbol{X}_j$ 和 $\boldsymbol{X}_k$ 就构成了一个视频三元组，记为

$<i,j,k>$。视频三元组的构成如图 4-2 所示。

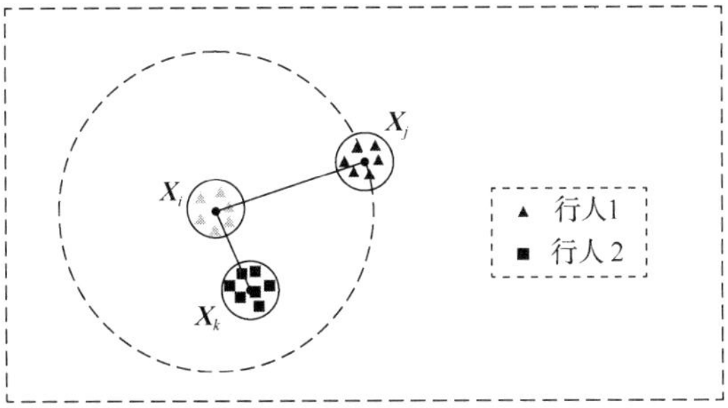

图 4-2　视频三元组的构成

通过把式（4-3）和式（4-4）代入式（4-1），SI²DL 方法的目标函数就可以写为如下形式：

$$\begin{aligned}&\min_{V,W}\frac{1}{N}\sum_{i=1}^{K}\sum_{j=1}^{n_i}\left\|V^{\mathrm{T}}(x_{ij}-m_i)\right\|_2^2\\&+\frac{\mu}{|D|}\sum_{<i,j,k>\in D}\left[\left\|W^{\mathrm{T}}V^{\mathrm{T}}(m_i-m_j)\right\|_2^2-\rho\left\|W^{\mathrm{T}}V^{\mathrm{T}}(m_i-m_k)\right\|_2^2\right]\\&\text{s.t.}\left\|v_i\right\|_2^2\leqslant 1,\left\|w_i\right\|_2^2\leqslant 1\end{aligned}\tag{4-6}$$

SI²DL 学到的视频内距离度量 $\boldsymbol{V}$ 能够确保每个视频的所有样本向其对应的一阶统计特征靠拢，进而使得一阶统计特征能够更好地表示每个视频，这有助于视频间距离度量 $\boldsymbol{W}$ 的学习。此外，$\boldsymbol{W}$ 是根据行人数据的特点利用伪装者视频提供的信息而学到的，因此拥有良好的鉴别力。

4.3.2　目标函数优化

目标函数［式（4-6）］不是 $\boldsymbol{V}$ 和 $\boldsymbol{W}$ 的联合凸函数。为了求解该问题，引入两个矩阵变量 $\boldsymbol{A}$ 和 $\boldsymbol{B}$，把式（4-6）松弛到如下形式：

$$\begin{aligned}&\min_{V,W,A,B}\frac{1}{N}\sum_{i=1}^{K}\sum_{j=1}^{n_i}\left\|V^{\mathrm{T}}(x_{ij}-m_i)\right\|_2^2+\left\|W^{\mathrm{T}}A\right\|_F^2-\left\|W^{\mathrm{T}}B\right\|_F^2\\&+\tau_1\left\|V^{\mathrm{T}}M_1-A\right\|_F^2+\tau_2\left\|V^{\mathrm{T}}M_2-B\right\|_F^2\\&\text{s.t.}\left\|v_i\right\|_2^2\leqslant 1,\left\|w_i\right\|_2^2\leqslant 1\end{aligned}\tag{4-7}$$

式中，$\boldsymbol{M}_1$ 和 $\boldsymbol{M}_2$ 为两个中间矩阵，$\boldsymbol{M}_1$ 和 $\boldsymbol{M}_2$ 中对应的列向量分别是 $\sqrt{\frac{\mu}{|D|}}(m_i-m_j)$ 和 $\sqrt{\frac{\mu\rho}{|D|}}(m_i-m_k)$，$<i,j,k>\in D$；$\|\cdot\|_F$ 为 Frobenius 范数。

然后，可以通过迭代更新 $\boldsymbol{A}$、$\boldsymbol{B}$、$\boldsymbol{V}$ 和 $\boldsymbol{W}$ 来解决式（4-7）。其具体的更新步

骤如下。

1. 固定$\boldsymbol{V}$和$\boldsymbol{W}$，更新$\boldsymbol{A}$和$\boldsymbol{B}$

首先，需要对$\boldsymbol{V}$和$\boldsymbol{W}$进行初始化。这里，使用式（4-8）对$\boldsymbol{V}$进行初始化。

$$\min_{\boldsymbol{V}}\sum_{i=1}^{K}\sum_{j=1}^{n_i}\left\|\boldsymbol{V}^{\mathrm{T}}(\boldsymbol{x}_{ij}-\boldsymbol{m}_i)\right\|_2^2 \quad \text{s.t.}\ \boldsymbol{V}^{\mathrm{T}}\boldsymbol{V}=\boldsymbol{I} \tag{4-8}$$

通过构造拉格朗日函数并且设置其偏导数为零，可以得到：

$$\boldsymbol{Q}_1\boldsymbol{V}=\gamma\boldsymbol{V} \tag{4-9}$$

式中，$\boldsymbol{Q}_1=\sum_{i=1}^{K}\sum_{j=1}^{n_i}(\boldsymbol{x}_{ij}-\boldsymbol{m}_i)(\boldsymbol{x}_{ij}-\boldsymbol{m}_i)^{\mathrm{T}}$。

显然，式（4-9）是一个特征分解问题，可以很容易解决。这里，选择最小的K_1个特征值对应的特征向量作为$\boldsymbol{V}$的初始值。获得$\boldsymbol{V}$的初始值之后，利用式（4-10）来初始化$\boldsymbol{W}$：

$$\min_{\boldsymbol{W}}\sum_{<i,j,k>\in D}\left[\left\|\boldsymbol{W}^{\mathrm{T}}\boldsymbol{V}^{\mathrm{T}}(\boldsymbol{m}_i-\boldsymbol{m}_j)\right\|_2^2-\rho\left\|\boldsymbol{W}^{\mathrm{T}}\boldsymbol{V}^{\mathrm{T}}(\boldsymbol{m}_i-\boldsymbol{m}_k)\right\|_2^2\right] \quad \text{s.t.}\ \boldsymbol{W}^{\mathrm{T}}\boldsymbol{W}=\boldsymbol{I} \tag{4-10}$$

和式（4-8）中的问题类似，式（4-10）也可以利用特征分解进行求解。最后，$\boldsymbol{W}$被初始化为最小的K_2个特征值对应的特征向量。

当$\boldsymbol{V}$和$\boldsymbol{W}$的值固定，目标函数［式（4-7）］中与$\boldsymbol{A}$、$\boldsymbol{B}$相关的部分分别如下：

$$\min_{\boldsymbol{A}}\left\|\boldsymbol{W}^{\mathrm{T}}\boldsymbol{A}\right\|_F^2+\tau_1\left\|\boldsymbol{V}^{\mathrm{T}}\boldsymbol{M}_1-\boldsymbol{A}\right\|_F^2 \tag{4-11}$$

$$\min_{\boldsymbol{B}}\left\|\boldsymbol{W}^{\mathrm{T}}\boldsymbol{B}\right\|_F^2+\tau_2\left\|\boldsymbol{V}^{\mathrm{T}}\boldsymbol{M}_2-\boldsymbol{B}\right\|_F^2 \tag{4-12}$$

通过求解式（4-11）和式（4-12），就可以实现对$\boldsymbol{A}$和$\boldsymbol{B}$的更新。求出式（4-11）对$\boldsymbol{A}$的偏导数并置为零，就可以得到式（4-11）的最优解：

$$\boldsymbol{A}=(\boldsymbol{W}\boldsymbol{W}^{\mathrm{T}}+\tau_1\boldsymbol{I})^{-1}\tau_1\boldsymbol{V}^{\mathrm{T}}\boldsymbol{M}_1$$

类似地，可以求得式（4-12）的最优解：

$$\boldsymbol{B}=(\tau_2\boldsymbol{I}-\boldsymbol{W}\boldsymbol{W}^{\mathrm{T}})^{-1}\tau_2\boldsymbol{V}^{\mathrm{T}}\boldsymbol{M}_2$$

2. 固定$\boldsymbol{A}$、$\boldsymbol{B}$和$\boldsymbol{W}$，更新$\boldsymbol{V}$

当$\boldsymbol{A}$、$\boldsymbol{B}$和$\boldsymbol{W}$的值固定时，式（4-7）中和$\boldsymbol{V}$相关的目标函数可以写为

$$\min_{\boldsymbol{V}}h(\boldsymbol{V}) \quad \text{s.t.}\left\|\boldsymbol{v}_i\right\|_2^2\leqslant 1 \tag{4-13}$$

式中，$h(\boldsymbol{V})=\frac{1}{N}\sum_{i=1}^{K}\sum_{j=1}^{n_i}\left\|\boldsymbol{V}^{\mathrm{T}}(\boldsymbol{x}_{ij}-\boldsymbol{m}_i)\right\|_2^2+\tau_1\left\|\boldsymbol{V}^{\mathrm{T}}\boldsymbol{M}_1-\boldsymbol{A}\right\|_F^2+\tau_2\left\|\boldsymbol{V}^{\mathrm{T}}\boldsymbol{M}_2-\boldsymbol{B}\right\|_F^2$。

式（4-13）可以利用和文献[19]类似的方法进行求解。具体地，首先引入一个松弛变量 $\boldsymbol{S}$，将式（4-13）转换为如下问题：

$$\min_{\boldsymbol{V},\boldsymbol{S}} h(\boldsymbol{V}) \quad \text{s.t.} \boldsymbol{V}=\boldsymbol{S}, \|\boldsymbol{s}_i\|_2^2 \leqslant 1 \tag{4-14}$$

式（4-14）的最优解可以通过 ADMM（alternating direction method of multipliers，交替方向乘子法）算法求出：

$$\begin{cases} \boldsymbol{V} = \arg\min\limits_{\boldsymbol{V}} h(\boldsymbol{V}) + \gamma\|\boldsymbol{V}-\boldsymbol{S}+\boldsymbol{P}\|_F^2 \\ \boldsymbol{S} = \arg\min\limits_{\boldsymbol{S}} \gamma\|\boldsymbol{V}-\boldsymbol{S}+\boldsymbol{P}\|_F^2 \quad \text{s.t.}\|\boldsymbol{s}_i\|_2^2 \leqslant 1 \\ \boldsymbol{P} = \boldsymbol{P}+\boldsymbol{V}-\boldsymbol{S} \end{cases} \tag{4-15}$$

式中，$\boldsymbol{P}$ 的初始值为零矩阵。

3. 固定 $\boldsymbol{A}$、$\boldsymbol{B}$ 和 $\boldsymbol{V}$，更新 $\boldsymbol{W}$

当 $\boldsymbol{A}$、$\boldsymbol{B}$ 和 $\boldsymbol{V}$ 的值固定时，目标函数［式（4-7）］中与 $\boldsymbol{W}$ 有关的部分可以写为

$$\min_{\boldsymbol{W}} \|\boldsymbol{W}^{\mathrm{T}}\boldsymbol{A}\|_F^2 - \|\boldsymbol{W}^{\mathrm{T}}\boldsymbol{B}\|_F^2 \quad \text{s.t.}\|\boldsymbol{w}_i\|_2^2 \leqslant 1 \tag{4-16}$$

和式（4-13）类似，也引入一个变量 $\boldsymbol{S}$，将式（4-16）改写为如下等价形式：

$$\min_{\boldsymbol{W},\boldsymbol{S}} \|\boldsymbol{W}^{\mathrm{T}}\boldsymbol{A}\|_F^2 - \|\boldsymbol{W}^{\mathrm{T}}\boldsymbol{B}\|_F^2 \quad \text{s.t.}\boldsymbol{W}=\boldsymbol{S}, \|\boldsymbol{s}_i\|_2^2 \leqslant 1 \tag{4-17}$$

式（4-17）的最优解可以利用 ADMM 算法获得：

$$\begin{cases} \boldsymbol{W} = \arg\min\limits_{\boldsymbol{W}} \|\boldsymbol{W}^{\mathrm{T}}\boldsymbol{A}\|_F^2 - \|\boldsymbol{W}^{\mathrm{T}}\boldsymbol{B}\|_F^2 + \gamma\|\boldsymbol{W}-\boldsymbol{S}+\boldsymbol{P}\|_F^2 \\ \boldsymbol{S} = \arg\min\limits_{\boldsymbol{S}} \gamma\|\boldsymbol{W}-\boldsymbol{S}+\boldsymbol{P}\|_F^2 \ \text{s.t.}\|\boldsymbol{s}_i\|_2^2 \leqslant 1 \\ \boldsymbol{P} = \boldsymbol{P}+\boldsymbol{W}-\boldsymbol{S} \end{cases} \tag{4-18}$$

本章提出的 $\mathrm{SI^2DL}$ 算法的优化过程如算法 4-1 所示。

算法 4-1　$\mathrm{SI^2DL}$ 算法的优化过程

输入：训练样本集 $\boldsymbol{X}$

输出：学到的距离度量 $\boldsymbol{V}$ 和 $\boldsymbol{W}$

1：　利用式（4-8）和式（4-10）分别对 $\boldsymbol{V}$ 和 $\boldsymbol{W}$ 进行初始化

2：　while 未收敛 do

3：　　固定 $\boldsymbol{V}$ 和 $\boldsymbol{W}$，分别利用式（4-11）和式（4-12）对 $\boldsymbol{A}$ 和 $\boldsymbol{B}$ 进行更新

4：　　固定 $\boldsymbol{A}$、$\boldsymbol{B}$ 和 $\boldsymbol{W}$，利用式（4-15）对 $\boldsymbol{V}$ 进行更新

5：　　固定 $\boldsymbol{A}$、$\boldsymbol{B}$ 和 $\boldsymbol{V}$，利用式（4-18）对 $\boldsymbol{W}$ 进行更新

6：　end while

7：　return $\boldsymbol{V}$ 和 $\boldsymbol{W}$

4.3.3 计算复杂度和收敛性分析

在 SI²DL 方法的训练阶段，$\boldsymbol{V}$ 和 $\boldsymbol{W}$ 首先被初始化，然后 $\boldsymbol{V}$ 和 $\boldsymbol{W}$ 被迭代交替更新。初始化 $\boldsymbol{V}$ 和 $\boldsymbol{W}$ 的时间复杂度分别是 $O(Np^2+p^3)$ 和 $O[L(K_1p+K_1^2)+K_1^3]$，其中，$L=|D|$。在每次迭代过程中，$\boldsymbol{M}_1\boldsymbol{M}_1^{\mathrm{T}}$、$\boldsymbol{M}_2\boldsymbol{M}_2^{\mathrm{T}}$ 和 Q_1 的值都是不变的，因此更新 $\boldsymbol{A}$、$\boldsymbol{B}$、$\boldsymbol{V}$ 和 $\boldsymbol{W}$ 的实际复杂度分别是 $O(K_1^2K_2+K_1^3+K_1^2p)$、$O(K_1^2K_2+K_1^3+K_1^2p)$、$O[K_1p^2+T_1(p^2K_1+p^3)]$ 和 $O[K_1p^2+K_1^2p+T_2(K_1^3+K_1^2K_2)]$，其中，$T_1$ 和 T_2 分别是利用 ADMM 算法更新 $\boldsymbol{V}$ 和 $\boldsymbol{W}$ 时的迭代次数。实验中，发现大多数情况下 T_1 和 T_2 的值小于 10。在实践中，样本维度 p 和样本个数 N 远远小于 L。

目标函数［式（4-7）］相对于 $\{(\boldsymbol{V},\boldsymbol{W}),(\boldsymbol{A},\boldsymbol{B})\}$ 是一个双凸问题，即固定 $(\boldsymbol{A},\boldsymbol{B})$，目标函数对于 $(\boldsymbol{V},\boldsymbol{W})$ 是凸的；固定 $(\boldsymbol{V},\boldsymbol{W})$，目标函数对于 $(\boldsymbol{A},\boldsymbol{B})$ 是凸的。图 4-3 展示了 SI²DL 方法在 PRID 2011 数据集上的收敛曲线。可以看出，目标函数的能量值下降很快，并且在 3 次迭代之后就趋于稳定。在大多数实验中，SI²DL 方法可以在 5 次迭代之内达到收敛。

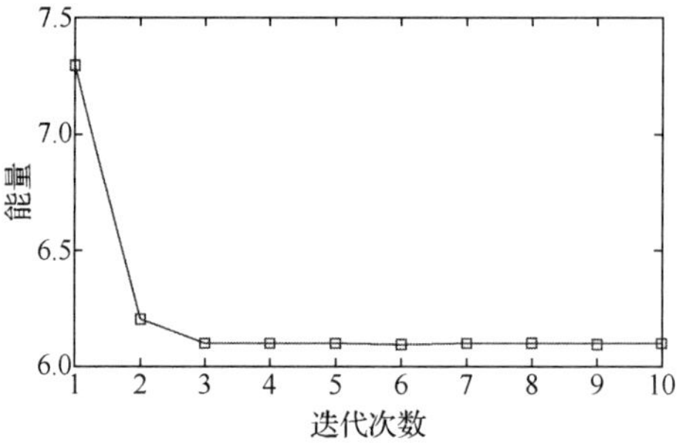

图 4-3　SI²DL 算法在 PRID 2011 数据集上的收敛曲线

4.4 实验设置与结果

为了评估 SI²DL 方法的有效性，在两个可公开获取的行人序列数据集上进行了广泛的实验，包括 iLIDS-VID[8]和 PRID 2011[9]。

1. 对比方法

为了验证 SI²DL 方法的有效性，将 SI²DL 与几个领先的基于视频的行人重识别方法进行了对比，包括 DVR[8]和其对应的两个增强方法 Salience+DVR 和 MS-Colour&LBP+DVR[8]、STFV3D 和其对应的增强方法 STFV3D+KISSME[15]。

2. 特征提取

本章实验中，在 iLIDS-VID 和 PRID 2011 两个数据集上使用了文献[11]提出的行人视频特征（STFV3D），该特征是现有的视频行人重识别文献中报告的非常有效的一种视频特征。具体地，首先 STFV3D 根据人体的 6 个部位将行人视频的每个步态周期划分为 6 个身体-动作单元；然后基于一个由颜色、纹理和梯度信息组成的局部描述子，STFV3D 从每个身体-动作单元中提取一个 Fisher 向量；最后 6 个身体-动作单元的 Fisher 向量拼接起来作为一个步态周期的特征表示。实验中，iLIDS-VID 和 PRID 2011 数据集上每个样本的维度分别为 2208 和 2512。

3. 参数设置

SI^2DL 方法中有 3 个参数，分别是μ、τ_1 和 τ_2。实验中，利用 5 折交叉验证来设置每个数据集上的参数值。对于视频内和视频间距离度量矩阵的列数 K_1 和 K_2，在 iLIDS-VID 数据集上分别将其设置为（2200, 80），在 PRID 2011 数据集上分别将其设置为（2500, 100）。在 4.5.2 节中会专门讨论 K_1 和 K_2 的数值选取问题。

4. 评估设置

对于 iLIDS-VID 和 PRID 2011 两个数据集上的评估实验，均沿用了文献[11]中给出的评估设置。具体地，首先将数据集中所有的正确视频匹配对平均划分为两份，一份用于训练，另一份用于测试；然后进一步将测试集中第一个摄像头的视频序列作为 Probe 集合，另一个摄像头的视频序列作为 Gallery 集合。本节利用 CMC 曲线作为评价指标，并且报告 10 次实验的排名前 k 的平均匹配率（rank k 匹配率）。

4.4.1 iLIDS-VID 数据集上的实验结果

iLIDS-VID 数据集 [11] 的相关介绍详见 2.3.2 节。图 4-1(a)中展示了 iLIDS-VID 数据集中的一些行人图像序列示例。在该数据集上的实验中，使用的参数μ、τ_1 和 τ_2 的值分别为 0.5×10^{-4}、0.2 和 0.2。

图 4-4 展示了所有对比方法在 iLIDS-VID 数据集上的平均匹配率 CMC 曲线，表 4-1 展示了这些方法 rank 1、rank 5、rank 10 和 rank 20 的匹配率。可以观察到，和其他对比方法相比，SI^2DL 在每个 rank 上都取得了更好的匹配率，尤其是在 rank 5 匹配率上，SI^2DL 至少比对比方法高出了 9.4 个百分点（81.1%−71.7%）。SI^2DL 相对于其他对比方法的优势在于：SI^2DL 学习了一对具有良好鉴别力的距离度量，可以用于同时降低视频内和视频间数据差异带来的影响。

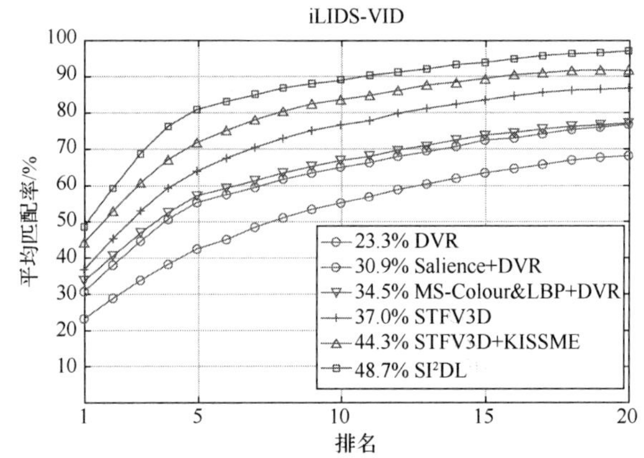

图 4-4　所有对比方法在 iLIDS-VID 数据集上的平均匹配率 CMC 曲线
（其中每个方法名前面给出了 rank 1 匹配率）

表 4-1　iLIDS-VID 数据集上排名前 *r* 的平均匹配率

（单位：%）

方法	*r*=1	*r*=5	*r*=10	*r*=20
DVR	23.3	42.4	55.3	68.4
Salience+DVR	30.9	54.4	65.1	77.1
MS-Colour&LBP+DVR	34.5	56.7	67.5	77.5
STFV3D	37.0	64.3	77.0	86.9
STFV3D+KISSME	44.3	71.7	83.7	91.7
SI^{2}DL	48.7	81.1	89.2	97.3

4.4.2　PRID 2011 数据集上的实验结果

PRID 2011 行人序列数据集[13]的相关介绍详见 2.3.2 节。图 4-1（b）中展示了 PRID 2011 数据集中的一些行人图像序列示例。在该数据集上使用的参数μ、τ_1 和 τ_2 的值分别为0.5×10^{-4}、0.1 和 0.1。

表 4-2 和图 4-5 报告了所有对比方法在 PRID 2011 数据集上的重识别结果。可以观察到，SI^{2}DL 方法的性能超越了其他对比方法。具体地，以 rank 1 匹配率为例，SI^{2}DL 将平均匹配率至少提升了 12.6 个百分点（76.7%−64.1%）。

表 4-2　PRID 2011 数据集上排名前 *r* 的平均匹配率

（单位：%）

方法	*r*=1	*r*=5	*r*=10	*r*=20
DVR	28.9	55.3	65.5	82.8
Salience+DVR	41.7	64.5	77.5	88.8

续表

方法	r=1	r=5	r=10	r=20
MS-Colour&LBP+DVR	37.6	63.9	75.3	89.4
STFV3D	42.1	71.9	84.4	91.6
STFV3D+KISSME	64.1	87.3	89.9	92.0
SI²DL	76.7	95.6	96.7	98.9

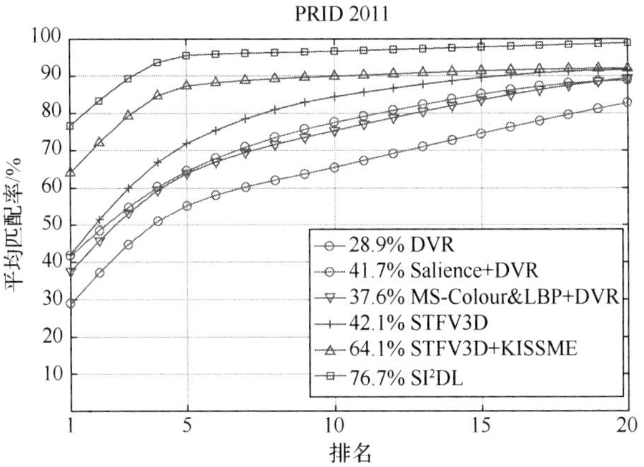

图 4-5　PRID 2011 数据集上的平均匹配率 CMC 曲线（其中每个方法名前面给出了 rank 1 匹配率）

4.5　对 SI²DL 的讨论与分析

4.5.1　学习一对距离度量与一个公共度量的比较

SI²DL 方法通过学习一个视频内距离度量和一个视频间距离度量来分别处理视频内和视频间的数据差异。为了评价学习一对距离度量这种方式的有效性，将 SI²DL 与 SI²DL 的公共距离度量学习版本（只学习一个距离度量）进行对比。将 SI²DL 的公共距离度量学习版本命名为 SI²DL_c。图 4-6 对比了 SI²DL 和 SI²DL_c iLIDS-VID 和 PRID 2011 数据集上的 rank 1 匹配率对比。可以看出，SI²DL 明显超越了 SI²DL_c，这说明学习一个公共距离度量来同时处理视频内和视频间的差异会限制学到的距离度量的鉴别力。因此，应该学习不同的距离度量来处理不同层次的差异。

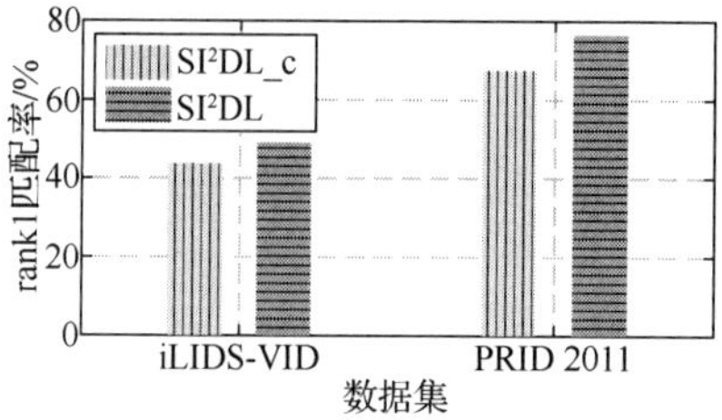

图 4-6 SI²DL 与 SI²DL_c 在 iLIDS-VID 和 PRID 2011 数据集的 rank 1 匹配率对比

4.5.2 视频内和视频间距离度量的维度的影响

由于视频间度量学习依赖于视频内度量学习的结果，因此为视频内距离度量 $\boldsymbol{V}$ 选择适当的维度（K_1）对 SI²DL 方法非常重要。由于 $\boldsymbol{V}$ 是利用式（4-9）进行初始化的，而式（4-9）采用特征分解进行求解，因此 K_1 的值要小于样本的维度（PRID 2011 数据集样本的维度为 2512）。实验中发现 K_1 的值需要接近训练样本的维度，而 K_2 的值需要设置为较小的数值。彩图 15 展示了 PRID 2011 数据集上 K_1 和 K_2 的值分别在[2400,2500]和[50,120]范围内进行变动时 SI²DL 方法的 rank 1 匹配率变化情况。可以看出，SI²DL 的结果对于 K_1 和 K_2 在观察范围内的变动并不是非常敏感，当 K_1 和 K_2 分别被设置为 2500 和 100 时，SI²DL 能够取得最好的结果。类似的性能稳定区间也能够在 iLIDS-VID 数据集上观察到。

4.5.3 和其他基于集合的度量学习方法对比

为了进一步分析 SI²DL 方法和已有的基于集合的度量学习方法的区别，在 iLIDS-VID 和 PRID 2011 数据集上对 3 个领先的基于集合的度量学习方法进行了测试，包括 CDL[12]，集合到集合的距离度量学习（set-to-set distance metric learning，SSDML）[17]，和混合欧氏和黎曼度量学习（hybrid Euclidean-and-Riemannian metric learning，HERML）[20]。测试过程中，这 3 个方法使用了与 SI²DL 方法相同的特征和设置。实验中发现这些对比方法在基于视频的行人重识别任务上的性能上均不够理想，与它们在其他应用中的性能相差较远。造成该现象的主要原因可以归结为以下 3 个方面：

1）这些方法是为图像分类任务而设计的，在图像分类任务中，每个类别往往有多个图像集（大于 2）；而在基于视频的行人重识别任务的设置下，每个摄像头中一个行人仅有一个视频，即一个样本集。

2）这些方法都假设训练集和测试集包含相同的类别，测试过程中每个测试样本都是和训练集中的样本进行匹配。然而，在基于视频的行人重识别任务中，训练集中的行人和测试集中的行人是完全不同的，匹配在来自不同摄像头的 Probe 和 Gallery 视频之间进行。

3）这些方法都是学习一个公共的距离度量，没有专门考虑处理行人视频内部的差异带来的影响。所有因素综合起来，使得这些方法在解决基于视频的行人重识别任务时无法直接获得较好的结果。

参 考 文 献

[1] LIAO S C, HU YANG, ZHU X Y, et al. Person re-identification by local maximal occurrence representation and metric learning[C]//Proceedings of the IEEE Conference on Computer Vision and Pattern Recognition, 2015: 2197-2206.

[2] ZHAO R, OUYANG W, WANG X G. Unsupervised salience learning for person re-identification[C]//Proceedings of the IEEE Conference on Computer Vision and Pattern Recognition, 2013: 3586-3593.

[3] ZHAO R, OUYANG W, WANG X G. Learning mid-level filters for person re-identification[C]//Proceedings of the IEEE Conference on Computer Vision and Pattern Recognition, 2014: 144-151.

[4] YANG Y, YANG J M, YAN J J, et al. Salient color names for person re-identification[C]//European Conference on Computer Vision, 2014: 536-551.

[5] WEINBERGER K Q, BLITZER J, SAUL L. Distance metric learning for large margin nearest neighbor classification[J]. Advances in Neural Information Processing Systems, 2005(18): 1473-1480.

[6] KOESTINGER M, HIRZER M, WOHLHART P, et al. Large scale metric learning from equivalence constraints[C]//2012 IEEE Conference on Computer Vision and Pattern Recognition, 2012: 2288-2295.

[7] ZHENG W S, GONG S G, XIANG T. Re-identification by relative distance comparison[J]. IEEE Transactions on Pattern Analysis and Machine Intelligence, 2012, 35(3): 653-668.

[8] WANG T Q, GONG S G, ZHU X T, et al. Person re-identification by video ranking[C]//European Conference on Computer Vision, 2014: 688-703.

[9] HIRZER M, BELEZNAI C, ROTH P M, et al. Person re-identification by descriptive and discriminative classification[C]//Scandinavian Conference on Image Analysis, 2011: 91-102.

[10] WANG R P, CHEN X. Manifold discriminant analysis[C]//2009 IEEE Conference on Computer Vision and Pattern Recognition, 2009: 429-436.

[11] WU Y, MINOH M, MUKUNOKI M, et al. Set based discriminative ranking for recognition[C]//European Conference on Computer Vision, 2012: 497-510.

[12] WANG R P, GUO H, DAVIS L S, et al. Covariance discriminative learning: a natural and efficient approach to image set classification[C]//2012 IEEE Conference on Computer Vision and Pattern Recognition, 2012: 2496-2503.

[13] LU J W, WANG G, MOULIN P. Image set classification using holistic multiple order statistics features and localized multi-kernel metric learning[C]//Proceedings of the IEEE International Conference on Computer Vision, 2013: 329-336.

[14] BEDAGKAR G A, SHAH S K. Multiple person re-identification using part based spatio-temporal color appearance model[C]//2011 IEEE International Conference on Computer Vision Workshops (ICCV Workshops), 2011: 1721-1728.

[15] LIU K, MA B P, ZHANG W, et al. A spatio-temporal appearance representation for video-based pedestrian re-identification[C]//Proceedings of the IEEE International Conference on Computer Vision, 2015: 3810-2818.

[16] HUANG Z, WANG R P, SHAN S G, et al. Log-Euclidean metric learning on symmetric positive definite manifold with application to image set classification[C]//International Conference on Machine Learning, 2015: 720-729.

[17] ZHU P F, ZHANG L, ZUO W M, et al. From point to set: Extend the learning of distance metrics[C]//Proceedings of the IEEE International Conference on Computer Vision, 2013: 2664-2671.

[18] LI Y, WANG R P, HUANG Z W, et al. Face video retrieval with image query via hashing across euclidean space and Riemannian manifold[C]//Proceedings of the IEEE Conference on Computer Vision and Pattern Recognition, 2015: 4758-4767.

[19] GU S H, ZHANG L, ZUO W M, et al. Projective dictionary pair learning for pattern classification[C]//Advances in Neural Information Processing Systems, 2014: 793-801.

[20] HUANG Z, WANG R P, SHAN S G, et al. Hybrid Euclidean-and-Riemannian metric learning for image set classification [C]//Asian Conference on Computer Vision, 2014: 562-577.

第 5 章　其他相关的度量学习技术

5.1　NK3ML

Ali 和 Chaudhuri 针对行人重识别中的小样本问题（small sample size，SSS）[1]提出了一种零判定空间上最大化间隔的度量学习方法（nullspace kernel maximum margin metric learning，NK3ML）[2]。NK3ML 方法首先利用空 Foley-Sammon 变换（null Foley-Sammon transform，NFST）找到一个低维的判定零空间，使得同一类样本降为一个点；随后利用一个度量学习框架在零空间上学习一个判定性子空间，将类间距离最大化。同时，使用一个非线性映射将判定性零空间映射至一个无限维度的空间，其中选择合适的核函数能够进一步增加类间样本之间间隔的最大值。

首先，Foley-Sammon 变换（Foley-Sammon transform，FST)[3,4]的目标是学习最优的判定向量 $\boldsymbol{w}\in\mathbb{R}^d$，它能够在正交约束下最大化 Fisher 准则 $J_F(\boldsymbol{w})$：

$$J_F(\boldsymbol{w})=\frac{\boldsymbol{w}^{\mathrm{T}}\boldsymbol{S}_b\boldsymbol{w}}{\boldsymbol{w}^{\mathrm{T}}\boldsymbol{S}_w\boldsymbol{w}} \tag{5-1}$$

式中，$\boldsymbol{S}_w$ 为类内散度矩阵；$\boldsymbol{S}_b$ 为类间散度矩阵。

FST 的主要缺点在于，如遇到小样本问题，当 $n<d$ 时，$\boldsymbol{S}_w$ 会奇异化，无法直接应用 FST。增加 $\boldsymbol{S}_w$ 的正则项或使用 PCA 进行降维可以解决这个问题，但这样的做法会使 FST 次优。FST 在处理小样本时的次优问题可以通过 NFST 解决[5]。NFST[6,7]的目标是找到满足如下约束的正交判定向量：

$$\boldsymbol{w}^{\mathrm{T}}\boldsymbol{S}_w\boldsymbol{w}=0,\boldsymbol{w}^{\mathrm{T}}\boldsymbol{S}_b\boldsymbol{w}>0 \tag{5-2}$$

基于 Fisher 准则的方法通常利用训练样本学习判定性向量，因此生成的测试数据的向量能在类的分散性上有良好的性质。NFST 能够用来解决行人重识别问题中的小样本问题。但是最大化公式［式（5-1）］中的 $J_F(\boldsymbol{w})$ 需要将分子设为 0，并没有有效利用分子中所含的信息。如彩图 16 所示，映射后的属于不同类的单点可能较近。因此，当一个测试数据被映射到这个 NFST 零空间后，可能会因为两个单点的距离太近而产生误分类。在这种 NFST 的建模下，$\boldsymbol{w}^{\mathrm{T}}\boldsymbol{S}_t\boldsymbol{w}=0$ 并不能控制这种情况，而 $\boldsymbol{w}^{\mathrm{T}}\boldsymbol{S}_b\boldsymbol{w}$ 非常小时分类效果同样会很差。

MMC（maximize marginal criterion，最大间隔准则）[8,9]用于学习一个最大化类间距离的判定子空间。对于类之间的离散度，MMC 定义为

$$J=\frac{1}{2}\sum_{i=1}^{c}\sum_{j=1}^{c}p_i p_j d(C_i,C_j) \tag{5-3}$$

式中，类C_i和类C_j的类间间隔$d(C_i,C_j)$定义为

$$d(C_i,C_j)=d(m_i,m_j)-s(C_i)-s(C_j) \tag{5-4}$$

式中，$d(m_i,m_j)$分别为类C_i和类C_j的向量均值m_i和m_j之间的平方欧氏距离；$s(C_i)$为类C_i的分散度，用$s(C_i)=\mathrm{tr}(\boldsymbol{S}_i)$估计，$\boldsymbol{S}_i$是类$C_i$的类内散度矩阵。

KMMC（kernel maximize marginal criterion，核最大间隔准则）[8]使用了核方法学习非线性判定向量。使用一个合适的非线性函数$\boldsymbol{\Phi}(\boldsymbol{z})$，将输入的数据$\boldsymbol{z}$映射至更高维度的特征空间$\boldsymbol{F}$，然后求判定向量$\boldsymbol{v}_k\in\boldsymbol{F}$。给定$n$个训练样本和一个核函数$k(\boldsymbol{z}_i,\boldsymbol{z}_j)=\left\langle\Phi(\boldsymbol{z}_i),\Phi(\boldsymbol{z}_j)\right\rangle$，可以计算核矩阵$\boldsymbol{K}\in\mathbb{R}^{n\times n}$。矩阵$\boldsymbol{K}_i\in\mathbb{R}^{n\times n_i}$对于第$i$类的$n_i$个样本为$(\boldsymbol{K}_i)_{pq}:=k(\boldsymbol{z}_p,\boldsymbol{z}_q^{(i)})$。由于每个判定向量$\boldsymbol{v}_k$都在映射数据样本的范围内，因此可以表示为$\boldsymbol{v}_k=\sum_{j=1}^{n}(\boldsymbol{\alpha}_k)_j\Phi(\boldsymbol{z}_j)$，其中$(\boldsymbol{\alpha}_k)_j$是向量$\boldsymbol{\alpha}_i\in\mathbb{R}^n$的第$j$个元素，作为$\boldsymbol{v}_k$的膨胀系数。KMMC的优化如下：

$$\begin{aligned}&\max_{\boldsymbol{\alpha}_k}\sum_{k=1}^{r}\boldsymbol{\alpha}_k^{\mathrm{T}}(\boldsymbol{M}-\boldsymbol{N})\boldsymbol{\alpha}_k\\&\text{s.t. }\boldsymbol{\alpha}_k^{\mathrm{T}}\boldsymbol{\alpha}_k=1\end{aligned} \tag{5-5}$$

式中，$\boldsymbol{N}=\sum_{i=1}^{c}\frac{1}{n}\boldsymbol{K}_i\left(\boldsymbol{I}_{n_i}-\frac{1}{n_i}\boldsymbol{l}_{n_i}\boldsymbol{l}_{n_i}^{\mathrm{T}}\right)\boldsymbol{K}_i^{\mathrm{T}}$，$\boldsymbol{I}_{n_i}$为$(n_i\times n_i)$的单位矩阵；$\boldsymbol{l}_{n_i}$为维度为$n_i$元素为 1 的向量。$\boldsymbol{M}=\sum_{i=1}^{c}\frac{1}{n_i}(\widetilde{\boldsymbol{m}}_i-\widetilde{\boldsymbol{m}})(\widetilde{\boldsymbol{m}}_i-\widetilde{\boldsymbol{m}})^{\mathrm{T}}$，$\widetilde{\boldsymbol{m}}:=\frac{1}{n}\sum_{i=1}^{c}n_i\widetilde{\boldsymbol{m}}_i$，$(\widetilde{\boldsymbol{m}}_i)_j:=\frac{1}{n_i}\sum_{z\in C_i}k(\boldsymbol{z},\boldsymbol{z}_j)$。

通过 KMMC 获得的式（5-5）中使用核的优化问题并没有增强特征空间内判定特征的归一性，而是用特征向量的膨胀系数向量$\boldsymbol{\alpha}_k$进行归一化约束。在 NK3ML 中，要求 KMMC 求得的判定向量归一化，如$\boldsymbol{v}_k^{\mathrm{T}}\boldsymbol{v}_k=1$，归一化后的判定向量能够保留数据的分布形状。因此，引入归一化的核最大间隔准则（normalized kernel maximum marginal criterion，NKMMC），判定向量$\boldsymbol{v}_k$重写为

$$\boldsymbol{v}_k=\sum_{j=1}^{n}(\boldsymbol{\alpha}_k)_j\Phi(\boldsymbol{z}_j)=[\Phi(\boldsymbol{z}_1)\Phi(\boldsymbol{z}_2)\cdots\Phi(\boldsymbol{z}_n)]\boldsymbol{\alpha}_k \tag{5-6}$$

归一化约束写为

$$\left[\sum_{j=1}^{n}(\boldsymbol{\alpha}_k)_j\Phi(\boldsymbol{z}_j)\right]^{\mathrm{T}}\left[\sum_{j=1}^{n}(\boldsymbol{\alpha}_k)_j\Phi(\boldsymbol{z}_j)\right]=1\Rightarrow\boldsymbol{\alpha}_k^{\mathrm{T}}\boldsymbol{K}\boldsymbol{\alpha}_k=1 \tag{5-7}$$

式中，$\boldsymbol{K}$为核矩阵。

式（5-5）中的优化问题经过变形后，用于加强归一化的判定向量：

$$\max_{\boldsymbol{\alpha}_k} \sum_{k=1}^{r} \boldsymbol{\alpha}_k^{\mathrm{T}} (\boldsymbol{M} - \boldsymbol{N}) \boldsymbol{\alpha}_k \\ \text{s.t. } \boldsymbol{\alpha}_k^{\mathrm{T}} \boldsymbol{K} \boldsymbol{\alpha}_k = 1 \tag{5-8}$$

5.2 HAP2S

Yu 等认为度量学习中三元组的筛选能够有效提高学习效率，提出了一种难感知的点到集合的三元损失框架（hard-aware point-to-set，HAP2S）和一个宽松的难挖掘框架[10]。三元组损失[11,12]作为最有代表性的度量损失，通常给定一批训练数据 $X=\{x_i\}_{i=1}^{N_s}$，其标记为 $\{y_i\}_{i=1}^{N_s}$，选择三元组 $\{x_a, x_p, x_n\}$，其中 anchor（锚样本）x_a 和正样本 x_p 是同一个人的两张图像，负样本 x_n 是其他人的拓片。相应的特征为 $f_\Theta(x_a)$、$f_\Theta(x_p)$、$f_\Theta(x_n)$，其中 $f_\Theta(x_a)$ 简写为 f_a。除几种变形[13,14]外，最常见的三元组损失为

$$L_{\text{trp}} = \frac{1}{N_t} \sum_{\substack{y_p = y_a \\ y_n \neq y_a}} [d(f_a, f_p) - d(f_a, f_n) + m]_+ \tag{5-9}$$

式中，$[\cdot]_+ = \max(\cdot, 0)$；$N_t$ 为一个小批次（mini batch）中所有可能三元组的个数；d 为定义好的距离度量。式（5-9）中的三元组损失使得一对类内图像之间的距离至少比一对类间图像小一个间隔 m。当使用三元组损失训练一个 CNN 时，大多数可能的三元组都能满足约束：

$$d(f_a, f_p) + m < d(f_a, f_n) \tag{5-10}$$

这使得可选择的三元组数几乎为 0，不能用于训练。因此，难样本挖掘对三元组损失非常重要。Hermans 等提出了一种三元组损失的变形，即一个简单但是有效的难样本挖掘框架[15]，定义如下：

$$L_{\text{trpBH}} = \frac{1}{N_s} \sum_{a=1}^{N_s} \left[\max_{y_p = y_a} d(f_a, f_p) - \min_{y_p \neq y_a} d(f_a, f_n) + m \right]_+ \tag{5-11}$$

一个小批次中的每个锚样本选择最难的正样本和最难的负样本组成一个三元组。

给定一个锚样本，其标记为 y_a，$S_a^+ = \{f_p \mid y_p = y_a\}$ 表示正样本集合，包括小批次中所有正样本点；相似的 $S_a^- = \{f_n \mid y_n \neq y_a\}$ 表示负样本集合。点到集合（point-to-set，P2S）三元组损失定义为

$$L_{\text{P2S}} = \frac{1}{N_s} \sum_{a=1}^{N_s} [D(f_a, S_a^+) - D(f_a, S_a^-) + m]_+ \tag{5-12}$$

式中，D 为 P2S 距离。

P2S 三元组损失是一个更通用的形式，如果想转换成类似式（5-11）中三元组损失的形式，可以将 P2S 距离定义为

$$\begin{cases} D(f_a, S_a^+) = \max\limits_{f_i \in S_a^+} d(f_a, f_i) \\ D(f_a, S_a^-) = \max\limits_{\substack{\max \\ f_i \in S_a^-}} d(f_a, f_j) \end{cases} \tag{5-13}$$

为了解决 P2P 的不足，难感知的 P2S 损失（HAP2S）具备适应性的难挖掘框架。HAP2S 损失具有和式（5-12）相同的形式。其重点在于为集合中的每个点计算 P2S 距离并分配不同的权重：

$$\begin{cases} D(f_a, S_a^+) = \dfrac{\sum\limits_{f_i \in S_a^+} d(f_a, f_i) w_i^+}{\sum\limits_{f_i \in S_a^+} w_i^+} \\ D(f_a, S_a^-) = \dfrac{\sum\limits_{f_i \in S_a^-} d(f_a, f_i) w_j^-}{\sum\limits_{f_i \in S_a^-} w_j^-} \end{cases} \tag{5-14}$$

式中，w_i^+ 和 w_j^- 分别为正样本集和负样本集中元素 f_i 和 f_j 的权重。

样本的难易程度取决于到锚样本的距离。对于正样本集，距离锚样本远的点就是难样本，需要更大的权重；负样本集中距离锚样本最近的点反而最难。为此，下面介绍两种权重方案。

1. 指数权重

集合中元素的权值定义如下：

$$\begin{cases} w_i^+ = \exp\left[\dfrac{d(f_a, f_i)}{\sigma}\right], & f_i \in S_a^+ \\ w_i^- = \exp\left[\dfrac{d(f_a, f_j)}{\sigma}\right], & f_j \in S_a^- \end{cases} \tag{5-15}$$

式中，$\sigma > 0$ 为调整权值分布的系数。

每个样本的权重会与它的难易程度呈指数关系。完整的 HAP2S 公式由式（5-12）、式（5-14）和式（5-15）组合得到。

2. 二项式权重

通过带实系数的一元二项式函数为元素赋权值：

$$\begin{cases} w_i^+ = [d(f_a, f_i) + 1]^a, & f_i \in S_a^+ \\ w_j^- = [d(f_a, f_j + 1)]^{-2a}, & f_j \in S_a^- \end{cases} \tag{5-16}$$

式中，$\alpha > 0$ 为调整权值分布的系数。

式（5-16）的赋权方法和式（5-15）类似，越难的样本被分配到的权重越大。

5.3　深度度量嵌入

行人数据包含大量的类内变量，如光照、背景、未对准、遮挡、行人共现、特征变化等。这些变量使得行人数据不再遵循某一标准的分布，而可能是高度弯曲的流形，样本之间很难用测地距离进行比较，进而对匹配率造成不利影响，如彩图 17 所示。Shi 等提出了一个新颖的适中的正样本挖掘方法用于 CNN 的训练，以及通过一个度量权重的约束，使得学到的度量具有更好的泛化能力[16]。

1. 挖掘适中的正样本

挖掘适中的正样本挖掘算法的基本思想是通过挖掘局部范围内适中的正样本对，保留行人数据内在的图形结构来减少类内差异。

适中的正样本挖掘方法如下：选择同一时间同一对象的范围内的适中的正样本对。例如，假设一个对象有 6 张图像，其中有 3 张来自同一个摄像头，其他 3 张来自另外一个摄像头，一共可以匹配 9 个正样本对。如果使用 9 个中最容易的正样本对，收敛就会很慢；如果使用最难的正样本对，将不利于学习。因此，选择这两种极端情况中间的适中的正样本对。

给定两个行人图像集合 I_1 和 I_2，其来自两个不重叠的摄像头。$\boldsymbol{I}_1 \in I_1$ 和 $\boldsymbol{I}_2^p \in I_2$ 代表一个正样本对（来自同一个行人），$\boldsymbol{I}_1 \in I_1$ 和 $\boldsymbol{I}_2^n \in I_2$ 代表一个负样本对（来自不同行人）。$\psi(\cdot)$ 记为 CNN，$d(\cdot,\cdot)$ 为马氏距离或欧几里得距离。算法 5-1 描述了适中的正样本挖掘算法。

算法 5-1　适中的正样本挖掘算法

输入：随机选择一个 anchor 样本 $\boldsymbol{I}_1$，对应的正样本为 $\{\boldsymbol{I}_2^{p_1},\boldsymbol{I}_2^{p_2},\cdots,\boldsymbol{I}_2^{p_k}\}$，对应的负样本为 $\{\boldsymbol{I}_2^{n_1},\boldsymbol{I}_2^{n_2},\cdots,\boldsymbol{I}_2^{n_k}\}$

输出：适中的正样本 $\hat{\boldsymbol{I}}_2^p$

1：将图像输入网络，提取图像特征，并分别计算与正负样本的距离：

$$\{d[\psi(\boldsymbol{I}_1),\psi(\boldsymbol{I}_2^{p_1})],\cdots,d[\psi(\boldsymbol{I}_1),\psi(\boldsymbol{I}_2^{p_k})]\}$$

$$\{d[\psi(\boldsymbol{I}_1),\psi(\boldsymbol{I}_2^{n_1})],\cdots,d[\psi(\boldsymbol{I}_1),\psi(\boldsymbol{I}_2^{n_k})]\}$$

2：挖掘最难的负样本 $\hat{\boldsymbol{I}}_2^n = \arg\min_{j=1,2,\cdots,k}\{d[\psi(\boldsymbol{I}_1),\psi(\boldsymbol{I}_2^{n_j})]\}$

3：从正样本中选取 $\hat{\boldsymbol{I}}_2^{p_m}$，满足：

$$d[\psi(\boldsymbol{I}_1),\psi(\tilde{\boldsymbol{I}}_2^{p_m})]\leqslant d[\psi(\boldsymbol{I}_1),\psi(\tilde{\boldsymbol{I}}_2^{n})]$$

4：从已选的正样本中挖掘最难的样本作为适中的正样本：

$$\hat{\boldsymbol{I}}_2^p = \arg\max_{\tilde{\boldsymbol{I}}_2^{p_m}} \{d[\psi(\boldsymbol{I}_1), \psi(\tilde{\boldsymbol{I}}_2^{p_m})]\}$$

如果没有正样本满足 3 中的条件，则选择最小距离的正样本作为适中的正样本

2. 深度度量学习中的权值约束

在 CNN 将特征从一对图像中提取出来后，度量层使用判别式深度度量学习（discriminative deep metric learning，DDML）[17]中提出的结构，但通过权值约束进行改进，用于距离的计算。

两个行人图像集合为 I_1 和 I_2，$\boldsymbol{x}_1$ 和 $\boldsymbol{x}_2$ 记为相应的 CNN 提取的特征集合。$\boldsymbol{x}_1 = \psi(\boldsymbol{I}_1)$，$\boldsymbol{x}_2^p = \psi(\boldsymbol{I}_2^p)$，并且 $\boldsymbol{x}_2^n = \psi(\boldsymbol{I}_2^n)$ 分别为锚样本、正样本、负样本相应的特征。

（1）DDML

DDML 中的马氏距离定义为

$$d(\boldsymbol{x}_1, \boldsymbol{x}_2) = \sqrt{(\boldsymbol{x}_1 - \boldsymbol{x}_2)^{\mathrm{T}} \boldsymbol{M} (\boldsymbol{x}_1 - \boldsymbol{x}_2)} \tag{5-17}$$

式中，$\boldsymbol{x}_2 \in \{\boldsymbol{x}_2^p, \boldsymbol{x}_2^n\}$；$\boldsymbol{M}$ 为一个对称半正定矩阵。

在半正定的约束下学习 $\boldsymbol{M}$ 比较困难，可以使用它的分解 $\boldsymbol{M} = \boldsymbol{W}\boldsymbol{W}^{\mathrm{T}}$，因为 $\boldsymbol{W}$ 更容易学习，并且 $\boldsymbol{W}\boldsymbol{W}^{\mathrm{T}}$ 总是半正定的。

$$\begin{aligned} d(\boldsymbol{x}_1, \boldsymbol{x}_2) &= \sqrt{(\boldsymbol{x}_1 - \boldsymbol{x}_2)^{\mathrm{T}} \boldsymbol{W}\boldsymbol{W}^{\mathrm{T}} (\boldsymbol{x}_1 - \boldsymbol{x}_2)} \\ &= \sqrt{[\boldsymbol{W}^{\mathrm{T}}(\boldsymbol{x}_1 - \boldsymbol{x}_2)]^{\mathrm{T}} [\boldsymbol{W}^{\mathrm{T}}(\boldsymbol{x}_1 - \boldsymbol{x}_2)]} \\ &= \left\| \boldsymbol{W}^{\mathrm{T}} \boldsymbol{x}_1 - \boldsymbol{x}_2 \right\| \end{aligned} \tag{5-18}$$

内积可以由线性全连接层实现，其中权重矩阵定义为 $\boldsymbol{W}^{\mathrm{T}}$。全连接层的输出计算如下：

$$\boldsymbol{y} = f(\boldsymbol{W}^{\mathrm{T}} \boldsymbol{x} + b) \tag{5-19}$$

式中，b 为偏置项。

全连接层的激活函数 $f(\cdot)$ 使用恒等函数。特征向量 $\boldsymbol{x}_1$ 和 $\boldsymbol{x}_2$ 送入减法层，得到的差异通过带权重矩阵 $\boldsymbol{W}^{\mathrm{T}}$ 的线性全连接层进行转化。为了距离的对称，偏置项 b 的值固定为 0。最后计算 L_2 范式，作为输出距离 $d(\boldsymbol{x}_1, \boldsymbol{x}_2)$。当转换减法层和全连接层的位置时，该结构保持不变。

（2）权值约束

权值约束的目标是最小化类内距离并最大化类间距离。训练的损失定义为

$$L = d[\psi(\boldsymbol{I}_1), \psi(\boldsymbol{I}_2^p)] + \{m - d[\psi(\boldsymbol{I}_1), \psi(\boldsymbol{I}_2^n)]\}_+ \tag{5-20}$$

式中，输入图像 $\boldsymbol{I}_1$、$\boldsymbol{I}_2^p$ 和 $\boldsymbol{I}_2^n$ 分别对应特征的 $\boldsymbol{x}_1$、$\boldsymbol{x}_2^p$ 和 $\boldsymbol{x}_2^n$；m 为间隔，具体实现

中设为 2。

每次前向传播时，不管是第一项还是第二项都会被计算。两项组合得到完整的损失后，再计算梯度。

与马氏距离相比，欧氏距离判定性比较弱但泛化能力更好，因为其不考虑量纲和跨维的相关性[18]。这里利用一个约束，以保持矩阵 $\boldsymbol{M}$ 对角线上具有较大值而其他项的值较小，因此使得未约束的马氏距离和欧氏距离能够达到平衡。约束由 $\boldsymbol{W}\boldsymbol{W}^{\mathrm{T}}$ 和单位矩阵 $\boldsymbol{I}$ 差值的 Frobenius 范数构造。

$$\begin{aligned} & L = d(\psi(\boldsymbol{I}_1),\psi(\boldsymbol{I}_2^p)) + \{m - d[\psi(\boldsymbol{I}_1),\psi(\boldsymbol{I}_2^n)]\}_+ \\ & \text{s.t.} \left\|\boldsymbol{W}\boldsymbol{W}^{\mathrm{T}} - \boldsymbol{I}\right\|_F^2 \leqslant C \end{aligned} \tag{5-21}$$

式中，C 为常量。

进一步将约束作为损失函数的正则化项：

$$\hat{L} = L + \frac{\lambda}{2}\left\|\boldsymbol{W}\boldsymbol{W}^{\mathrm{T}} - \boldsymbol{I}\right\|_F^2 \tag{5-22}$$

式中，λ为正则化的相关权重；$\hat{L}$ 为新的损失函数。每次更新权值矩阵 $\boldsymbol{W}$ ，$\boldsymbol{W}$ 的梯度计算如下：

$$\frac{\partial \hat{L}}{\partial \boldsymbol{W}} = \frac{\partial L}{\partial \boldsymbol{W}} + \lambda(\boldsymbol{W}\boldsymbol{W}^{\mathrm{T}} - \boldsymbol{I})\boldsymbol{W} \tag{5-23}$$

当λ 较小时，马氏距离会考虑维度之间的相关性。然而，其可能会过拟合，因为度量矩阵如 $\boldsymbol{W}\boldsymbol{W}^{\mathrm{T}}$ 由训练集学习，在行人重识别问题中通常较小。另外，当λ 较大时，$\boldsymbol{W}\boldsymbol{W}^{\mathrm{T}}$ 近似于单位矩阵，此时距离降为欧氏距离。欧氏距离并不会考虑相关性，但是对于不可见的测试集具有鲁棒的泛化。因此，将马氏距离和欧氏距离的优势进行结合，并且通过约束平衡匹配准确率和泛化的表现。

参 考 文 献

[1] CHEN L F, LIAO H Y M, KO M T, et al. A new LDA-based face recognition system which can solve the small sample size problem[J]. Pattern Recognition, 2000, 33(10): 1713-1726.

[2] ALI T, CHAUDHURI S. Maximum margin metric learning over discriminative nullspace for person re-identification [C]//Proceedings of the European Conference on Computer Vision (ECCV). 2018: 123-141.

[3] SAMMON JR J W. An optimal discriminant plane[J]. IEEE Transactions on Computers, 1970, 19(9): 826-829.

[4] OKADA T, TOMITA S. An optimal orthonormal system for discriminant analysis[J]. Pattern Recognit, 1985, 18(2): 139-144.

[5] ZHANG L, XIANG T, GONG S G. Learning a discriminative null space for person re-identification[C]//CVPR, 2016: 1239-1248.

[6] GUO Y F, W L, LU H, et al. Null foley-sammon transform[J]. Pattern Recognit, 2006, 39(11): 2248-2251.

[7] BODESHEIM P, FREYTAG A, RODNER E, et al. Kernel null space methods in novelty detection[C]//CVPR, 2013: 3374-3381.

[8] LI H F, JIANG T, ZHENG K H. Efficient and robust feature extraction by maximum margin Criterion[C]//NIPS, 2004: 97-104.

[9] LI H F, JIANG T, ZHENG K S. Efficient and robust feature extraction by maximum margin Criterion[J]. IEEE Transactions on Neural Networks, 2006, 17(1): 157-165.

[10] YU R, DOU Z Y, BAI S, et al. Hard-aware point-to-set deep metric for person re-identification[C]//Proceedings of the European Conference on Computer Vision (ECCV), 2018:196-212.

[11] WEINBERGER K Q, SAUL L K. Distance metric learning for large margin nearest neighbor classification[J]. Journal of Machine Learning Research, 2009, 10: 207-244.

[12] SCHROFF F, KALENICHENKO D, PHILBIN J. FaceNet: a unified embedding for face recognition and clustering[C]//CVPR, 2015: 815-823.

[13] CHENG D, GONG Y H, ZHOU S P, et al. Person re-identification by multi-channel parts-based CNN with improved triplet loss function[C]//CVPR, 2016: 1335-1344.

[14] SONG H O, XIANG Y, JEGELKA S, et al. Deep metric learning via lifted structured feature embedding[C]//CVPR, 2016: 4004-4012.

[15] HERMANS A, BEYER L, LEIBE B. In defense of the triplet loss for person re-identification[J]. CORR, 2017, arXiv:1703.07737.

[16] SHI H, YANG Y, ZHU X Y, et al. Embedding deep metric for person re-identification: a study against large variations[C]//European Conference on Computer Vision. Springer, Cham, 2016: 732-748.

[17] HU J L, LU J W, TAN Y P. Discriminative deep metric learning for face verification in the wild[C]//Computer Vision and Pattern Recognition (CVPR), 2014: 1875-1882.

[18] MANLY, BRYAN. Multivariate statistical methods: a primer[J]. Chapman and Hall, 2005, DOI: 10.1080/00401706.1997. 10485166.

第 3 部分

字典学习在行人重识别中的应用与研究

第 6 章　基于投影和异质字典对学习的图像到视频行人重识别

6.1　图像到视频行人重识别研究基础与本章的研究内容

近年来，行人重识别技术在模式识别和计算机视觉领域已经受到了广泛的关注。行人重识别在很多安全领域中发挥着重要作用，如自动视频监控和视频取证。给定一个摄像头拍摄的某个行人的一张图像或一段视频，行人重识别是指从其他摄像头拍摄的图像或视频中重新识别出该行人的过程[1]。按照行人重识别的应用场景，已有的行人重识别研究可以大致划分为两类：基于图像的行人重识别研究和基于视频的行人重识别研究。前者重点研究的是图像和图像之间的匹配，并且大多数现有行人重识别工作都属于该类别[2, 3]。与基于图像的研究工作不同，基于视频的行人重识别工作重点关注视频与视频之间的匹配[4]。在这两类行人重识别研究中，参与匹配的两个样本都是同质的（特征类型相同）。

在很多实际情况中，行人重识别需要在行人图像和视频之间进行。例如，给定犯罪嫌疑人的一张图像，重识别系统需要在海量的城市监控视频中快速定位和追踪嫌疑人（美国波士顿爆炸案中就有类似的需求）；再如，一位患有阿尔茨海默病的老人在城市中走失了，根据其家人提供的一张走失人员的图像，重识别系统在城市监控网络拍摄的行人视频中可检索该走失人员并获得相关路线信息。在这些场景中，行人重识别需要在图像和视频之间进行。一般称这种场景下的行人重识别为图像到视频行人重识别（image to video person re-identification，IVPR）。

在图像到视频行人重识别问题中存在两方面的难题：

1）图像和视频的特征表示通常是不相同的。具体地，从一个行人视频中可以同时提取出可视化外观特征和时空特征，而从一张行人图像中仅能提取出可视化外观特征。

2）无论以图像帧为单位提取特征还是以步态周期为单位提取特征，一个行人视频都可以被看作一个集合，因此图像到视频的行人重识别问题实际上是一个点到集的匹配问题。然而，实际情况中，每个视频的各帧之间或者各步态周期之间往往存在着较大的差异，这无疑增加了图像和视频之间匹配的难度。图 6-1 展示了行人视频中存在的视频内部的差异。彩图 18 展示了行人重识别技术的 3 种应用场景，包括图像到视频行人重识别问题及其与基于图像和基于视频的行人重识别问题的区别。

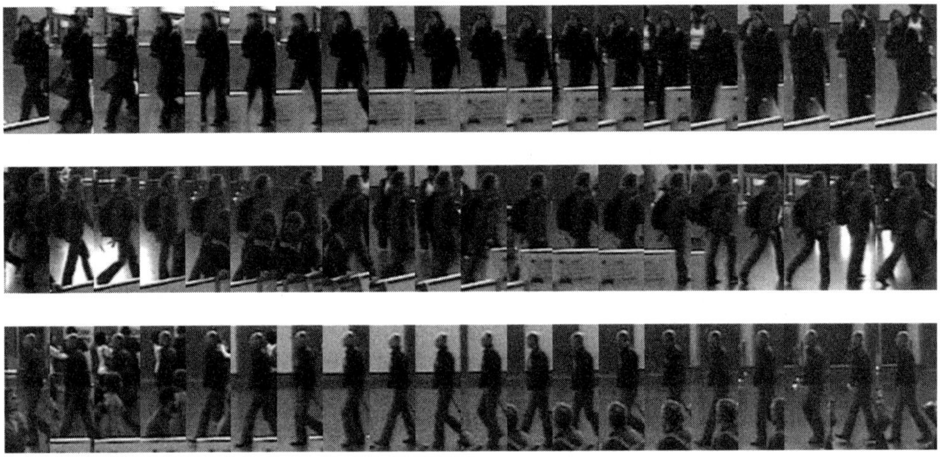

图 6-1　行人视频中存在的视频内部的差异

图像到视频的行人重识别问题在实际环境中是一项非常重要的应用，然而，该问题还没有被很好地研究。已有的行人重识别方法要求参与匹配的两个对象必须使用相同类型的特征进行表示。因此，如果尝试将现有的方法直接应用到图像到视频的行人重识别问题上，就需要从行人图像和行人视频中提取相同类型的特征。根据上面提到的图像到视频的行人重识别问题中的第一个难点可知，从图像和视频中仅能同时提取到可视化外观特征，这意味着包含在行人视频中的时空信息将无法被这些方法利用。然而，文献[4]、[5]中的研究已经证明了时空特征对于行人重识别的有效性，并且指出时空特征和可视化外观特征是互补的。因此，如果直接利用现有的行人重识别方法来解决图像到视频的行人重识别问题，包含在视频内的有用信息将无法被充分利用，这将限制现有方法的性能。此外，图像到视频的行人重识别实际上是一个点到集的匹配问题，而现有方法都不是为这类问题设计的，没有考虑视频内部的差异给图像和视频间的匹配带来的影响，这将进一步限制它们的性能。

本章根据上述分析设计了一个图像到视频的行人匹配模型，该模型可以充分利用包含在行人图像和视频中的异质特征，并且可以降低视频内部差异对图像和视频间匹配的影响。

本章研究内容的主要贡献可以总结为以下 3 点：

1）属于第一批研究图像到视频行人重识别问题的工作。

2）提出了一个异质字典对学习框架。利用该框架，异质的图像和视频特征可以转换成具有相同维度的编码系数，然后可以利用获得的编码系数来实现行人图像和视频之间的匹配。为了确保转换得到的编码系数具有良好的鉴别能力，又为该框架设计了一个点到集系数鉴别项。

3）为了降低视频内部的差异对图像与视频间匹配的影响，设计了一个视频聚拢项。该项通过学习一个投影矩阵来提高每个行人视频内部样本之间的紧密度，从而使接下来的匹配变得更加容易。

这里将本章提出的方法命名为联合的特征投影矩阵与异质字典对学习方法（joint feature projection matrix and heterogeneous dictionary pair learning，PHDL）。本章执行了一系列的图像到视频的行人重识别实验，实验结果证明了 PHDL 方法的有效性。

6.2　基于投影和异质字典对学习的方法

6.2.1　问题建模

令 $\boldsymbol{X}=[\boldsymbol{X}_1,\cdots,\boldsymbol{X}_i,\cdots,\boldsymbol{X}_n]$ 表示行人图像训练样本集，其中 $\boldsymbol{X}_i\in\mathbb{R}^p$ 是第 i 个行人的一张图像的特征，n 代表训练集中行人的个数。令 $\boldsymbol{Y}=[\boldsymbol{Y}_1,\cdots,\boldsymbol{Y}_i,\cdots,\boldsymbol{Y}_n]$ 表示一个包含 n 个行人视频的特征集，其中 $\boldsymbol{Y}_i=[\boldsymbol{y}_{i,1},\cdots,\boldsymbol{y}_{i,j},\cdots,\boldsymbol{y}_{i,n}]$ 代表第 i 个视频的特征集，n_i 是第 i 个视频中步态周期的个数，$\boldsymbol{y}_{i,j}\in\mathbb{R}^q$ 代表第 i 个视频的第 j 个步态周期的特征。这里，p 和 q 分别表示图像特征和视频特征的维数。为了充分利用包含在行人视频中的信息，需要同时从行人视频的每个步态周期中抽取可视化外观特征和时空特征。

由于图像特征和视频特征是异质的（不同的特征类型和维数），因此直接进行图像和视频的匹配存在较大困难。文献[6]、[7]的研究表明字典学习是一项有效的特征学习技术。字典学习方法通过学习一个字典，可以将高维样本表示为一个编码系数。所以可以为行人图像和视频分别学习一个字典，如果两个字典的原子个数相同，那么异质的图像和视频特征就可以被转换为具有相同维数的编码系数。如果这样，就可以利用图像和视频的编码系数直接进行行人图像和行人视频之间的重识别。为了使得到的编码系数适合于重识别，还需要设计一个鉴别项，该鉴别项能够确保正确匹配的图像和视频的编码系数之间的距离小于错误匹配的图像和视频的编码系数间的距离。

在实践中，由于行人姿态的变化、背景的变化和遮挡等因素，监控摄像头拍摄到的行人视频内的各个图像帧之间及各步态周期之间往往存在着较大的差异。图 6-1 中给出了一些行人图像序列示例，用于展示视频内部的差异。这些差异会导致后续获得的行人视频内部的不同步态周期的编码系数之间也存在较大差异，这对接下来进行的图像和视频之间的匹配是不利的。因此，在字典学习过程中需要尽可能地降低这些差异的影响。为此，可以学习一个特征投影矩阵，将视频数据投影到一个子空间，使该空间中的每个视频内部的样本聚拢。PHDL 方法的基本思想如彩图 19 所示。彩图 19 中，$\boldsymbol{W}$ 表示特征投影矩阵，$\boldsymbol{D}_V$ 和 $\boldsymbol{D}_I$ 分别表示视频和图像字典。视频和图像数据中相同形状的样本表示对应的视频和图像来自同一个行人。

令 $\boldsymbol{W} \in \mathbb{R}^{q \times q_1}$ 表示视频数据学习的特征投影矩阵，其中 q_1 表示投影后视频特征的维数。令 $\boldsymbol{D}_I \in \mathbb{R}^{p \times m}$ 和 $\boldsymbol{D}_V \in \mathbb{R}^{q_1 \times m}$ 分别表示要学习的图像字典和视频字典，其中 m 是 $\boldsymbol{D}_I$ 和 $\boldsymbol{D}_V$ 中字典原子的个数。用 $\boldsymbol{A} = [\boldsymbol{a}_1, \cdots, \boldsymbol{a}_i, \cdots, \boldsymbol{a}_n]$ 表示样本集 X 在字典 $\boldsymbol{D}_I$ 上的编码系数矩阵，其中 $\boldsymbol{a}_i$ 是样本 $\boldsymbol{x}_i$ 的编码系数。用 $\boldsymbol{B}$ 、$\boldsymbol{B}_i$ 和 $\boldsymbol{b}_{ij}$ 分别表示 $\boldsymbol{Y}$ 、$\boldsymbol{Y}_i$ 和 $\boldsymbol{y}_{i,j}$ 在字典 $\boldsymbol{D}_V$ 上的编码系数。设计的目标函数如下：

$$\begin{aligned}&\min_{\boldsymbol{W}, \boldsymbol{D}_I, \boldsymbol{D}_V} f_I(\boldsymbol{D}_I, \boldsymbol{X}, \boldsymbol{A}) + f_V(\boldsymbol{W}, \boldsymbol{D}_V, \boldsymbol{Y}, \boldsymbol{B}) + \alpha g(\boldsymbol{W}, \boldsymbol{Y}) \\ &+ \beta d(\boldsymbol{A}, \boldsymbol{B}) + \lambda r(\boldsymbol{W}, \boldsymbol{A}, \boldsymbol{B}) \\ &\text{s.t.} \left\| d_{I,i} \right\|_2^2 \leqslant 1, \left\| d_{V,i} \right\|_2^2 \leqslant 1, \forall i\end{aligned} \tag{6-1}$$

式中，α、β 和 λ 为平衡因子；$d_{I,i}$ 和 $d_{V,i}$ 分别为字典 $\boldsymbol{D}_I$ 和 $\boldsymbol{D}_V$ 的第 i 个字典原子。约束条件用来限制每个字典原子的能量。各个功能项的具体定义如下：

1） $f_I(\boldsymbol{D}_I, \boldsymbol{X}, \boldsymbol{A}) = \left\| \boldsymbol{X} - \boldsymbol{D}_I \boldsymbol{A} \right\|_F^2$ 是图像数据重构保真项。

2） $f_V(\boldsymbol{W}, \boldsymbol{D}_V, \boldsymbol{Y}, \boldsymbol{B}) = \left\| \boldsymbol{W}^{\mathrm{T}} \boldsymbol{Y} - \boldsymbol{D}_V \boldsymbol{B} \right\|_F^2$ 是视频数据重构保真项。

3） $g(\boldsymbol{W}, \boldsymbol{Y})$ 是视频聚拢项，目的是使每个样本向它所属的视频中心靠拢，以降低每个视频内部的差异。

$$g(\boldsymbol{W}, \boldsymbol{Y}) = \sum_{i=1}^{n} \frac{1}{n_i} \sum_{j=1}^{n_i} \left\| \boldsymbol{W}^{\mathrm{T}} (\boldsymbol{y}_{i,j} - \boldsymbol{m}_i) \right\|_2^2$$

式中，m_i 为 $\boldsymbol{Y}_i$ 的均值向量。

4） $d(\boldsymbol{A}, \boldsymbol{B})$ 是点到集编码系数鉴别项，用来确保获得的编码系数具有良好的鉴别能力。具体地，对于正确匹配的图像视频对，该项要求视频中的每个样本对应的编码系数向图像的编码系数靠拢。对于每个错误匹配的图像视频对，则要求视频中每个样本的编码系数远离图像的编码系数。

$$d(\boldsymbol{A}, \boldsymbol{B}) = \frac{1}{|S|} \sum_{(i,j) \in S} \mathrm{dis}(\boldsymbol{a}_i, \boldsymbol{B}_j) - \eta \frac{1}{|Q|} \sum_{(i,j) \in Q} \mathrm{dis}(\boldsymbol{a}_i \boldsymbol{B}_j)$$

式中，$\mathrm{dis}(\boldsymbol{a}_i, \boldsymbol{B}_j) = \dfrac{1}{n_j} \sum_{k=1}^{n_j} \left\| \boldsymbol{b}_{jk} - \boldsymbol{a}_i \right\|_2^2$；$\eta$ 为平衡因子；S 为正确匹配的图像视频对的集合；Q 为错误匹配的图像视频对集合；$|\cdot|$ 为集合中元素的个数。

5） $r(\boldsymbol{W}, \boldsymbol{A}, \boldsymbol{B}) = \|\boldsymbol{W}\|_F^2 + \|\boldsymbol{A}\|_F^2 + \|\boldsymbol{B}\|_F^2$ 是正则化项，用于正则化映射矩阵和编码系数。

6.2.2　目标函数优化

目标函数［式（6-1)］不是（$\boldsymbol{W},\boldsymbol{D}_I,\boldsymbol{D}_V$）的联合凸函数。然而，当其他变量固定时，目标函数对于（$\boldsymbol{W},\boldsymbol{D}_I,\boldsymbol{D}_V$）中的每一个变量都是凸的。为了解决式（6-1）的能量最小化问题，将目标函数划分为 3 个子问题：表示系数的更新、字典的更新和特征投影矩阵的更新，然后通过交替求解这 3 个子问题来最小化目标函数的能量值。

在求解 3 个子问题之前，需要对变量的值进行初始化，包括$\boldsymbol{W}$、$\boldsymbol{D}_I$、$\boldsymbol{D}_V$，$\boldsymbol{A}$和$\boldsymbol{B}$。具体地，首先使用式（6-2）对$\boldsymbol{W}$进行初始化。

$$\min_{\boldsymbol{W}}\sum_{i=1}^{n}\frac{1}{n_i}\sum_{j=1}^{n_i}\left\|\boldsymbol{W}^{\mathrm{T}}(\boldsymbol{y}_{i,j}-\boldsymbol{m}_i)\right\|_2^2 \quad \text{s.t.}\,\boldsymbol{W}^{\mathrm{T}}\boldsymbol{W}=\boldsymbol{I} \tag{6-2}$$

通过利用特征值分解，式（6-2）的最优解可以很容易获得。

然后将图像和视频字典$\boldsymbol{D}_I$、$\boldsymbol{D}_V$初始化为随机矩阵，其中每个列向量均为单位向量。

最后，分别利用式（6-3）和式（6-4）对$\boldsymbol{A}$和$\boldsymbol{B}$进行初始化。

$$\min_{\boldsymbol{A}}\left\|\boldsymbol{X}-\boldsymbol{D}_I\boldsymbol{A}\right\|_F^2+\lambda\|\boldsymbol{A}\|_F^2 \tag{6-3}$$

$$\min_{\boldsymbol{B}}\left\|\boldsymbol{W}^{\mathrm{T}}\boldsymbol{Y}-\boldsymbol{D}_V\boldsymbol{B}\right\|_F^2+\lambda\|\boldsymbol{B}\|_F^2 \tag{6-4}$$

式（6-3）和式（6-4）均为岭回归问题，其最优解可以通过对公式求偏导数并置零来获取。式（6-3）和式（6-4）的最优解分别为

$$\boldsymbol{A}=(\boldsymbol{D}_I^{\mathrm{T}}\boldsymbol{D}_I+\lambda\boldsymbol{I})^{-1}\boldsymbol{D}_I^{\mathrm{T}}\boldsymbol{X}$$

$$\boldsymbol{B}=(\boldsymbol{D}_V^{\mathrm{T}}\boldsymbol{D}_V+\lambda\boldsymbol{I})^{-1}\boldsymbol{D}_V^{\mathrm{T}}\boldsymbol{W}^{\mathrm{T}}\boldsymbol{Y}$$

在所有变量初始化完成之后，就可以按照如下步骤对3个子问题进行交替求解。

步骤 1　更新$\boldsymbol{A}$和$\boldsymbol{B}$。

在$\boldsymbol{W}$、$\boldsymbol{D}_I$和$\boldsymbol{D}_V$的值固定的情况下，可以通过求解式（6-5）和式（6-6）对$\boldsymbol{A}$和$\boldsymbol{B}$进行更新。

$$\begin{aligned}&\min_{a_i}\left\|\boldsymbol{x}_i-\boldsymbol{D}_I\boldsymbol{a}_i\right\|_2^2+\beta\left(\frac{1}{|S_{x_i}|}\sum_{(i,j)\in S_{x_i}}\frac{1}{n_j}\sum_{k=1}^{n_j}\left\|\boldsymbol{b}_{jk}-\boldsymbol{a}_i\right\|_2^2\right.\\&\left.-\eta\frac{1}{|Q_{x_i}|}\sum_{(i,j)\in Q_{x_i}}\frac{1}{n_j}\sum_{k=1}^{n_j}\left\|\boldsymbol{b}_{jk}-\boldsymbol{a}_i\right\|_2^2\right)+\lambda\left\|\boldsymbol{a}_i\right\|_2^2\end{aligned} \tag{6-5}$$

$$\begin{aligned}&\min_{\boldsymbol{B}_i}\left\|\boldsymbol{W}^{\mathrm{T}}\boldsymbol{Y}_i-\boldsymbol{D}_V\boldsymbol{B}_i\right\|_F^2+\beta\left[\frac{1}{|S_{\boldsymbol{Y}_i}|}\sum_{(j,i)\in S_{\boldsymbol{Y}_i}}\mathrm{dis}(\boldsymbol{a}_j,\boldsymbol{B}_i)\right.\\&\left.-\eta\frac{1}{|Q_{\boldsymbol{Y}_i}|}\sum_{(j,i)\in Q_{\boldsymbol{Y}_i}}\mathrm{dis}(\boldsymbol{a}_j,\boldsymbol{B}_i)\right]+\lambda\left\|\boldsymbol{B}_i\right\|_F^2\end{aligned} \tag{6-6}$$

式中，S_z 为与 z 相关的正确匹配的图像视频对集合（z 为 $\boldsymbol{x}_i$ 或 $\boldsymbol{Y}_i$），Q_z 为与 z 相关的错误匹配的图像视频对集合。

求出式（6-5）对于 $\boldsymbol{a}_i$ 的偏导数，并将其设置为零，可以获得其最优解：

$$\boldsymbol{a}_i = [\boldsymbol{D}_I^{\mathrm{T}}\boldsymbol{D}_I + (\beta - \beta\eta + \lambda)\boldsymbol{I}]^{-1} \times \left[\boldsymbol{D}_I^{\mathrm{T}} x_i + \beta\left(\frac{1}{|S_{\boldsymbol{x}_i}|}\sum_{(i,j)\in S_{\boldsymbol{x}_i}}\frac{1}{n_j}\sum_{k=1}^{n_j}\boldsymbol{b}_{jk} - \eta\frac{1}{|Q_{\boldsymbol{x}_i}|}\sum_{(i,j)\in Q_{\boldsymbol{x}_i}}\frac{1}{n_j}\sum_{k=1}^{n_j}\boldsymbol{b}_{jk}\right)\right]$$

式（6-6）的最优解也可以通过类似的方法获得：

$$\boldsymbol{B}_i = \left[\boldsymbol{D}_V^{\mathrm{T}}\boldsymbol{D}_V + \left(\frac{\beta}{n_i}(1-\eta) + \lambda\right)\boldsymbol{I}\right]^{-1} \times \left[\boldsymbol{D}_V^{\mathrm{T}}\boldsymbol{W}^{\mathrm{T}}\boldsymbol{Y}_i + \beta\left(\frac{1}{|S_{\boldsymbol{Y}_i}|}\sum_{(j,i)\in S_{\boldsymbol{Y}_i}}\frac{1}{n_i}\boldsymbol{C}_{j,i} - \eta\frac{1}{|Q_{\boldsymbol{Y}_i}|}\sum_{(j,i)\in Q_{\boldsymbol{Y}_i}}\frac{1}{n_i}\boldsymbol{C}_{j,i}\right)\right]$$

式中，$\boldsymbol{C}_{j,i} \in \mathbb{R}^{mn_i}$ 为每个列向量均为 $\boldsymbol{a}_j$ 的矩阵。

步骤 2　更新 $\boldsymbol{D}_I$ 和 $\boldsymbol{D}_V$。

通过固定 $\boldsymbol{A}$、$\boldsymbol{B}$ 和 $\boldsymbol{W}$，目标函数中与 $\boldsymbol{D}_I$ 及 $\boldsymbol{D}_V$ 相关的部分可以被写为如下形式：

$$\min_{\boldsymbol{D}_I}\|\boldsymbol{X} - \boldsymbol{D}_I\boldsymbol{A}\|_F^2 \quad \text{s.t.} \|\boldsymbol{d}_{I,i}\|_2^2 \leqslant 1, \forall i \tag{6-7}$$

$$\min_{\boldsymbol{D}_V}\|\boldsymbol{W}^{\mathrm{T}}\boldsymbol{Y} - \boldsymbol{D}_V\boldsymbol{B}\|_F^2 \quad \text{s.t.} \|\boldsymbol{d}_{V,i}\|_2^2 \leqslant 1, \forall i \tag{6-8}$$

式（6-7）和式（6-8）可以利用交替方向乘子法（alternating direction method of multipliers，ADMM）算法来解决。具体地，首先引入一个变量 $\boldsymbol{S}$，将式（6-7）和式（6-8）松弛为如下形式：

$$\min_{\boldsymbol{D}_I,\boldsymbol{S}}\|\boldsymbol{X} - \boldsymbol{D}_I\boldsymbol{A}\|_F^2 \quad \text{s.t.}\ \boldsymbol{D}_I = \boldsymbol{S},\ \|\boldsymbol{s}_i\|_2^2 \leqslant 1, \forall i \tag{6-9}$$

$$\min_{\boldsymbol{D}_V,\boldsymbol{S}}\|\boldsymbol{W}^{\mathrm{T}}\boldsymbol{Y} - \boldsymbol{D}_V\boldsymbol{B}\|_F^2 \quad \text{s.t.}\ \boldsymbol{D}_V = \boldsymbol{S},\ \|\boldsymbol{s}_i\|_2^2 \leqslant 1, \forall i \tag{6-10}$$

式中，$\boldsymbol{s}_i$ 为 $\boldsymbol{S}$ 中的第 i 个原子。

式（6-9）的最优解可以通过迭代求解以下 3 个公式得到：

$$\begin{cases} \boldsymbol{D}_I = \min\limits_{\boldsymbol{D}_I}\|\boldsymbol{X} - \boldsymbol{D}_I\boldsymbol{A}\|_F^2 + \rho\|\boldsymbol{D}_I - \boldsymbol{S} + \boldsymbol{T}\|_F^2 \\ \boldsymbol{S} = \min\limits_{\boldsymbol{S}} \rho\|\boldsymbol{D}_I - \boldsymbol{S} + \boldsymbol{T}\|_F^2 \quad \text{s.t.}\|\boldsymbol{s}_i\|_2^2 \leqslant 1 \\ \boldsymbol{T} = \boldsymbol{T} + \boldsymbol{D}_I - \boldsymbol{S} \end{cases} \tag{6-11}$$

式中，$\boldsymbol{S}$ 和 $\boldsymbol{T}$ 的初始值分别是 $\boldsymbol{D}_I$ 和零矩阵。

式（6-10）的最优解可以通过求解式（6-12）获得：

$$\begin{cases} \boldsymbol{D}_V = \min\limits_{\boldsymbol{D}_V} \left\| \boldsymbol{W}^{\mathrm{T}}\boldsymbol{Y} - \boldsymbol{D}_V\boldsymbol{B} \right\|_F^2 + \rho \left\| \boldsymbol{D}_V - \boldsymbol{S} + \boldsymbol{T} \right\|_F^2 \\ \boldsymbol{S} = \min\limits_{\boldsymbol{S}} \rho \left\| \boldsymbol{D}_V - \boldsymbol{S} + \boldsymbol{T} \right\|_F^2 \quad \text{s.t.} \left\| \boldsymbol{s}_i \right\|_2^2 \leqslant 1 \\ \boldsymbol{T} = \boldsymbol{T} + \boldsymbol{D}_V - \boldsymbol{S} \end{cases} \tag{6-12}$$

步骤 3　更新 $\boldsymbol{W}$。

在 $\boldsymbol{D}_I$、$\boldsymbol{D}_V$、$\boldsymbol{A}$ 和 $\boldsymbol{B}$ 固定的情况下，目标函数中与 $\boldsymbol{W}$ 相关的部分可以表示为

$$\min_{\boldsymbol{W}} \left\| \boldsymbol{W}^{\mathrm{T}}\boldsymbol{Y} - \boldsymbol{D}_V\boldsymbol{B} \right\|_F^2 + \lambda \left\| \boldsymbol{W} \right\|_F^2 + \alpha \sum_{i=1}^{n} \frac{1}{n_i} \sum_{j=1}^{n_i} \left\| \boldsymbol{W}^{\mathrm{T}}(\boldsymbol{y}_{i,j} - \boldsymbol{m}_i) \right\|_2^2 \tag{6-13}$$

通过将式（6-13）中的 $\boldsymbol{W}$ 的偏导数设置为零，可以得到如下最优解：

$$\boldsymbol{W} = (\boldsymbol{Y}\boldsymbol{Y}^{\mathrm{T}} + \alpha\boldsymbol{P} + \lambda\boldsymbol{I})^{-1}\boldsymbol{Y}\boldsymbol{B}^{\mathrm{T}}\boldsymbol{D}_V^{\mathrm{T}} \tag{6-14}$$

式中，$\boldsymbol{P} = \sum_{i=1}^{n}\sum_{j=1}^{n_i}(\boldsymbol{y}_{i,j} - \boldsymbol{m}_i)(\boldsymbol{y}_{i,j} - \boldsymbol{m}_i)^{\mathrm{T}}$。

PHDL 方法的优化过程如算法 6-1 所示。

算法 6-1　PHDL 方法的优化过程

输入：训练图像特征集合 $\boldsymbol{X}$ 和训练视频特征集合 $\boldsymbol{Y}$

输出：$\boldsymbol{D}_I$、$\boldsymbol{D}_V$ 和 $\boldsymbol{W}$

1：　初始化 $\boldsymbol{D}_I$、$\boldsymbol{D}_V$、$\boldsymbol{W}$、$\boldsymbol{A}$、$\boldsymbol{B}$，以及参数 α、β、λ 和 η

2：　while 未收敛 do

3：　固定 $\boldsymbol{D}_I$、$\boldsymbol{D}_V$ 和 $\boldsymbol{W}$，分别利用式（6-5）和式（6-6）对 $\boldsymbol{A}$ 和 $\boldsymbol{B}$ 进行更新。

4：　固定 $\boldsymbol{W}$、$\boldsymbol{A}$、$\boldsymbol{B}$，分别利用式（6-11）和式（6-12）对 $\boldsymbol{D}_I$ 和 $\boldsymbol{D}_V$ 进行更新。

5：　固定 $\boldsymbol{D}_I$、$\boldsymbol{D}_V$、$\boldsymbol{A}$ 和 $\boldsymbol{B}$，利用式（6-13）对 $\boldsymbol{W}$ 进行更新。

6：　end while

6.2.3　计算复杂度

在算法的优化过程中，$\boldsymbol{A}$、$\boldsymbol{B}$、$\boldsymbol{D}_I$、$\boldsymbol{D}_V$ 和 $\boldsymbol{W}$ 是迭代更新的。在每次迭代中，更新 $\boldsymbol{A}$ 的时间复杂度为 $O[m^2p + m^3 + mpp_1 + n(m^2 + mp)]$；更新 $\boldsymbol{B}$ 的时间复杂度为 $O[m^2q_1 + m^3 + mqq_1 + N(m^2 + mq)]$，其中 N 是 $\boldsymbol{Y}$ 中的样本总数；更新 $\boldsymbol{D}_I$ 的时间复杂度为 $Ok(p^2n + pnm + m^2n + m^3 + pm^2)$，其中 k 是 ADMM 算法的迭代次数，实验中往往小于 10；类似地，更新 $\boldsymbol{D}_V$ 所需要的时间复杂度是 $Ok(q_1qN + q_1Nm + m^2N + m^3 + q_1m^2)$；更新 $\boldsymbol{W}$ 所需的时间复杂度是 $O(q^2N + q^3 + Nmq + qq_1m)$。在实践中，字典原子个数 m 的值一般远小于样本维度 p 和 q。当每个视频都包含较多

步态周期时，N 的值可能会较大。因此，在训练过程中，PHDL 算法的主要计算负担是 $\boldsymbol{W}$ 的更新。幸运的是，式（6-14）中需要 $O(q^2N+q^3)$ 的操作，即 $(\boldsymbol{YY}^{\mathrm{T}}+\alpha\boldsymbol{P}+\lambda\boldsymbol{I})^{-1}\boldsymbol{Y}$，在迭代过程中是不变的，因此可以提前计算得到，这极大地加快了方法的训练速度。

6.2.4　使用学到的字典对和映射矩阵进行图像到视频的行人重识别

令 x 表示一张 Probe 图像的特征，$\boldsymbol{Z}=[\boldsymbol{Z}_1,\cdots,\boldsymbol{Z}_i,\cdots,\boldsymbol{Z}_l]$ 表示包含了 l 个 Gallery 视频的特征集合，其中 $\boldsymbol{Z}_i=[\boldsymbol{z}_{i,1},\cdots,\boldsymbol{z}_{i,j},\cdots,\boldsymbol{z}_{i,n}]$ 表示第 i 个 Gallery 视频对应的特征集，$\boldsymbol{z}_{i,j}$ 是 $\boldsymbol{Z}_i$ 中的第 j 个样本，n_i 表示 $\boldsymbol{Z}_i$ 中样本的个数。在获得图像和视频字典 $\boldsymbol{D}_I$、$\boldsymbol{D}_V$，以及特征投影矩阵 $\boldsymbol{W}$ 后，可以按照如下步骤实现 x 在 $\boldsymbol{Z}$ 中的重识别。

1）利用式（6-3）求出 Probe 图像 x 在图像字典 $\boldsymbol{D}_I$ 上的编码系数，记为 $\boldsymbol{a}$。

2）利用式（6-4）求出所有 Gallery 视频在视频字典 $\boldsymbol{D}_V$ 上的编码系数。$\boldsymbol{Z}$、$\boldsymbol{Z}_i$ 和 $z_{i,j}$ 的编码系数分别记作 $\boldsymbol{G}$、$\boldsymbol{G}_i$ 和 $\boldsymbol{g}_{ij}$。

3）利用获得的编码系数计算 x 与 $\boldsymbol{Z}$ 中每个 Gallery 视频之间的距离，计算公式如下：

$$d_i=\sum_{j=1}^{n_i}\left\|\boldsymbol{a}-\boldsymbol{g}_{ij}\right\|_2^2 \tag{6-15}$$

4）对获得的所有距离按照升序进行排列，具有最小距离的 Gallery 视频就被认为是 x 的正确匹配。

6.2.5　和已有字典学习方法的比较

字典学习是一项有效的特征学习技术。近年来，一些研究者将字典学习技术引入到行人重识别应用中，通过学习一对字典来建立两个摄像头之间的联系。PHDL 方法和目前基于字典学习的行人重识别方法的不同之处主要有 3 点：

1）这些方法都是被设计用于行人图像之间的匹配（参与匹配的两个对象具有相同类型的特征表示），而 PHDL 的目的是解决行人图像和行人视频之间的匹配（图像和视频具有异质特征）。

2）这些方法无法处理视频内部的差异，而 PHDL 通过为视频数据学习一个特征投影矩阵来降低视频内部的差异的影响。

3）这些方法专注于处理两个摄像头之间图像的一对一的关系，而 PHDL 关注的是图像和视频之间的一对多的关系。

6.3　实验设置与结果

6.3.1　数据集介绍

iLIDS-VID 数据集[4]包含 300 个行人的 600 个图像序列，每个行人拥有来自不同摄像头的两个图像序列。每个图像序列的长度从 22 帧到 192 帧不等，平均长度为 71 帧。PRID 2011 行人序列数据集[8]由两个不重叠摄像头拍摄（用 Camera-A 和 Camera-B 表示）的图像序列构成。Camera-A 和 Camera-B 分别包含 385 和 749 个行人序列，其中前 200 个行人同时在两个摄像头中出现。每个图像序列的长度从 5 帧到 675 帧不等，平均序列长度为 84 帧。

6.3.2　实验设置

1. 对比方法

为了评价 PHDL 方法的有效性，将 PHDL 与几个领先的行人重识别方法及通用的基于点到集的匹配方法进行了对比。对比的行人重识别方法包括 KISSME、RDC、ISR、XQDA 以及迭代稀疏排序（iterative sparse ranking，ISR）[9]。对比的基于点到集的方法包括基于点到集的距离度量学习（point-to-set distance metric learning，PSDML）[10]和欧氏到黎曼度量学习（learning euclidean-to-riemannian metric，LERM）[11]。对于所有对比方法，都是使用作者提供的源代码来执行实验。

2. 特征表示

实验中使用了 WHOS 特征来表示每张行人图像，该特征是文献[11]中提出的一种复合可视化外观特征。对于每个行人视频，从它的每个步态周期中提取 WHOS 特征和 STFV3D 特征[2]（一种有效的时空特征描述子）。

3. 评估设置

实验中采用的评估设置如下：首先，从第一个摄像头的每个行人序列中随机地选择一张图像来构成图像集，并使用另一个摄像头的行人序列构造视频集。这里，表示同一个行人的图像和视频构成一个图像视频对。然后，所有的图像视频对被随机地划分为两个相同大小的集合，一个用于训练，另一个用于测试。由于提取步态周期所需的最小行人序列长度的限制[12]，PRID 2011 数据集中长度小于 20 帧的视频对在实验中将被忽略。

4. 参数设置

本章提出的方法中包含 4 个参数，即α、β、λ 和η。实验中使用 5 折交叉验证技术在训练数据集上选择这些参数的值。具体地，在 iLIDS-VID 数据集上，$\alpha=10$，$\beta=0.8$，$\lambda=0.012$，$\eta=0.12$；在 PRID 2011 数据集上，$\alpha=12$，$\beta=0.7$，$\lambda=0.01$，$\eta=0.14$。除此之外，图像字典和视频字典的原子个数在 iLIDS-VID 数据集上被设置为 120，在 PRID 2011 数据集上被设置为 180。$\boldsymbol{W}$ 的列数在 iLIDS-VID 和 PRID 2011 数据集上分别被设置为 460 和 380。

利用 CMC 曲线作为评价指标，并且报告排名前 k 的平均匹配率。将每个实验执行 10 次并报告所有方法的平均结果。

6.3.3 结果和分析

在实验中，对比方法使用 WHOS 特征来表示图像和视频。图 6-2 给出了 iLIDS-VID 数据集上所有方法的 CMC 曲线。可以看出，本章提出的方法在每个 rank 都获得了更高的匹配率。表 6-1 展示了 iLIDS-VID 数据集上所有对比方法的 rank 1、5、10、20 和 50 的正确匹配率，其中“+WHOS”表示 PHDL 利用了 WHOS 特征来表示一个视频，“+STFV3D”表示 PHDL 利用 STFV3D 特征表示视频，“+Both”表示同时利用 WHOS 特征和 STFV3D 特征表示视频。从图 6-2 和表 6-1 可以观察到：①PHDL 方法取得了最好的匹配结果；②当同时利用 WHOS 特征和 STFV3D 特征时，PHDL 的性能被进一步提升，这也说明了 PHDL 对于图像到视频的行人重识别任务的有效性。PHDL 方法能够取得更好结果的主要原因有 3 方面：①通过学习异质字典对，PHDL 可以充分利用行人视频包含的有用信息；②我们为 PHDL 设计了一个点到集编码系数鉴别项，因而学到的字典对具有良好的鉴别力；③PHDL 通过学习一个特征投影矩阵降低了视频内部差异对重识别的影响。

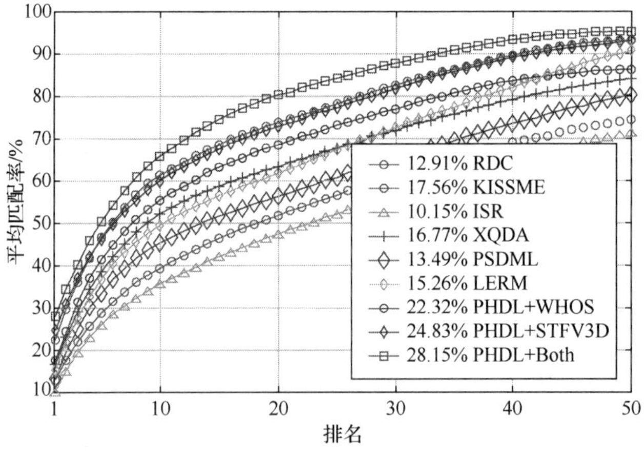

图 6-2　iLIDS-VID 数据集上所有方法的 CMC 曲线

表 6-1　iLIDS-VID 数据集上排名前 r 的平均匹配率

（单位：%）

方法	r=1	r=5	r=10	r=20	r=50
RDC	12.91	29.02	39.55	51.94	74.40
KISSME	17.56	41.73	55.28	68.74	86.36
ISR	10.15	25.86	35.39	47.24	71.05
XQDA	16.77	38.58	52.31	63.55	84.30
PSDML	13.49	33.75	45.56	56.33	80.46
LERM	15.26	37.12	49.68	61.95	90.92
PHDL+WHOS	22.32	46.75	61.29	73.65	93.37
PHDL+STFV3D	24.83	46.31	60.06	73.13	93.29
PHDL+Both	28.15	50.37	65.88	80.35	95.42

表 6-2 和图 6-3 报告了 PRID 2011 数据集上所有方法的匹配结果。可以看到，PHDL 的正确匹配率要比对比方法高出很多。具体地，以 rank 1 匹配率为例，PHDL 至少将平均匹配率提升了 13.65 个百分点（38.3%−24.65%）。

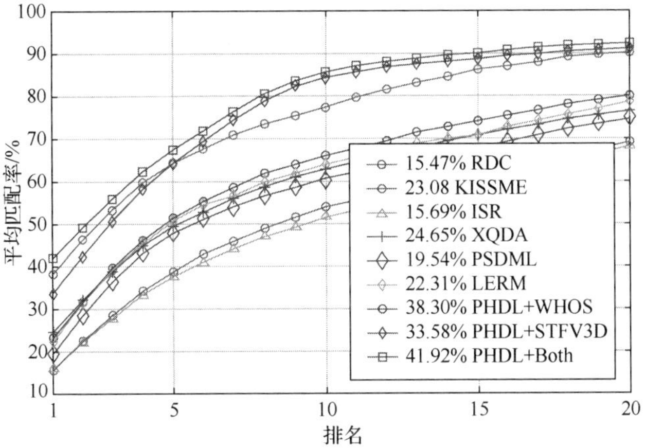

图 6-3　PRID 2011 数据集上的平均匹配率 CMC 曲线（其中每个方法名前面给出了 rank 1 匹配率）

表 6-2　PRID 2011 数据集上排名前 r 的平均匹配率

（单位：%）

方法	r=1	r=5	r=10	r=15	r=20
RDC	15.47	38.75	53.82	62.65	69.02
KISSME	23.08	51.22	66.15	73.91	79.81
ISR	15.69	37.37	51.53	60.47	67.95
XQDA	24.65	49.29	62.83	70.64	76.28

续表

方法	r=1	r=5	r=10	r=15	r=20
PSDML	19.54	47.81	60.42	67.65	74.83
LERM	22.31	50.66	63.95	71.09	78.47
PHDL+WHOS	38.30	64.12	77.26	85.73	90.18
PHDL+STFV3D	33.58	64.04	84.27	88.76	91.01
PHDL+Both	41.92	67.25	85.47	90.04	92.44

6.4　对 PHDL 的讨论和分析

6.4.1　特征投影矩阵的作用

在本章提出的 PHDL 方法中，特征投影矩阵 $\boldsymbol{W}$ 用于降低视频内部的差异，使得接下来的图像和视频间的匹配变得更加容易。为了评价 $\boldsymbol{W}$ 的作用，将 PHDL 中的 $\boldsymbol{W}$ 去除，以产生一个 PHDL 的修改版本（称为 PHDL-W），并观察 PHDL-W 的性能。表 6-3 展示了 iLIDS-VID 数据集上 PHDL 和 PHDL-W 的排名前 r 的匹配率。本实验中，WHOS 特征被用来表示行人视频。可以看到，去掉 $\boldsymbol{W}$ 之后，PHDL 方法的性能降低了，这意味着学习特征投影矩阵有利于提升接下来得到的编码系数的鉴别力。更具体地，不使用 $\boldsymbol{W}$，PHDL 在 iLIDS-VID 数据集上的 rank 1 匹配率降低了 2.24 个百分点（22.32%−20.08%）。类似的结果在 PRID 2011 数据集上也可以得到。

表 6-3　iLIDS-VID 数据集上 PHDL 和 PHDL-W 的排名前 r 的平均匹配率

（单位：%）

方法	r=1	r=5	r=10	r=20	r=50
PHDL-W	20.08	44.37	58.94	71.46	92.53
PHDL	22.32	46.75	61.29	73.65	93.37

6.4.2　字典和特征投影矩阵的大小的影响

图像和视频字典的大小，即 $\boldsymbol{D}_I$ 和 $\boldsymbol{D}_V$ 中字典原子的个数是另一个影响 PHDL 方法性能的重要因素。为了观察字典大小对方法性能的影响，在实验过程中不断改变字典大小。图 6-4 展示了 iLIDS-VID 数据集上 PHDL 在不同字典大小情况下的 rank 10 匹配率。可以观察到，当字典大小被设置为 120 时，PHDL 能够获得相对好的性能，这意味着 PHDL 能够学习一对紧凑的字典。

除此之外，还研究了特征投影矩阵的大小（$\boldsymbol{W}$ 中列向量的个数）对本章提出的 PHDL 方法性能的影响。图 6-5 展示了 iLIDS-VID 数据集上 PHDL 在不同投影矩阵大小情况下的 rank 10 匹配率。可以看出，当$\boldsymbol{W}$的列向量个数在[400, 600]范围时，PHDL 可以获得稳定的性能。在 PRID 2011 数据集上也能观察到类似的结果。

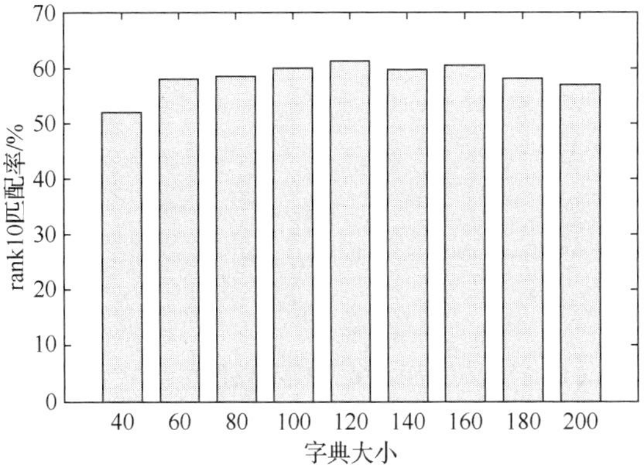

图 6-4　iLIDS-VID 数据集上 PHDL 在不同字典大小情况下的 rank 10 匹配率

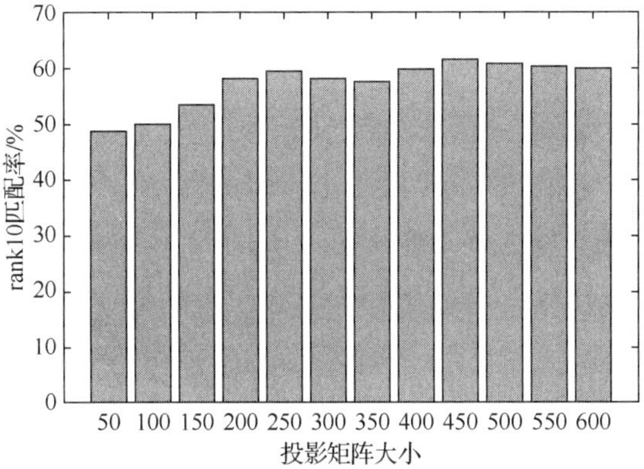

图 6-5　iLIDS-VID 数据集上 PHDL 在不同投影矩阵大小情况下的 rank 10 匹配率

6.4.3　参数分析

本实验中考察 PHDL 目标函数中的参数对方法性能的影响，包括α、β、λ和η。α用于调节视频聚拢项的作用，β用于控制点到集编码系数鉴别项的作用，λ用于调节正则化项的作用，η用于平衡正确匹配图像视频对和错误匹配图像视频对的作用。实验中，在考察一部分参数时，其他参数被固定为参数设置章节中给出的值。

以 iLIDS-VID 数据集上的实验为例，图 6-6～图 6-8 分别展示了 PHDL 在不同α、β、λ和η取值情况下的 rank 10 匹配率。可以观察到：①在[6, 16]范围内，PHDL 对于α的取值不敏感；②当β和η分别被设置为 0.8 和 0.12 时，PHDL 取得了最好的匹配结果；③当λ的值在[0.006, 0.016]范围内时，PHDL 可以取得相对好的性能。类似的结果在 PRID 2011 数据集上也可以获得。

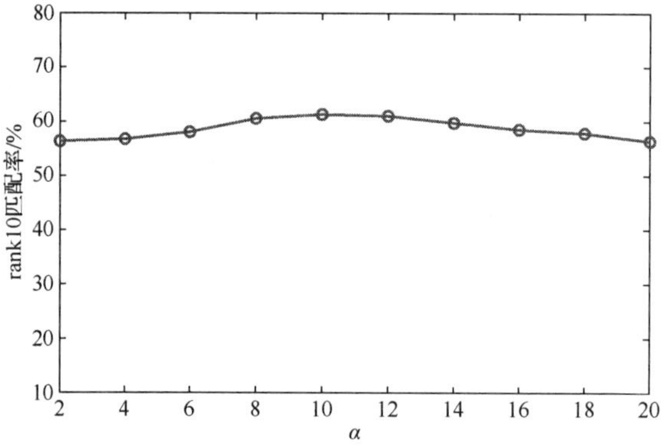

图 6-6　iLIDS-VID 数据集上 PHDL 在不同α取值情况下的 rank 10 匹配率

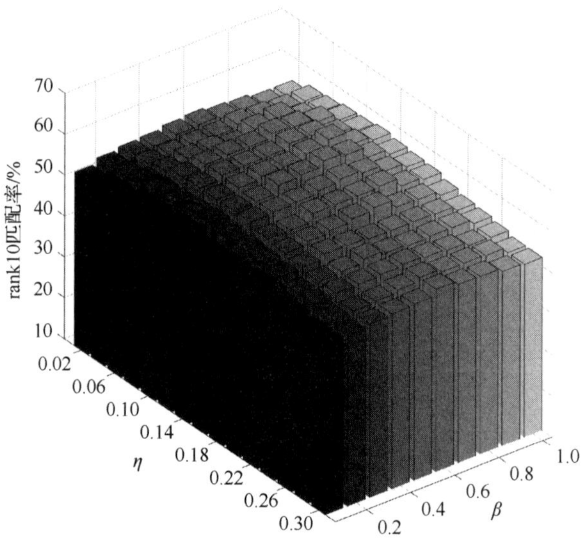

图 6-7　iLIDS-VID 数据集上 PHDL 在不同β和η取值情况下的 rank 10 匹配率

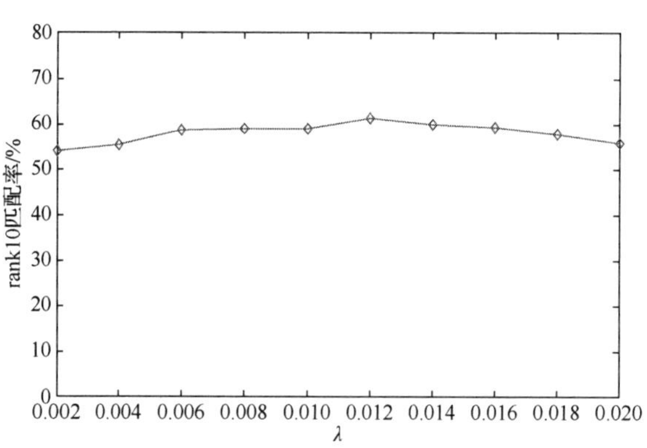

图 6-8　iLIDS-VID 数据集上 PHDL 在不同λ取值情况下的 rank 10 匹配率

6.4.4　收敛性分析

本章为 PHDL 提出的优化算法是一个交替迭代优化算法。在每次迭代过程中，$\{\boldsymbol{A}, \boldsymbol{B}\}$、$\{\boldsymbol{D}_I, \boldsymbol{D}_V\}$和 $\boldsymbol{W}$ 被交替更新，并且求解每个变量的子目标函数都是凸函数。在本实验中，我们的目的是考察 PHDL 的目标函数能量值在不同迭代次数情况下的变化情况。图 6-9 展示了 PHDL 在 iLIDS-VID 数据集上的收敛曲线。可以看到，目标函数的能量值下降很快，在 15 次迭代之后就趋于稳定。在大多数实验中，PHDL 都可以在 20 次以内达到收敛。在 PRID 2011 数据集上也可以观察到类似的结果。

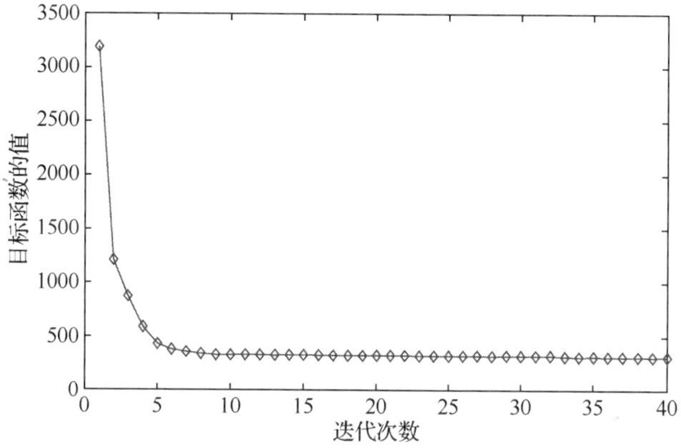

图 6-9　PHDL 在 iLIDS-VID 数据集上的收敛曲线

参 考 文 献

[1] ZHENG W S, GONG S, XIANG T. Towards open-world person re-identification by one-shot group-based verification[J]. IEEE Transactions on Pattern Analysis and Machine Intelligence, 2015, 38(3): 591-606.

[2] JING X Y, ZHU X K, WU F, et al. Super-resolution person re-identification with semi-coupled low-rank discriminant dictionary learning[C]//Proceedings of the IEEE Conference on Computer Vision and Pattern Recognition, 2015: 695-704.

[3] AHMED E, JONES M, MARKS T K. An improved deep learning architecture for person re-identification[C]// Proceedings of the IEEE Conference on Computer Vision and Pattern Recognition, 2015: 3908-3916.

[4] WANG T Q, GONG S G, ZHU X T, et al. Person re-identification by video ranking[C]//In European Conference on computer vision, 2014: 688-703.

[5] WANG T Q, GONG S G, ZHU X T, et al. Person re-identification by discriminative selection in video ranking[J]. IEEE Transactions on Pattern Analysis and Machine Intelligence, 2016, 38(12): 2501-2514.

[6] GU S H, ZHANG L, ZUO W M, et al. Projective dictionary pair learning for pattern classification[C]//Advances in Neural Information Processing Systems, 2014: 793-801.

[7] JIANG Z, LIN Z, DAVIS L S. Label consistent K-SVD: Learning a discriminative dictionary for recognition[J]. IEEE Transactions on Pattern Analysis and Machine Intelligence, 2013, 35(11): 2651-2664.

[8] HIRZER M, BELEZNAI C, ROTH P M, et al. Person re-identification by descriptive and discriminative classification[C]// Scandinavian Conference on Image Analysis, 2011: 91-102.

[9] LISANTI G, MASI L, BAGDANOV A D, et al. Person re-identification by iterative re-weighted sparse ranking[J]. IEEE Transactions on Pattern Analysis and Machine Intelligence, 2014, 37(8): 1629-1642.
[10] ZHU P F, ZHANG L, ZUO W M, et al. From point to set: Extend the learning of distance metrics[C]//Proceedings of the IEEE International Conference on Computer Vision, 2013: 2664-2671.
[11] HUANG Z W, WANG R P, SHAN S G, et al. Learning euclidean-to-riemannian metric for point-to-set classification[C]// Proceedings of the IEEE Conference on Computer Vision and Pattern Recognition, 2014: 1677-1684.
[12] LIU K, MA B P, ZHANG W, et al. A spatio-temporal appearance representation for video-based pedestrian re-identification[C]//Proceedings of the IEEE International Conference on Computer Vision, 2015: 3810-3818.

第 7 章　基于半耦合低秩鉴别字典的超分辨率行人重识别算法

7.1　低分辨率行人重识别分析

行人重识别是自动化视频监控中一项基础性的任务，并且在近几年得到了广泛的研究。行人重识别是指根据一个摄像头拍摄的某个行人的一张图像（或一段视频），从其他摄像头拍摄的图像或视频中重新识别出该行人的过程[1]。现实情况中的各种因素（如视角变化、光照变化、姿态变化、部分遮挡和低分辨率等）使得行人重识别成为一项极具挑战性的研究问题。

为了解决行人重识别中存在的难题，研究者们已经提出了很多方法[2, 3]，这些方法大体上可以划分为两类：

1）基于特征表示的方法：这些方法关注的是设计一种鲁棒的、有鉴别力的特征表示并用于匹配。例如，文献[4]通过利用类别信息来克服同一人的不同图像间外观差异较大的问题，进而建立一种有鉴别力的特征表示模型；文献[5]提出了一种特征选择方法，用来从已有的各种特征中选取“高性价比”（cost-effective）的特征；文献[6]提出了一种学习最能刻画一个行人的属性的方法，该方法通过利用显著性检测技术驱动变焦相机（PTZ camera）来自动关注人体的特定部位。

2）基于匹配模型学习的方法：这一类方法重点关注如何学习一个具有鉴别力的匹配模型。大部分这类方法采用度量学习技术来学习匹配模型。在文献[7]中，Hirzer 等提出了一种鉴别马氏度量学习方法，该方法从来自不同摄像头的图像构成的样本对中学习距离度量，并且在经过某些松弛之后该方法可以被高效地解决。在文献[8]中，Zheng 等提出了一个基于概率论的相对距离比较方法来学习马氏距离度量。此外，字典学习技术也已经被引入行人重识别中，用来学习匹配模型。例如，文献[9]通过学习两个耦合的字典来消除摄像头间差异带来的影响。

以上方法在一定程度上解决了行人重识别中的一些难题。在实际环境中，由于摄像头质量差、行人距离摄像头较远等因素的影响，甚至这些因素的综合影响，监控摄像头拍摄到的行人图像经常会出现分辨率较低的情况。因此，行人重识别在很多情况下需要在低分辨率图像和高分辨率图像之间进行。现实环境中，一个这样的重识别场景是：Gallery 图像集由硬件质量较好的摄像头拍摄，而 Probe 图像集由质量较差的摄像头拍摄，这种情况下，Gallery 图像往往具有较高的分辨率，而 Probe 图像则可能具有较低的分辨率。一般称这种场景下的行人重识别为超分辨率行人重识别（super-resolution person re-identification）。在实际中，分辨率降低会造成行人图像中的可视化信息损失，而现有的行人重识别方法往往依赖于行人图像的可视化外观特征，这意味着现有的行人重识别方法并不能很好地处理高低分辨率图像间的重识别问题。因此，超分辨率行人重识别是一项亟待解决的、有意义的研究工作。图 7-1 描述了超分辨率行人重识别问题。

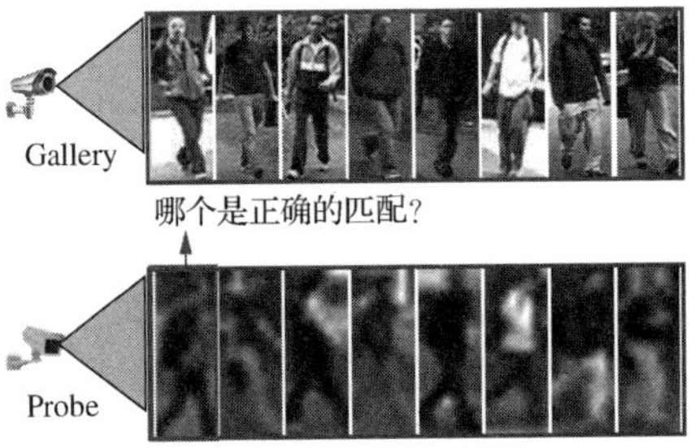

图 7-1 超分辨率行人重识别问题

近年来，为了提升低分辨率图像的视觉质量，学者们提出了一系列超分辨率恢复方法。字典学习作为机器学习领域一项有效的特征学习技术，也被引入了超分辨率恢复研究中，并且取得了令人欣喜的效果。在文献[10]中，Yang 等假设存在一对耦合的高、低分辨率字典，使得每一对高、低分辨率图像块在对应字典上具有相同的稀疏表示。基于这个假设，他们提出了一种基于耦合字典学习的图像超分辨率模型。在文献[11]中，Wang 等提出了一种基于半耦合字典学习模型的图像超分辨率方法，该方法对耦合字典学习模型中的强假设进行了松弛，使用一个映射矩阵来描述高低分辨率图像之间的对应关系，因而能够更加灵活地刻画图像的结构。然而，上述方法是为了提升人类的视觉感知而设计的，而不是面向对识别有利的机器感知，因此无法保证行人重识别性能的提升。

7.1.1 研究动机

超分辨率行人重识别在实际情况中是一个重要的研究问题，然而该问题在现有的行人重识别方法中还没有被很好地研究。现有的基于字典学习的超分辨率恢复方法通过发掘高、低分辨率图像之间的映射关系，可以提高低分辨率图像的视觉质量，然而这些方法发掘的关系是针对人类视觉感知的，而并非针对重识别任务。

将半耦合字典学习技术引入超分辨率行人重识别问题中，从行人重识别的角度发掘高、低分辨率图像的可视化特征之间的映射关系。然而，在设计解决方案过程中，还需要解决以下问题：

1）半耦合字典学习技术是为图像超分辨率恢复任务设计的，而并非针对重识别任务。因此，如果直接将半耦合字典学习技术应用到超分辨率行人重识别中，学习到的字典对和映射矩阵可能无法具备良好的鉴别能力。

2）由于行人图像往往包含噪声，因此直接利用半耦合字典学习技术学到的字典对无法很好地刻画高、低分辨率图像之间的本质关系。

除了以上提到的问题，在超分辨率行人重识别中还有一个问题需要考虑，即低分辨率对于不同类型的特征造成的影响程度不一致。例如，与颜色特征相比，纹理特征受到低分辨率的影响往往会更大。因此，不同类型的特征学习、不同的映射矩阵能够更准确地反映高低分辨率图像特征之间的本质映射关系。

7.1.2　主要贡献

本章将要讨论的研究工作的主要贡献可以总结为以下几点：

1）首次尝试研究超分辨率行人重识别问题，并提出了一个新的半耦合低秩鉴别字典学习模型（semi-coupled low-rank discriminant dictionary learning，SLD^2L）。SLD^2L 通过从高、低分辨率训练图像中学习高、低分辨率字典及映射矩阵，能够将低分辨率行人图像的特征转换为具有鉴别力的高分辨率特征。

2）提出了一个多视图半耦合低秩鉴别字典学习（multi-view semi-coupled low-rank discriminant dictionary learning，$MVSLD^2L$）方法。该方法为不同类型的特征学习不同的字典对和映射矩阵，使得学到的映射矩阵能够更加准确地反映高、低分辨率图像特征之间的关系。

3）为了确保学到的字典和映射具有良好的鉴别能力，为半耦合字典学习模型设计了一个鉴别项。

4）为了确保学到的字典能够较好地刻画高、低分辨率图像的本质特征空间，为半耦合字典学习模型设计了一个低秩正则项。

5）在多个数据集上执行了大量的超分辨率行人重识别实验来对所设计的方法进行验证，并对方法中各种参数的影响进行了研究。实验结果表明，与目前领先的行人重识别方法相比，本章的 SLD^2L 方法在超分辨率行人重识别问题上能够取得更好的效果。

7.2　与 SLD^2L 相关的工作

本节简要回顾与工作相关的耦合或半耦合字典学习方法，包括基于耦合字典训练方法（coupled dictionary training，CDT）[10]、基于半监督耦合字典学习方法（semi-supervised coupled dictionary learning，SSCDL）[9]和基于耦合字典学习方法

(semi-coupled dictionary learning，SCDL)[12]，然后讨论本章所提方法与这些方法之间的区别。

7.2.1 基于耦合字典学习的图像超分辨率方法

CDT 用于解决单张图像的超分辨率恢复。该方法的目的是学习一对高、低分辨率字典，使得每对高、低分辨率图像块在这对字典上具有相同的稀疏表示。CDT 的目标函数如下：

$$\begin{aligned}&\min_{\boldsymbol{D}_x,\boldsymbol{D}_y}\frac{1}{N}\sum_{i=1}^{N}L(\boldsymbol{D}_x,\boldsymbol{D}_y,\boldsymbol{x}_i,\boldsymbol{y}_i)\\&\text{s.t. }\boldsymbol{z}_i=\arg\min_{\boldsymbol{\alpha}}\left\|\boldsymbol{y}_i-\boldsymbol{D}_y\boldsymbol{z}_i\right\|_2^2+\lambda\|\boldsymbol{\alpha}\|_1,i=1,2,\cdots,N\\&\quad\left\|\boldsymbol{D}_x(:,k)\right\|_2\leqslant1,\left\|\boldsymbol{D}_x(:,k)\right\|_2\leqslant1,k=1,2,\cdots,K\end{aligned}\tag{7-1}$$

式中，$L(\boldsymbol{D}_x,\boldsymbol{D}_y,\boldsymbol{x}_i,\boldsymbol{y}_i)=\frac{1}{2}\left[\gamma\left\|\boldsymbol{D}_x\boldsymbol{z}_i-\boldsymbol{x}_i\right\|_2^2+(1-\gamma)\left\|\boldsymbol{y}_i-\boldsymbol{D}_y\boldsymbol{z}_i\right\|_2^2\right]$，$\gamma$ 是平衡因子；$\boldsymbol{x}_i$ 和 $\boldsymbol{y}_i$ 为一对高、低分辨率图像块；$\boldsymbol{D}_x$ 和 $\boldsymbol{D}_y$ 为耦合字典；K 为字典原子个数；N 为训练样本的个数；$\boldsymbol{\alpha}$ 为 $\boldsymbol{y}_i$ 的编码系数；$\boldsymbol{z}_i$ 为样本 $\boldsymbol{x}_i$ 和 $\boldsymbol{y}_i$ 的公共稀疏表示。

7.2.2 基于半监督耦合字典学习的行人重识别方法

假设 $\boldsymbol{x}=\{\boldsymbol{x}_1,\boldsymbol{x}_2,\cdots,\boldsymbol{x}_n\}$ 和 $\boldsymbol{y}=\{\boldsymbol{y}_1,\boldsymbol{y}_2,\cdots,\boldsymbol{y}_m\}$ 是来自两个不同摄像头的训练图像集，其中前 t 个图像对具有一对一的对应关系（$t\leqslant m$ 且 $t\leqslant n$）。为了将两个摄像头的行人外观联系起来，基于半监督耦合字典学习的行人重识别方法（SSCDL），利用有标记的行人图像对和来自 Gallery 和 Probe 摄像头的无标记行人图像共同学习一对耦合字典。具体地，SSCDL 学习两个字典 $\boldsymbol{D}_x$ 和 $\boldsymbol{D}_y$，使得 $\boldsymbol{x}_i$ 在字典 $\boldsymbol{D}_x$ 上的表示系数与 $\boldsymbol{y}_i$ 在 $\boldsymbol{D}_y$ 上的表示系数相同。SSCDL 的目标函数定义如下：

$$\begin{aligned}Q(\boldsymbol{D}_x,\boldsymbol{D}_y,\boldsymbol{\alpha})=&E_{\text{labeled}}(\boldsymbol{D}_x,\boldsymbol{D}_y,\boldsymbol{\alpha}^{(s)})+E_{\text{unlabeled}}(\boldsymbol{D}_x,\boldsymbol{\alpha}^{(x)})\\&+E_{\text{unlabeled}}(\boldsymbol{D}_y,\boldsymbol{\alpha}^{(y)})\end{aligned}\tag{7-2}$$

式中，$\boldsymbol{\alpha}^{(s)}$ 为有标记样本 $\{\boldsymbol{x}_i\}_{i=1,2,\cdots,t}$ 和 $\{\boldsymbol{y}_i\}_{i=1,2,\cdots,t}$ 的共同系数 矩阵；$\boldsymbol{\alpha}^{(x)}$ 和 $\boldsymbol{\alpha}^{(y)}$ 分别为无标记样本 $\{\boldsymbol{x}_i\}_{i=1,2,\cdots,t}$ 和 $\{\boldsymbol{y}_i\}_{i=1,2,\cdots,t}$ 的系数矩阵；$E_{\text{labeled}}(\boldsymbol{D}_x,\boldsymbol{D}_y,\boldsymbol{\alpha}^{(s)})$ 为有标记样本项，要求 $\boldsymbol{\alpha}^{(s)}$ 能够同时重构 $\{\boldsymbol{x}_i\}_{i=1,2,\cdots,t}$ 和 $\{\boldsymbol{y}_i\}_{i=1,2,\cdots,t}$；$E_{\text{unlabeled}}(\boldsymbol{D}_x,\alpha^{(x)})$ 和 $E_{\text{unlabeled}}(\boldsymbol{D}_y,\boldsymbol{\alpha}^{(y)})$ 为无标记样本项，用来确保对应的稀疏表示系数能够较好地重构无标记数据。

7.2.3 半耦合字典学习方法

SCDL 用来解决图像超分辨率和素描照片合成问题。SCDL 假设存在一对字典，在这对字典上来自两种风格的图像间具有稳定的映射关系。基于这个假设，SCDL 同时学习一对字典和一个映射矩阵。SCDL 的目标函数如下：

$$\begin{aligned}&\min_{D_x,D_y,\boldsymbol{W}}\left\|\boldsymbol{X}-\boldsymbol{D}_x\boldsymbol{\Lambda}_x\right\|_F^2+\left\|\boldsymbol{Y}-\boldsymbol{D}_y\boldsymbol{\Lambda}_y\right\|_F^2+\gamma\left\|\boldsymbol{\Lambda}_y-\boldsymbol{W}\boldsymbol{\Lambda}_x\right\|_F^2\\&+\lambda_x\left\|\boldsymbol{\Lambda}_x\right\|_1+\lambda_y\left\|\boldsymbol{\Lambda}_y\right\|_1+\lambda_W\left\|\boldsymbol{W}\right\|_F^2\\&\text{s.t.}\left\|d_{x,i}\right\|_{l_2}\leqslant 1,\left\|d_{y,i}\right\|_{l_2}\leqslant 1,\forall i\end{aligned}\tag{7-3}$$

式中，X 和 Y 分别为两种不同风格的图像块构成的训练数据集；γ、λ_x、λ_y 和 λ_W 为正则化参数，用来平衡目标函数中各项的作用；$d_{x,i}$ 和 $d_{y,i}$ 分别为字典 $\boldsymbol{D}_x$ 和 $\boldsymbol{D}_y$ 的字典原子；$\boldsymbol{\Lambda}_x$ 和 $\boldsymbol{\Lambda}_y$ 分别为 X 和 Y 的编码系数；$\boldsymbol{W}$ 为映射矩阵。

7.2.4　与相关方法对比

与 CDT 方法相比：CDT 方法是专门为图像超分辨率任务设计的，它假设每一对高、低分辨率图像块在耦合的高、低分辨率字典上具有相同的稀疏表示。不同于 CDT，本章所提方法是为超分辨率行人重识别任务设计的，并且基于一个松弛的假设，即存在一对高、低分辨率特征字典，使得每一对高、低分辨率图像块在这对字典上的编码系数之间具有稳定的映射关系。

与 SSCDL 方法相比：SSCDL 和本章所提方法之间的主要区别可以总结为以下 3 点：

1）SSCDL 用于解决普通情况下的行人重识别，没有考虑低分辨率对行人重识别的影响，而本章所提方法专门为解决低分辨率情况下的行人重识别问题而设计。

2）SSCDL 是一个基于半监督的学习方法，而本章所提方法是有监督的学习方法。

3）SSCDL 基于一个强假设，即两个摄像头间存在一对字典，使得同一个行人在两个不同摄像头中的图像具有相同的稀疏表示；本章所提方法的目的是学习一对字典，使得每一对高低分辨率图像块之间具有映射关系，并且 MVSLD^2L 方法为每种特征学习特定的字典对和映射矩阵。

与 SCDL 方法相比：SCDL 用来解决图像超分辨率和素描照片合成任务，而并非用来解决识别问题，因此 SCDL 学习到的字典和映射不具备良好的鉴别能力。不同于 SCDL，本章所提方法专门为解决超分辨率行人重识别而设计，并且还为 SLD^2L 和 MVSLD^2L 方法设计了一个鉴别项，用来确保学习到的字典和映射具有较好的鉴别能力。此外，还设计了一个低秩正则化项，用来确保学习到的字典对和映射能够更好地刻画高、低分辨率图像的本质特征空间。

7.3 半耦合低秩鉴别字典学习方法

7.3.1 问题建模

给定来自两个不同摄像头的高、低分辨率行人图像，超分辨率行人重识别是指根据一个行人的低分辨率图像在高分辨率图像集中重新识别该行人的过程。假设C_A表示来自摄像头 A 的高分辨率行人图像集合，C_B表示来自摄像头 B 的低分辨率行人图像集合，我们的目的是从高、低分辨率图像的特征中学习一对高、低分辨率字典及一个映射函数，利用学到的字典和映射，C_B中低分辨率图像的特征可以转化为鉴别的高分辨率特征。

为了达到这个目的，首先对C_A中的图像执行下采样和平滑操作，以产生一个和C_B具有相同分辨率的图像集，并用C'_A表示。通过利用这种方式，能够发掘出高、低分辨率特征空间之间潜在的映射关系。接着，利用半耦合字典学习技术学习一对高、低分辨率字典和一个能够反映C_A和C'_A的对应特征之间关系的映射矩阵。然后重构这个字典对和映射矩阵可以得到C_B，由于直接利用半耦合字典学习技术学到的字典和映射矩阵不具有鉴别力，因此需要C_B中图像的高分辨率特征靠近C_A中同一行人的图像的特征，而远离C_A中其他行人的图像特征。

在实际中，低分辨率对一个图像的不同块（patch）的影响是不相同的。例如，纯色图像块受到的影响较小，而纹理丰富的图像块受到的影响通常会比较大。因此，为所有的图像块学习一个共同的映射函数无法准确地表示所有的映射关系。直观上，可以将图像块划分为若干个聚类，然后为每个聚类学习到的字典对和映射函数会更加稳定。在本研究中，根据图像块特征之间的相似性，利用K均值算法对C'_A和C_B中的图像块进行聚类。然后，C_A中的图像块根据C'_A中对应图像块的划分结果进行聚类划分。要求每个聚类字典对于本聚类的图像块有较好的表示力，而对其他聚类中的图像块的表示能力较差。第 i 个聚类的高、低分辨率子字典分别表示为$\boldsymbol{D}_H^i$和$\boldsymbol{D}_L^i$，第i个聚类的映射矩阵表示为$\boldsymbol{V}_i$。通过对每个聚类的高、低分辨率字典进行组合，可以得到结构化的高、低分辨率字典$\boldsymbol{D}_H=[\boldsymbol{D}_H^1,\boldsymbol{D}_H^2,\cdots,\boldsymbol{D}_H^c]$和$\boldsymbol{D}_L=[\boldsymbol{D}_L^1,\boldsymbol{D}_L^2,\cdots,\boldsymbol{D}_L^c]$，其中 c 表示聚类个数。用$\boldsymbol{V}=\{\boldsymbol{V}_1,\boldsymbol{V}_2,\cdots\boldsymbol{V}_c\}$表示所有聚类的映射矩阵。

为了确保学到的字典对可以很好地刻画高、低分辨率图像的本质特征空间，在学习过程中应该将噪声从图像块中分离出去。考虑到处于同一个聚类中的图像块之间是线性相关的，可以利用低秩矩阵恢复技术[13]将噪声从图像块中分离。彩图 20 所示为 SLD^{2}L 方法的总体流程。

为了便于描述，将 SLD^{2}L 中用到的表示符号列在了表 7-1 中。

表 7-1　SLD^{2}L 中用到的表示符号

符号	描述
X	C_A 的图像块特征集合
X'	C'_A 的图像块特征集合
Y	C_B 的图像块特征集合
$\boldsymbol{X}_i$、$\boldsymbol{X}'_i$ 和 $\boldsymbol{Y}_i$	X、X' 和 Y 的第 i 个聚类
$\boldsymbol{x}_k$、$\boldsymbol{x}'_k$ 和 $\boldsymbol{y}_k$	X、X' 和 Y 的第 k 个图像块
$\boldsymbol{a}_k$、$\boldsymbol{A}_i$ 和 $\boldsymbol{A}$	$\boldsymbol{x}_k$、$\boldsymbol{X}_i$ 和 X 在 $\boldsymbol{D}_H$ 上的编码系数
$\boldsymbol{a}'_k$、$\boldsymbol{A}'_i$ 和 $\boldsymbol{A}'$	$\boldsymbol{x}'_k$、$\boldsymbol{X}'_i$ 和 X' 在 $\boldsymbol{D}_L$ 上的编码系数
$\boldsymbol{b}_k$、$\boldsymbol{B}_i$ 和 $\boldsymbol{B}$	$\boldsymbol{y}_k$、$\boldsymbol{Y}_i$ 和 Y 在 $\boldsymbol{D}_L$ 上的编码系数
$\boldsymbol{A}_j^i$	$\boldsymbol{A}_j$ 中对应于 $\boldsymbol{D}_H^i$ 的部分，$\boldsymbol{A}_j=\{\boldsymbol{A}_j^1;\cdots;\boldsymbol{A}_j^i;\cdots;\boldsymbol{A}_j^c\}$
$\boldsymbol{A}_j^{i'}$ 和 $\boldsymbol{B}_j^i$	$\boldsymbol{A}'_j$ 和 $\boldsymbol{B}_j$ 中对应于 $\boldsymbol{D}_L^i$ 的部分，$\boldsymbol{A}'_j=\{\boldsymbol{A}_j'^{1'};\cdots;\boldsymbol{A}_j'^{i'};\cdots;\boldsymbol{A}_j'^{c'}\}$，$\boldsymbol{B}_j=\{\boldsymbol{B}_j^1;\cdots;\boldsymbol{B}_j^i;\cdots;\boldsymbol{B}_j^c\}$

因此，SLD^{2}L 的目标函数设计如下：

$$\begin{aligned}&\min_{D_H,D_L,V}\Phi(\boldsymbol{D}_H,\boldsymbol{D}_L,\boldsymbol{V},\boldsymbol{A},\boldsymbol{A}',\boldsymbol{B})\\&\text{s.t. }\boldsymbol{X}_i=\boldsymbol{D}_H\boldsymbol{A}_i+\boldsymbol{E}_{1,i},\boldsymbol{X}_i=\boldsymbol{D}_H^i\boldsymbol{A}_i^i+\boldsymbol{E}_{1,i}\\&\quad\boldsymbol{X}'_i=\boldsymbol{D}_L\boldsymbol{A}'_i+\boldsymbol{E}_{2,i},\boldsymbol{X}'_i=\boldsymbol{D}_L^i\boldsymbol{A}_i^{i'}+\boldsymbol{E}_{2,i}\\&\quad\boldsymbol{Y}_i=\boldsymbol{D}_L\boldsymbol{B}_i+\boldsymbol{E}_{3,i},\boldsymbol{Y}_i=\boldsymbol{D}_L^i\boldsymbol{B}_i^i+\boldsymbol{E}_{3,i},i=1,2,\cdots,c\end{aligned}\tag{7-4}$$

式中：

$$\begin{aligned}\Phi(\boldsymbol{D}_H,\boldsymbol{D}_L,\boldsymbol{V},\boldsymbol{A},\boldsymbol{A}',\boldsymbol{B})=&\sum_{i=1}^{c}\{E_{\text{mapping}}(\boldsymbol{V}_i,\boldsymbol{A}_i,\boldsymbol{A}'_i)+E_{\text{represent}}(\boldsymbol{D}_H^i,\boldsymbol{D}_L^i,\boldsymbol{A},\boldsymbol{A}',\boldsymbol{B})\\&+E_{\text{lowrank}}(\boldsymbol{D}_H^i,\boldsymbol{D}_L^i)+E_{\text{reg}}(\boldsymbol{A}_i,\boldsymbol{A}'_i,\boldsymbol{B}_i,\boldsymbol{V}_i,\boldsymbol{E}_{1,i},\boldsymbol{E}_{2,i},\boldsymbol{E}_{3,i})\}\\&+E_{\text{discriminant}}(\boldsymbol{D}_H,\boldsymbol{A},\boldsymbol{B},\boldsymbol{V})\end{aligned}\tag{7-5}$$

约束条件用来确保学到的结构化字典和子字典都能够很好地刻画训练样本的本质特征。$\boldsymbol{E}_{1,i}$、$\boldsymbol{E}_{2,i}$ 和 $\boldsymbol{E}_{3,i}$ 表示被分离的噪声。$\Phi()$ 中各项的详细定义如下：

1）$E_{\text{mapping}}(\boldsymbol{V}_i,\boldsymbol{A}_i,\boldsymbol{A}'_i)=\|\boldsymbol{A}_i-\boldsymbol{V}_i\boldsymbol{A}'_i\|_F^2$ 为映射保真项，确保高、低分辨率图像特征的编码系数之间映射误差最小。

2）$E_{\text{represent}}(\boldsymbol{D}_H^i,\boldsymbol{D}_L^i,\boldsymbol{A},\boldsymbol{A}',\boldsymbol{B})=\lambda_1\sum_{j=1,j\neq i}^{c}\|\boldsymbol{D}_H^i\boldsymbol{A}_j^i\|_F^2+\lambda_2\sum_{j=1,j\neq i}^{c}\|\boldsymbol{D}_L^i\boldsymbol{A}_j^{i'}\|_F^2+\lambda_3\sum_{j=1,j\neq i}^{c}\|\boldsymbol{D}_L^i\boldsymbol{B}_j^i\|_F^2$ 为子字典表示能力项，用来确保第 i 个聚类的子字典对其他聚类的图像块具有较弱的表示能力，即 $\boldsymbol{X}_j$ 的编码系数中对应于 $\boldsymbol{D}_H^i$ 的部分（或 X'_j、Y_j 的编码系数中对应于 $\boldsymbol{D}_L^i$ 的部分）接近于零，$j\neq i$。这里，λ_1、λ_2 和 λ_3 为平衡因子。

3）$E_{\text{lowrank}}(\boldsymbol{D}_{\text{H}}^{i},\boldsymbol{D}_{\text{L}}^{i})=\gamma_1\|\boldsymbol{D}_{\text{H}}^{i}\|_*+\gamma_2\|\boldsymbol{D}_{\text{L}}^{i}\|_*$ 为低秩正则项，用来确保学到的高、低分辨率子字典是低秩的。其中，$\|\cdot\|_*$ 表示一个矩阵的核范数，γ_1 和 γ_2 为平衡因子。

4）$E_{\text{reg}}(\boldsymbol{A}_i,\boldsymbol{A}_i',\boldsymbol{B}_i,\boldsymbol{V}_i,\boldsymbol{E}_{1,i},\boldsymbol{E}_{2,i},\boldsymbol{E}_{3,i})=\|\boldsymbol{A}_i\|_1+\|\boldsymbol{A}_i'\|_1+\|\boldsymbol{B}_i\|_1+\beta_1\|\boldsymbol{E}_{1,i}\|_1+\beta_2\|\boldsymbol{E}_{2,i}\|_1+\beta_3\|\boldsymbol{E}_{3,i}\|_1+\lambda_4\|\boldsymbol{V}_i\|_F^2$ 为正则化项，用来正则化编码系数、分离的噪声及映射矩阵。这里，β_1、β_2、β_3 和 λ_4 为平衡因子。

5）$E_{\text{discriminant}}(\boldsymbol{D}_{\text{H}},\boldsymbol{A},\boldsymbol{B},\boldsymbol{V})=\frac{1}{|\ \ |}\sum_{(p,q)\in}\|\boldsymbol{z}_{\text{A}}^{p}-\boldsymbol{z}_{\text{B}}^{q}\|_2^2-\frac{1}{|\ \ |}\sum_{(p,q)\in}\|\boldsymbol{z}_{\text{A}}^{p}-\boldsymbol{z}_{\text{B}}^{q}\|_2^2$ 为鉴别项，用来确保重构得到的特征具有良好的鉴别能力。其中，　和　分别为正负样本对的集合。$|\cdot|$ 表示一个集合中元素的个数。$\boldsymbol{z}_{\text{A}}^{p}=[\boldsymbol{D}_{\text{H}}a_{p,1};\cdots;\boldsymbol{D}_{\text{H}}a_{p,l};\cdots;\boldsymbol{D}_{\text{H}}a_{p,n}]$ 为 C_{A} 中第 p 个图像的重构特征，$\boldsymbol{z}_{\text{B}}^{q}=[\boldsymbol{D}_{\text{H}}\boldsymbol{V}_{v(1)}b_{q,1};\cdots;\boldsymbol{D}_{\text{H}}\boldsymbol{V}_{v(i)}b_{q,l};\cdots;\boldsymbol{D}_{\text{H}}\boldsymbol{V}_{v(n)}b_{q,n}]$ 为 C_{B} 中第 q 个图像的重构高分辨率特征。这里，$a_{p,l}$ 和 $b_{q,l}$ 分别为第 p 和 q 张图像的第 l 个图像块的编码系数，n 为每张图像中图像块的个数，$v(l)$ 表示第 l 个图像块所属的聚类的下标。

SLD^{2}L 方法为每个聚类学习一对字典和一个映射矩阵，利用学到的字典对和映射，低分辨率图像的特征可以被转换为可鉴别的高分辨率特征，这在一定程度上弥补了低分辨率造成的可视化信息的损失。

7.3.2　目标函数优化

尽管目标函数［式（7-1）］不是变量（$\boldsymbol{D}_{\text{H}},\boldsymbol{D}_{\text{L}},\boldsymbol{V}$）的联合凸函数，但是其余变量固定时，目标函数对于（$\boldsymbol{D}_{\text{H}},\boldsymbol{D}_{\text{L}},\boldsymbol{V}$）中的每一个变量都是凸的。为了解决目标函数的优化，将目标函数［式（7-1）］划分为 3 个子问题：①固定 $\boldsymbol{D}_{\text{H}}$、$\boldsymbol{D}_{\text{L}}$ 和 $\boldsymbol{V}$，更新编码系数；②固定 $\boldsymbol{V}$ 和编码系数，更新 $\boldsymbol{D}_{\text{H}}$ 和 $\boldsymbol{D}_{\text{L}}$；③固定 $\boldsymbol{D}_{\text{H}}$、$\boldsymbol{D}_{\text{L}}$ 和编码系数，更新 $\boldsymbol{V}$。

1. 更新编码系数

首先，要对字典对和映射矩阵进行初始化。在初始化每个子字典时，采用 PCA 基作为初始值。和文献[12]相似，每个聚类的映射函数被初始化为单位矩阵。

这里，通过固定 $\boldsymbol{D}_{\text{H}}$、$\boldsymbol{D}_{\text{L}}$ 和 $\boldsymbol{V}$ 来更新编码系数。在 $\boldsymbol{D}_{\text{H}}$、$\boldsymbol{D}_{\text{L}}$ 和 $\boldsymbol{V}$ 固定的情况下，编码系数 $\boldsymbol{a}_k$、$\boldsymbol{a}_k'$ 和 $\boldsymbol{b}_k$ 可以通过如下公式进行更新：

$$\begin{aligned}&\min_{a_k,e_k}\|\boldsymbol{a}_k\|_1+\beta_1\|\boldsymbol{e}_k\|_1+\|\boldsymbol{a}_k-\boldsymbol{V}_{v(k)}\boldsymbol{a}_k'\|_2^2+d(\boldsymbol{a}_k)\\&\text{s.t. } x_k=\boldsymbol{D}_{\text{H}}\boldsymbol{a}_k+\boldsymbol{e}_k\end{aligned}\tag{7-6}$$

$$\begin{aligned}&\min_{a_k',e_k}\|\boldsymbol{a}_k'\|_1+\beta_2\|\boldsymbol{e}_k\|_1+\|\boldsymbol{a}_k-\boldsymbol{V}_{v(k)}\boldsymbol{a}_k'\|_2^2\\&\text{s.t. } x_k'=\boldsymbol{D}_{\text{L}}\boldsymbol{a}_k'+\boldsymbol{e}_k\end{aligned}\tag{7-7}$$

$$\begin{aligned}&\min_{\boldsymbol{b}_k,\boldsymbol{e}_k}\|\boldsymbol{b}_k\|_1+\beta_3\|\boldsymbol{e}_k\|_1+d(\boldsymbol{b}_k)\\&\text{s.t. } \boldsymbol{y}_k=\boldsymbol{D}_{\mathrm{L}}\boldsymbol{b}_k+\boldsymbol{e}_k\end{aligned}\tag{7-8}$$

式中，$d(\boldsymbol{a}_k)$和$d(\boldsymbol{b}_k)$分别为$E_{\text{discriminant}}(\boldsymbol{D}_{\mathrm{H}},\boldsymbol{A},\boldsymbol{B},\boldsymbol{V})$中与$\boldsymbol{a}_k$和$\boldsymbol{b}_k$相关的鉴别项；$\boldsymbol{e}_k$为分离的噪声。

首先将式（7-6）转化为如下等价问题：

$$\begin{aligned}&\min_{\boldsymbol{a}_k,\boldsymbol{e}_k}\|\boldsymbol{Z}\|_1+\beta_1\|\boldsymbol{J}\|_1+l(\boldsymbol{a}_k)\\&\text{s.t. } \boldsymbol{x}_k=\boldsymbol{D}_{\mathrm{H}}\boldsymbol{a}_k+\boldsymbol{e}_k,\boldsymbol{Z}=\boldsymbol{a}_k,\boldsymbol{J}=\boldsymbol{e}_k\end{aligned}\tag{7-9}$$

式中，$l(\boldsymbol{a}_k)=\left\|\boldsymbol{a}_k-\boldsymbol{V}_{v(k)}\boldsymbol{a}'_k\right\|_2^2+d(\boldsymbol{a}_k)$。

式（7-9）的优化可以通过解决如下增广拉格朗日乘子问题[14]实现：

$$\begin{aligned}&\min_{a_k,e_k}\|\boldsymbol{Z}\|_1+\beta_1\|\boldsymbol{J}\|_1+l(\boldsymbol{a}_k)+T_1^t(\boldsymbol{x}_k-\boldsymbol{D}_{\mathrm{H}}\boldsymbol{a}_k-\boldsymbol{e}_k)+T_2^t(\boldsymbol{a}_k-\boldsymbol{Z})\\&+T_3^t(\boldsymbol{e}_k-\boldsymbol{J})+\frac{\mu}{2}\left(\|\boldsymbol{x}_k-\boldsymbol{D}_{\mathrm{H}}\boldsymbol{a}_k-\boldsymbol{e}_k\|_2^2+\|\boldsymbol{a}_k-\boldsymbol{Z}\|_2^2+\|\boldsymbol{e}_k-\boldsymbol{J}\|_2^2\right)\end{aligned}\tag{7-10}$$

式中，T_1、T_2和T_3为拉格朗日乘子；μ为正的惩罚因子。

T_1、T_2、T_3和μ可以使用与文献[14]类似的方法获得。式（7-7）和式（7-8）可以采用与式（7-6）相似的方法进行求解。

2. 更新字典对

依次更新每个聚类的子字典，当更新$\boldsymbol{D}_{\mathrm{H}}^i$和$\boldsymbol{D}_{\mathrm{L}}^i$时，$\boldsymbol{A}$、$\boldsymbol{A}'$、$\boldsymbol{B}$、$\boldsymbol{V}$及其他聚类的子字典$\boldsymbol{D}_{\mathrm{H}}^j$和$\boldsymbol{D}_{\mathrm{L}}^j$（$j\neq i$）都是固定的。如果$\boldsymbol{D}_{\mathrm{H}}^i$被更新了，$X_i$的编码系数中与$\boldsymbol{D}_{\mathrm{H}}^i$相对应的部分$\boldsymbol{A}_i^i$也需要被更新，以满足约束条件$\boldsymbol{X}_i=\boldsymbol{D}_{\mathrm{H}}^i\boldsymbol{A}_i^i+\boldsymbol{E}_{1,i}$。同样，$\boldsymbol{A}_i^{i'}$和$\boldsymbol{B}_i^i$也需要被更新，以满足条件$\boldsymbol{X}'_i=\boldsymbol{D}_{\mathrm{L}}^i\boldsymbol{A}_i^{i'}+\boldsymbol{E}_{2,i}$和$\boldsymbol{Y}_i=\boldsymbol{D}_{\mathrm{L}}^i\boldsymbol{B}_i^i+\boldsymbol{E}_{3,i}$。因此，$\boldsymbol{A}_i^i$、$\boldsymbol{A}_i^{i'}$和$\boldsymbol{B}_i^i$在该步骤中也被更新。假定$\boldsymbol{U}_i=[X'_i,Y_i]$，$\boldsymbol{W}_i^i=[A_i^{i'},B_i^i]$，$\boldsymbol{W}_j^i=[A_j^{i'},B_j^i]$，$\boldsymbol{E}=[E_{2,i},E_{3,i}]$。$\boldsymbol{D}_{\mathrm{H}}^i$和$\boldsymbol{D}_{\mathrm{L}}^i$可以利用如下公式进行更新：

$$\begin{aligned}&\min_{\boldsymbol{D}_{\mathrm{H}}^i}\left\|\boldsymbol{A}_i^i\right\|_1+\gamma_1\left\|\boldsymbol{D}_{\mathrm{H}}^i\right\|_*+\beta_1\left\|\boldsymbol{E}_{1,i}\right\|_1+\lambda_1\sum_{j=1,j\neq i}^{c}\left\|\boldsymbol{D}_{\mathrm{H}}^i\boldsymbol{A}_j^i\right\|_F^2+d(\boldsymbol{D}_{\mathrm{H}}^i)\\&\text{s.t. } X_i=D_{\mathrm{H}}^iA_i^i+E_{1,i},\left\|\boldsymbol{d}_{\mathrm{H}}^j\right\|_2^2\leqslant1,j=1,2,\cdots,K\end{aligned}\tag{7-11}$$

$$\begin{aligned}&\min_{D_{\mathrm{L}}^i}\left\|\boldsymbol{W}_i^i\right\|_1+\gamma_2\left\|\boldsymbol{D}_{\mathrm{L}}^i\right\|_*+\beta_2\|\boldsymbol{E}\|_1+\lambda_2\sum_{j=1,j\neq i}^{c}\left\|\boldsymbol{D}_{\mathrm{L}}^i\boldsymbol{W}_j^i\right\|_F^2\\&\text{s.t. } \boldsymbol{U}_i=\boldsymbol{D}_{\mathrm{L}}^i\boldsymbol{W}_i^i+\boldsymbol{E},\left\|\boldsymbol{d}_{\mathrm{L}}^j\right\|_2^2\leqslant1,j=1,2,\cdots,K\end{aligned}\tag{7-12}$$

式中，$\boldsymbol{d}_{\mathrm{H}}^j$和$\boldsymbol{d}_{\mathrm{L}}^j$为字典原子；$K$为每个子字典的原子个数。

$d(\boldsymbol{D}_{\mathrm{H}}^i)$表示$E_{\text{discriminant}}(\boldsymbol{D}_{\mathrm{H}},\boldsymbol{A},\boldsymbol{B},\boldsymbol{V})$中与$\boldsymbol{D}_{\mathrm{H}}^i$相关的鉴别项：

$$d(\boldsymbol{D}_{\mathrm{H}}^i)=\frac{1}{|\quad|}\sum_{(p,q)\in}\sum_{l=1}^{n}\|f_i(p,q,l)\|^2-\frac{1}{|\quad|}\sum_{(p,q)\in}\sum_{l=1}^{n}\|f_i(p,q,l)\|^2$$

式中，$f_i(p,q,l)=\boldsymbol{D}_{\mathrm{H}}^i[a_{p.l}^i-v(l)b_{q,l}^i]+\sum_{j=1,j\neq i}^{c}\boldsymbol{D}_{\mathrm{H}}^j[a_{p,l}^j-v(l)b_{q,l}^j]$，$a_{p,l}^i$ 和 $b_{q,l}^i$ 是编码系数 $a_{p,l}$ 和 $b_{q,l}$ 中与第 i 个子字典相对应的部分。

可以把式（7-11）转化成如下等价问题：

$$\min_{D_{\mathrm{H}}^i,A_i^i,E_{1,i}}\|\boldsymbol{Z}\|_1+\gamma_1\|\boldsymbol{J}\|_*+\beta_1\|\boldsymbol{E}_{1,i}\|_1+l(\boldsymbol{D}_{\mathrm{H}}^i)$$

$$\text{s.t. } \boldsymbol{X}_i=\boldsymbol{D}_{\mathrm{H}}^i\boldsymbol{A}_i^i+\boldsymbol{E}_{1,i},\boldsymbol{J}=\boldsymbol{D}_{\mathrm{H}}^i,\boldsymbol{Z}=\boldsymbol{A}_i^i,\|\boldsymbol{d}_{\mathrm{H}}^j\|_2^2\leqslant 1,j=1,2,\cdots,K \tag{7-13}$$

式中，$l(\boldsymbol{D}_{\mathrm{H}}^i)=\lambda_1\sum_{j=1,j\neq i}^{c}\|\boldsymbol{D}_{\mathrm{H}}^i\boldsymbol{A}_j^i\|_F^2+d(\boldsymbol{D}_{\mathrm{H}}^i)$。

式（7-13）可以通过求解如下增广拉格朗日乘子问题解决：

$$\begin{aligned}\min_{\boldsymbol{D}_{\mathrm{H}}^i,\boldsymbol{A}_i^i,\boldsymbol{E}_{1,i}}&\|\boldsymbol{Z}\|_1+\gamma_1\|\boldsymbol{J}\|_*+\beta_1\|\boldsymbol{E}_{1,i}\|_1+l(\boldsymbol{D}_{\mathrm{H}}^i)+\mathrm{tr}[T_1^t(\boldsymbol{D}_{\mathrm{H}}^i-\boldsymbol{J})]\\&+\mathrm{tr}[T_2^t(\boldsymbol{A}_i^i-\boldsymbol{Z})]+\mathrm{tr}[T_3^t(\boldsymbol{X}_i-\boldsymbol{D}_{\mathrm{H}}^i\boldsymbol{A}_i^i-\boldsymbol{E}_{1,i})]\\&+\frac{\mu}{2}\left(\|\boldsymbol{D}_{\mathrm{H}}^i-\boldsymbol{J}\|_F^2+\|\boldsymbol{A}_i^i-\boldsymbol{Z}\|_F^2+\|\boldsymbol{X}_i-\boldsymbol{D}_{\mathrm{H}}^i\boldsymbol{A}_i^i-\boldsymbol{E}_{1,i}\|_F^2\right)\end{aligned} \tag{7-14}$$

式中，T_1、T_2 和 T_3 为拉格朗日乘子；μ 为正的惩罚因子。

式（7-12）可以采用和式（7-11）相同的方法进行求解。

3. 更新映射矩阵

固定 $\boldsymbol{D}_{\mathrm{H}}^i$、$\boldsymbol{D}_{\mathrm{L}}^i$、$\boldsymbol{A}$、$\boldsymbol{A}'$、$\boldsymbol{B}$ 和 $\boldsymbol{V}_j,j\neq i$，$\boldsymbol{V}_i$ 可以通过解决式（7-15）进行更新：

$$\min_{\boldsymbol{V}_i}\|\boldsymbol{A}_i-\boldsymbol{V}_i\boldsymbol{A}_i'\|_F^2+\lambda_4\|\boldsymbol{V}_i\|_F^2+d(\boldsymbol{V}_i) \tag{7-15}$$

式中，$d(\boldsymbol{V}_i)$ 为 $E_{\text{discriminant}}$ $(\boldsymbol{D}_{\mathrm{H}},\boldsymbol{A},\boldsymbol{B},\boldsymbol{V})$ 中和 $\boldsymbol{V}_i$ 相关的鉴别项，$d(\boldsymbol{V}_i)=\|\boldsymbol{D}_{\mathrm{H}}\boldsymbol{V}_i\boldsymbol{B}_i-\boldsymbol{D}_{\mathrm{H}}\boldsymbol{C}_i\|_F^2$，$\boldsymbol{C}_i$ 表示 $\boldsymbol{A}$ 中和 $\boldsymbol{B}_i$ 相对应的编码系数。令 $\boldsymbol{P}=\boldsymbol{V}_i\boldsymbol{B}_i$，式（7-15）可以重写为

$$\min_{\boldsymbol{V}_i,\boldsymbol{P}}\|\boldsymbol{A}_i-\boldsymbol{V}_i\boldsymbol{A}_i'\|_F^2+\lambda_4\|\boldsymbol{V}_i\|_F^2+\|\boldsymbol{D}_{\mathrm{H}}\boldsymbol{P}-\boldsymbol{D}_{\mathrm{H}}\boldsymbol{C}_i\|_F^2+\tau\|\boldsymbol{P}-\boldsymbol{V}_i\boldsymbol{B}_i\|_F^2 \tag{7-16}$$

式中，τ 为标量常数。

式（7-16）可以通过采用如下方式迭代更新 $\boldsymbol{V}_i$ 和 $\boldsymbol{P}$ 来解决：

$$\min_{\boldsymbol{V}_i}\|\boldsymbol{A}_i-\boldsymbol{V}_i\boldsymbol{A}_i'\|_F^2+\lambda_4\|\boldsymbol{V}_i\|_F^2+\tau\|\boldsymbol{P}-\boldsymbol{V}_i\boldsymbol{B}_i\|_F^2 \tag{7-17}$$

$$\min_{P}\|\boldsymbol{D}_{\mathrm{H}}\boldsymbol{P}-\boldsymbol{D}_{\mathrm{H}}\boldsymbol{C}_i\|_F^2+\tau\|\boldsymbol{P}-\boldsymbol{V}_i\boldsymbol{B}_i\|_F^2 \tag{7-18}$$

式（7-17）是一个岭回归问题（ridge regression problem），其最优解为

$$\boldsymbol{V}_i=(\boldsymbol{A}_i\boldsymbol{A}_i'^t+\tau\boldsymbol{P}\boldsymbol{B}_i^t)(\boldsymbol{A}_i'\boldsymbol{A}_i'^t+\lambda_4\boldsymbol{I}+\tau\boldsymbol{B}_i\boldsymbol{B}_i^t)^{-1} \tag{7-19}$$

类似地，式（7-18）的解析解如下：

$$P = (D_{\mathrm{H}}^t D_{\mathrm{H}} C_i + \tau V_i B_i)(D_{\mathrm{H}}^t D_{\mathrm{H}} + \tau I)^{-1} \tag{7-20}$$

式中，I 为单位矩阵。

算法 7-1 展示了 SLD²L 方法的优化过程。

算法 7-1	SLD²L 方法的优化过程
输入：	数据 X、X' 和 Y
输出：	字典 D_{H} 和 D_{L}，映射矩阵 V
1：	对字典 D_{H} 和 D_{L}，映射矩阵 V 进行初始化
2：	while $j < m$（最大迭代次数）do
3：	固定 D_{H}、D_{L} 和 V，分别根据式（7-3）～式（7-5）更新编码系数 A、A' 和 B
4：	固定 A、A'、B 和 V，根据式（7-8）和式（7-9）更新 D_{H} 和 D_{L}
5：	固定 D_{H}、D_{L}、A、A' 和 B，根据式（7-12）更新 V
6：	如果相邻两次迭代的 $\Phi(D_{\mathrm{H}}, D_{\mathrm{L}}, V, A, A', B)$ 值足够接近，跳出迭代
7：	end while

7.4　多视图半耦合低秩鉴别字典学习方法

实际情况中，低分辨率对不同类型的可视化外观特征的影响程度是不相同的。为了揭示不同类型特征受到影响的程度，通过实验来观察图像块的 3 种可视化特征（包括 HSV、LAB 和 LBP）下采样前后相似性的变化。首先，对一张正常拍摄的行人图像执行下采样和平滑操作，以产生一张相对应的低分辨率图像；然后，将高、低分辨率图像划分为图像块，并且从每个图像块中提取 HSV、LAB 和 LBP 特征；最后，计算每对高、低分辨率图像块之间 3 种特征的余弦相似性。彩图 21 展示了这三种特征相似性比较的过程。表 7-2 展示了 6 个数据集［包括 VIPeR[15]、i-LIDS[16]、single-shot PRID（S-PRID）[4]、multi-shot PRID（M-PRID）[4]、ETHZ[17] 和 CUHK01[18]］下采样前后（采样率为 1/8）图像块的 3 种特征的平均余弦相似性。

表 7-2　6 个数据集下采样前后（采样率为 1/8）图像块的 3 种特征的平均余弦相似性

数据集	LAB	HSV	LBP
VIPeR	0.6803	0.5599	0.3031
i-LIDS	0.6977	0.6268	0.3766
S-PRID	0.7570	0.5779	0.4896
M-PRID	0.7014	0.5369	0.4627

续表

数据集	LAB	HSV	LBP
ETHZ	0.4867	0.4613	0.3094
CUHK01	0.7682	0.6276	0.2549

从彩图 21 和表 7-2 可以看出，LAB 的平均余弦相似性要比 HSV 的平均余弦相似性高，并且 LAB 和 HSV 的平均余弦相似性都明显高于 LBP，即不同类型的特征受到分辨率的影响程度是不一致的。这意味着高、低分辨率图像之间的映射关系对于不同类型特征来说是不相同的。因此，需要为不同特征学习更加准确的映射关系。

本节提出的方法为 MVSLD^{2}L，和之前为所有特征学习一个公共映射矩阵的做法不同，MVSLD^{2}L 方法为不同类型的特征学习不同的映射矩阵。具体地，首先，对于每个图像块，提取若干种可视化特征来表示，这里使用了 HSV、LAB 和 LBP 特征；然后，对于每一种特征，使用 SLD^{2}L 学习类型特定的字典对和映射矩阵，学到的字典对和映射矩阵能够更好地刻画高、低分辨率图像特征间的关系。

表 7-3 列出了 MVSLD^{2}L 方法使用的表示符号。用 $\boldsymbol{D}_{\mathrm{H},p}=[\boldsymbol{D}_{\mathrm{H},p}^1,\boldsymbol{D}_{\mathrm{H},p}^2,\cdots,\boldsymbol{D}_{\mathrm{H},p}^c]$ 和 $\boldsymbol{D}_{\mathrm{L},p}=[\boldsymbol{D}_{\mathrm{L},p}^1,\boldsymbol{D}_{\mathrm{L},p}^2,\cdots,\boldsymbol{D}_{\mathrm{L},p}^c]$ 分别表示学到第 p 个视图的高、低分辨率字典，其中 $\boldsymbol{D}_{\mathrm{H},p}^i$ 和 $\boldsymbol{D}_{\mathrm{L},p}^i$ 分别表示第 i 个高、低分辨率聚类特定子字典。用 $\boldsymbol{V}_p=\{\boldsymbol{V}_{1,p},\boldsymbol{V}_{2,p},\cdots,\boldsymbol{V}_{c,p}\}$ 表示第 p 个视图所有聚类的映射矩阵。第 p 个视图的字典对和映射矩阵可以通过式（7-21）得到：

$$\begin{aligned}&\min_{D_{\mathrm{H},p},D_{\mathrm{L},p},V_p}\varPhi(\boldsymbol{D}_{\mathrm{H},p},\boldsymbol{D}_{\mathrm{L},p},\boldsymbol{V}_p,\boldsymbol{A}_p,\boldsymbol{A}_p',\boldsymbol{B}_p)\\&\text{s.t. }\boldsymbol{X}_{i,p}=\boldsymbol{D}_{\mathrm{H},p}\boldsymbol{A}_{i,p}+\boldsymbol{E}_i,\boldsymbol{X}_{i,p}=\boldsymbol{D}_{\mathrm{H},p}^i\boldsymbol{A}_{i,p}^i+\boldsymbol{E}_{1,i}\\&\quad\ \boldsymbol{X}_{i,p}'=\boldsymbol{D}_{\mathrm{L},p}\boldsymbol{A}_{i,p}'+\boldsymbol{E}_j,\boldsymbol{X}_{i,p}'=\boldsymbol{D}_{\mathrm{L},p}^i\boldsymbol{A}_{i,p}^{i'}+\boldsymbol{E}_{2,i}\\&\quad\ \boldsymbol{Y}_{i,p}=\boldsymbol{D}_{\mathrm{L},p}\boldsymbol{B}_{i,p}+\boldsymbol{E}_k,\boldsymbol{Y}_{i,p}=\boldsymbol{D}_{\mathrm{L},p}^i\boldsymbol{B}_{i,p}^i+\boldsymbol{E}_{3,i},i=1,2,\cdots,c\end{aligned}\tag{7-21}$$

式中 $\varPhi()$ 的定义参见式（7-5）。

表 7-3　MVSLD^{2}L 方法使用的表示符号

符号	描述
X_p	C_{A} 中第 p 个视图的图像块特征集合
X_p'	C_{A}' 中第 p 个视图的图像块特征集合
Y_p	C_{B} 中第 p 个视图的图像块特征集合
$\boldsymbol{X}_{i,p}$、$\boldsymbol{X}_{i,p}'$ 和 $\boldsymbol{Y}_{i,p}$	X_p、X_p' 和 Y_p 的第 i 个聚类
$\boldsymbol{A}_p$ 和 $\boldsymbol{A}_{i,p}$	X_p' 和 $\boldsymbol{X}_{i,p}'$ 在 $\boldsymbol{D}_{\mathrm{H},p}$ 上的编码系数
$\boldsymbol{A}_p'$ 和 $\boldsymbol{A}_{i,p}'$	Y_p 和 $\boldsymbol{Y}_{i,p}$ 在 $\boldsymbol{D}_{\mathrm{L},p}$ 上的编码系数
$\boldsymbol{B}_p$ 和 $\boldsymbol{B}_{i,p}$	x_k'、X_i' 和 X' 在 $\boldsymbol{D}_{\mathrm{L}}$ 上的编码系数

续表

符号	描述
$\boldsymbol{A}_{i,p}^{i}$	编码系数 $\boldsymbol{A}_{i,p}^{i}$ 中对应于 $\boldsymbol{D}_{\mathrm{H},p}^{i}$ 的部分
$\boldsymbol{A}_{i,p}^{i'}$ 和 $\boldsymbol{B}_{i,p}^{i}$	编码系数 $\boldsymbol{A}_{i,p}'$ 和 $\boldsymbol{B}_{i,p}^{i}$ 中对应于 $\boldsymbol{D}_{\mathrm{L},p}^{i}$ 的部分

式（7-21）可以使用和式（7-4）相同的优化算法解决。利用式（7-21），可以依次为每种特征学习字典对和映射矩阵。

MVSLD²L 为每种特征学习特定高、低分辨率字典对和映射矩阵，因此学到的字典对和映射矩阵可以更好地反映高、低分辨率图像特征间的关系，这意味着低分辨率造成可视化信息损失的影响可以被进一步削弱。因此，利用 MVSLD²L 学到的字典对和映射矩阵，可以更加有效地将低分辨率图像特征转换为鉴别的高分辨率特征。

为了评估 SLD²L 和 MVSLD²L 重构的特征的鉴别能力，基于式（7-5）中的鉴别项 $E_{\text{discriminant}}$ 设计了一个鉴别能力指标：

$$F=\frac{1}{|\quad|}\sum_{(i,j)\in}\left\|\boldsymbol{z}_{\mathrm{A}}^{i}-\boldsymbol{z}_{\mathrm{B}}^{j}\right\|_{2}^{2}-\frac{1}{|\quad|}\sum_{(i,j)\in}\left\|\boldsymbol{z}_{\mathrm{A}}^{i}-\boldsymbol{z}_{\mathrm{B}}^{j}\right\|_{2}^{2} \tag{7-22}$$

式中，$\boldsymbol{z}_{\mathrm{A}}^{i}$（$\boldsymbol{z}_{\mathrm{B}}^{i}$）为 A（B）摄像头中第 i 个行人图像的重构特征。

对于 SLD²L，$\boldsymbol{z}_{\mathrm{A}}^{i}$ 和 $\boldsymbol{z}_{\mathrm{B}}^{i}$ 的具体定义参见 $E_{\text{discriminant}}$。对于 MVSLD²L，$\boldsymbol{z}_{\mathrm{A}}^{i}=\{\boldsymbol{R}_{\mathrm{A}1}^{i};\cdots;\boldsymbol{R}_{\mathrm{A}l}^{i};\cdots;\boldsymbol{R}_{\mathrm{A}n}^{i}\}$，$\boldsymbol{z}_{\mathrm{B}}^{i}=\{\boldsymbol{R}_{\mathrm{B}1}^{i};\cdots;\boldsymbol{R}_{\mathrm{B}l}^{i};\cdots;\boldsymbol{R}_{\mathrm{B}n}^{i}\}$，其中 n 表示每个行人图像中图像块的个数，$\boldsymbol{R}_{\mathrm{A}l}^{i}=\{\boldsymbol{D}_{\mathrm{H},1}a_{l1}^{i};\cdots;\boldsymbol{D}_{\mathrm{H},2}a_{lp}^{i};\cdots;\boldsymbol{D}_{\mathrm{H},k}a_{lk}^{i}\}$，$\boldsymbol{R}_{\mathrm{B}l}^{i}=\{\boldsymbol{D}_{\mathrm{H},1}V_{v(l,1),1}b_{l1}^{i};\cdots;\boldsymbol{D}_{\mathrm{H},2}V_{v(l,p),p}b_{l2}^{i};\cdots;\boldsymbol{D}_{\mathrm{H},k}V_{v(l,k),k}b_{lk}^{i}\}$。这里，$k$ 表示特征类型个数，a_{lp}^{i}（b_{lp}^{i}）表示 A 摄像头的第 i 张图像的第 l 个图像块的第 p 种特征在字典 $\boldsymbol{D}_{\mathrm{H}}$（$\boldsymbol{D}_{\mathrm{L}}$）上的编码系数，$v(l,p)$ 代表第 l 个图像块的第 p 种特征所属的聚类的下标。

对于 SLD²L 和 MVSLD²L，利用式（7-22）分别在 4 种采样率情况下（1/2、1/4、1/8 和 1/12）计算训练样本重构特征的平均鉴别力值。训练集的构造方法参见 7.6 节。表 7-4 给出了两个方法在数据集 VIPeR、i-LIDS、single-shot PRID（S-PRID）、multi-shot PRID（M-PRID）、ETHZ 和 CUHK01 上的鉴别能力值。可以看出，利用 MVSLD²L 方法重构的特征的鉴别能力值要高于 SLD²L 方法，这也展示了 MVSLD²L 中多视图学习方式的优势。

表 7-4　SLD²L 和 MVSLD²L 平均鉴别能力值比较

参数	方法	
	SLD²L	MVSLD²L
VIPeR	41.58	44.62
i-LIDS	15.27	17.02
S-PRID	9.48	11.17

续表

参数	方法	
	SLD^{2}L	MVSLD^{2}L
M-PRID	21.65	23.84
ETHZ	34.44	36.28
CUHK01	133.92	144.4

7.5 利用学到的字典和映射进行超分辨率行人重识别

本节详细介绍如何利用 SLD^{2}L 和 MVSLD^{2}L 学习到的字典和映射矩阵来实现超分辨率行人重识别。假设 $G=\{g_1,g_2,\cdots,g_m\}$ 是一个高分辨率的 Gallery 图像集，P_{test} 是一张低分辨率的 Probe 图像，在 G 中重识别 P_{test} 的详细过程如下。

7.5.1 半耦合低秩鉴别字典学习方法用于重识别

在利用 SLD^{2}L 的情况下，学到的字典和映射矩阵分别表示为 D_{H}、D_{L} 和 $\{\boldsymbol{V}_1,\boldsymbol{V}_2,\cdots,\boldsymbol{V}_c\}$。在 G 中重识别 P_{test} 的具体步骤如下。

1. 将低分辨率 Probe 图像的特征转换为高分辨率特征

首先，将 P_{test} 划分为 n 个图像块，并使用 y_i 表示第 i 个图像块的特征。之后，利用式（7-23）计算出 y_i 在低分辨率字典 D_{L} 上的编码系数，记作 b_i：

$$\min_{b_i,e_i}\|\boldsymbol{b}_i\|_1+\beta\|\boldsymbol{e}_i\|_1 \quad \text{s.t. } \boldsymbol{y}_i=\boldsymbol{D}_{\text{L}}\boldsymbol{b}_i+\boldsymbol{e}_i \tag{7-23}$$

式中，e_i 为分离的噪声。

接着，利用式（7-24）计算第 i 个图像块所属的聚类下标 j：

$$\min_{j}\left\|\boldsymbol{y}_i-\boldsymbol{D}_{\text{L}}^j\boldsymbol{b}_i^j-\boldsymbol{e}_i\right\|_F^2, j=1,2,\cdots,c \tag{7-24}$$

通过利用第 j 个聚类对应的映射矩阵和高分辨率字典 $\boldsymbol{D}_{\text{H}}$，$y_i$ 可以被转化为高分辨率特征：$\boldsymbol{y}_i^{\text{H}}=\boldsymbol{D}_{\text{H}}\boldsymbol{V}_j\boldsymbol{b}_i$。最后，将 n 个图像块的高分辨率特征进行拼接，并作为 P_{test} 的最终特征表示。

2. 计算 Gallery 图像的重构特征

对于第 i 张 Gallery 图像 g_i，首先将 g_i 划分为 n 个图像块，并用 $\{x_1,x_2,\cdots,x_n\}$ 表示 n 个图像块的特征。然后，利用式（7-25）计算每个图像块在高分辨率字典 D_{H} 上的编码系数：

$$\min_{a_j,e_j}\|\boldsymbol{a}_j\|_1+\beta\|\boldsymbol{e}_j\|_1 \quad \text{s.t. } \boldsymbol{x}_j=\boldsymbol{D}_{\mathrm{H}}\boldsymbol{a}_j+\boldsymbol{e}_j \tag{7-25}$$

将 $\boldsymbol{D}_{\mathrm{H}}\boldsymbol{a}_j$ 作为 $\boldsymbol{x}_j$ 的新特征。最后，将所有 n 个图像块的新特征进行拼接，并作为 g_i 的重构特征。

3. 在 Gallery 图像集中重识别 Probe 图像

首先，利用获得的特征计算 P_{test} 与 Gallery 图像集中每张图像之间的欧氏距离；然后，按照升序对获得的距离序列进行排序，距离最小的 Gallery 图像被认为是 P_{test} 的正确匹配。

7.5.2 多视图半耦合低秩鉴别字典学习方法用于重识别

在利用 MVSLD^{2}L 的情况下，为第 p 个视图学到的字典和映射矩阵分别表示为 $\boldsymbol{D}_{\mathrm{H},p}$、$\boldsymbol{D}_{\mathrm{L},p}$ 和 $\boldsymbol{V}_p=\{\boldsymbol{V}_{1,p},\boldsymbol{V}_{2,p},\cdots,\boldsymbol{V}_{c,p}\}$。首先将 P_{test} 划分为 n 个图像块，并从每个图像块中提取不同类型的特征。用 $\{\boldsymbol{y}_{i,1},\boldsymbol{y}_{i,2},\cdots,\boldsymbol{y}_{i,k}\}$ 表示第 i 个图像块的 k 种不同类型的特征。在 G 中重识别 P_{test} 的具体步骤如下。

1. 使用 $\boldsymbol{D}_{\mathrm{H},p}$、$\boldsymbol{D}_{\mathrm{L},p}$ 和 $\boldsymbol{V}_p$（$p=1,2,\cdots,k$）重构低分辨率 Probe 图像的特征

对于特征 $\boldsymbol{y}_{i,p}$，首先分别使用式（7-23）和式（7-24）计算它在字典 $\boldsymbol{D}_{\mathrm{L},p}$ 上的编码系数 $\boldsymbol{b}_p$ 和它所属的聚类下标 j；然后，利用 $\boldsymbol{y}_{i,p}^{\mathrm{H}}=\boldsymbol{D}_{\mathrm{H},p}\boldsymbol{V}_{j,p}\boldsymbol{b}_p$ 将 $\boldsymbol{y}_{i,p}$ 转换为对应的高分辨率特征；接着，将获得的 k 个高分辨率特征进行拼接，并用来表示第 i 个图像块；最后，将所有图像块的特征进行拼接，并用来表示图像 P_{test}。彩图 22 展示了利用 MVSLD^{2}L 学到的字典对和映射矩阵将低分辨率图像块的特征转换为高分辨率特征的流程。

2. 重构 Gallery 图像的特征

对于第 i 张 Gallery 图像 g_i，首先将 g_i 划分为 n 个图像块。对于第 j 个图像块，提取 k 种特征，记作 $x_{j,1},x_{j,2},\cdots,x_{j,k}$。然后，利用式（7-25）计算图像块 $x_{j,p}$ 在高分辨率字典 $\boldsymbol{D}_{\mathrm{H},p}$ 上的编码系数（$1\leqslant p\leqslant k$），记作 $\boldsymbol{a}_p$，并将 $\boldsymbol{z}_p=\boldsymbol{D}_{\mathrm{H},p}\boldsymbol{a}_p$ 作为 $x_{j,p}$ 的新特征。最后，将 $z_1,z_2,\cdots,z_k$ 进行拼接，并作为第 j 个图像块的特征。所有 n 个图像块的新特征进行拼接，并作为 g_i 的重构特征。

3. 在 Gallery 图像集中重识别 Probe 图像

首先利用获得的特征计算 P_{test} 与 Gallery 图像集中每张图像之间的欧氏距离，然后使用与 SLD^{2}L 情况下与步骤 3 相同的策略进行重识别。

7.6　实验设置与结果

1）对比方法。为了验证本章提出方法的有效性，将 SLD^{2}L 和 MVSLD^{2}L 方法与几个领先的行人重识别方法进行了对比，包括半监督耦合字典学习（semi-supervised coupled dictionary learning，SSCDL）[9]、相对距离比较（relative distance comparison，RDC）[8]、松弛成对学习度量（relaxed pairwise learned metric，RPLM）[7]和保持简单且直接的度量（keep it simple and straightforward metric，KISSME）[19]。对于方法 RDC 和 KISSME，利用作者提供的源代码执行实验；对于方法 SSCDL 和 RPLM，其作者没有提供源代码，严格按照论文提供的算法描述及参数设置方案来重新实现这些方法。

2）评估设置。对于本章所提方法和所有对比方法，行人重识别都是在高分辨率 Gallery 图像和低分辨率 Probe 图像之间进行的，每个数据集的具体划分策略参见相对应的实验。实验中，采用标准的 CMC 曲线作为评估指标，并报告随机运行 10 次的平均排名前 k 的匹配率（rank k matching rate）。在 VIPeR[15]、PRID[4]和 CUHK01[18]数据集上报告了 rank 1～50 的匹配率，在 i-LIDS[16]数据集上报告了 rank 1～30 的匹配率，在 ETHZ[17]数据集上报告了 rank 1～10 的匹配率。

3）特征表示。实验中，从每个图像块中提取 HSV、LAB 和 LBP 特征，并且将这 3 种特征拼接起来表示一个图像块。对于 MVSLD^{2}L 方法，单独使用每种特征。为了公平比较，所有的对比方法使用与本章所提方法相同的特征和实验设置。

4）参数设置。本章所提方法中包括 9 个参数，依次是λ_1、λ_2、λ_3、λ_4、γ_1、γ_2、β_1、β_2和β_3。实验中，发现λ_1、λ_2、λ_3和λ_4的改变对于识别结果的影响很小。因此，在所有的数据集上都将它们设置为 1。对于 SLD^{2}L 方法，γ_1、γ_2、β_1、β_2和β_3的值是通过在训练数据上利用 5-折交叉验证技术设置的。具体地，在 VIPeR 数据集上，$\gamma_1=1$，$\gamma_2=1.5$，$\beta_1=0.1$，$\beta_2=0.1$，$\beta_3=0.1$；在 i-LIDS 数据集上，$\gamma_1=1$，$\gamma_2=1$，$\beta_1=0.05$，$\beta_2=0.1$，$\beta_3=0.1$；在 PRID 数据集上，$\gamma_1=1$，$\gamma_2=2$，$\beta_1=0.15$，$\beta_2=0.2$，$\beta_3=0.2$；在 ETHZ 数据集上，$\gamma_1=1$，$\gamma_2=1$，$\beta_1=0.1$，$\beta_2=0.15$，$\beta_3=0.15$；在 CUHK01 数据集上，$\gamma_1=1$，$\gamma_2=1.5$，$\beta_1=0.1$，$\beta_2=0.1$，$\beta_3=0.1$。MVSLD^{2}L 在这 5 个数据集上采用和 SLD^{2}L 方法相同的参数。除此之外，设置聚类的个数为 64，图像块的大小为 8 像素×8 像素，每个子字典的原子个数为 48。

1. VIPeR 数据集上的实验结果

VIPeR 数据集[15]由 632 人组成，每人包含一对由两个室外摄像头拍摄的图像。

采用和文献[20]类似的方式来生成低分辨率图像，即执行下采样和平滑操作。实验中，使用摄像头 B 拍摄的图像来产生低分辨率 Probe 图像。这里以 1/8 采样率情况下的实验为例。摄像头 A 的 632 张图像和由摄像头 B 图像生成的 632 张低分辨率图像总共构成 632 个高低分辨率图像对，将这 632 个图像对随机分为两个集合（每个集合 316 对），一个用于训练，另一个用于测试。测试阶段，来自摄像头 A 的图像作为高分辨率的 Gallery 图像集，来自摄像头 B 的低分辨率图像作为 Probe 图像集。

图 7-2 和表 7-5 报告了 1/8 采样率情况下所有对比方法的匹配结果。可以观察到，所有对比方法的匹配结果都明显低于其原文中报告的结果。其主要原因是分辨率降低导致了行人图像中可视化信息的损失，使得这些方法在这种场景下的有效性受到了影响。从实验结果可以看出，SLD^{2}L 的性能超越了这些对比方法，表明了该方法在超分辨率行人重识别问题上的有效性。

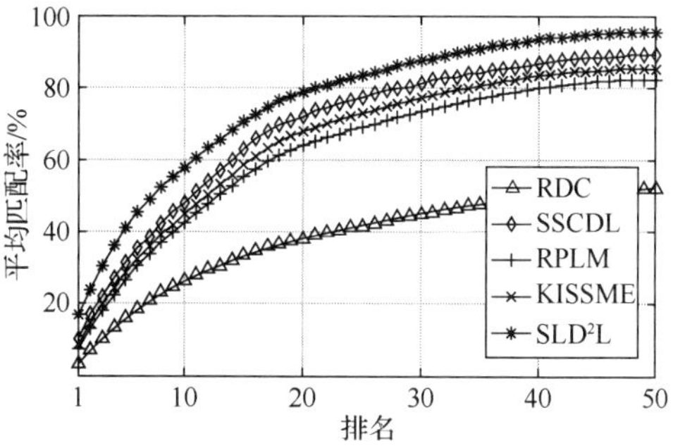

图 7-2　1/8 采样率情况下 VIPeR 数据集上的平均匹配率 CMC 曲线

表 7-5　1/8 采样率情况下 VIPeR 数据集上排名前 r 的匹配率

（单位：%）

方法	r=1	r=5	r=10	r=20	r=50
RDC	3.48	16.14	26.58	38.29	52.22
SSCDL	10.44	31.33	48.42	72.78	89.24
RPLM	7.59	26.58	42.72	64.24	82.43
KISSME	8.74	28.58	45.02	68.20	85.62
SLD^{2}L	16.86	41.22	58.06	79.00	95.57

2. i-LIDS 数据集上的实验结果

i-LIDS 数据集[16]由多个非重叠摄像头拍摄到的 119 个行人的 476 张图像构成，平均每个行人有 4 张图像。从每个人的图像中随机选择一张来构成高分辨率图像集，再从每个人的图像中选择另外一张图像，并通过执行下采样操作来获得低分辨率图像集。因此，总共有 119 个图像对被生成。接着随机从 119 个图像对中选择 59 对作为训练集，其余 60 个图像对作为测试集。在测试过程中，选择测试集中的高分辨率图像作为 Gallery 集合，测试集中的低分辨率图像则作为 Probe 集合。

图 7-3 和表 7-6 报告了 1/8 采样率情况下所有方法的匹配结果，可以看出，SLD^{2}L 方法取得了最好的匹配结果。具体地，SLD^{2}L 将 rank 1 的匹配率至少提升了 8.33 个百分点（33.33%-25.00%）。

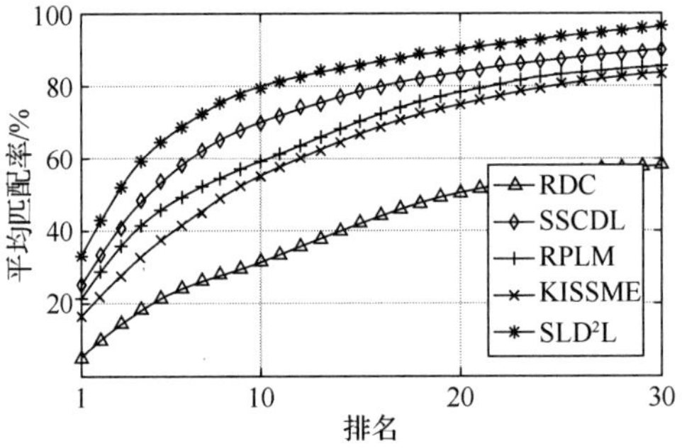

图 7-3　1/8 采样率情况下 i-LIDS 数据集上的平均匹配率 CMC 曲线

表 7-6　1/8 采样率情况下 i-LIDS 数据集上排名前 r 的匹配率

（单位：%）

方法	r=1	r=5	r=10	r=20	r=30
RDC	5.00	21.67	31.67	50.67	58.33
SSCDL	25.00	53.67	70.33	84.00	90.00
RPLM	21.67	46.00	59.33	78.67	85.67
KISSME	16.67	37.33	55.33	75.33	84.00
SLD^{2}L	33.33	65.00	80.00	90.33	96.67

3. PRID 2011 数据集上的实验结果

PRID 2011 数据集[4]由两个不同摄像头（摄像头 A 和摄像头 B）采集的行人图像构成。摄像头 A 包含 385 人的图像，摄像头 B 包含 749 人的图像，其中有 200 个行人同时出现在两个摄像头中。该数据集提供了两种应用场景：单幅（single-shot）场景和多幅（multi-shot）场景。在单幅场景下，每个摄像头中每个行人仅有一张图像；而在多幅场景下，每个摄像头中每个行人具有多张图像（至少 5 张）。实验中，在两种场景下对 SLD^{2}L 方法进行了评估。在两种场景中，都将摄像头 B 的图像作为高分辨率的图像集，而对来自摄像头 A 的图像执行下采样和平滑操作来产生低分辨率图像集。

在单幅场景下，从 200 个高、低分辨率图像对中随机选择 100 个图像对作为训练集，剩余 100 个图像对作为测试集。在测试阶段，进一步选择来自摄像头 A 的图像作为 Probe 集合，并且将摄像头 B 中除去 100 个训练图像外的所有图像作为 Gallery 集合。图 7-4 和表 7-7 报告了所有方法在 single-shot PRID 数据集上的重识别结果。可以看出，相较于 RDC、SSCDL、RPLM 及 KISSME，SLD^{2}L 方法取得了更好的结果。

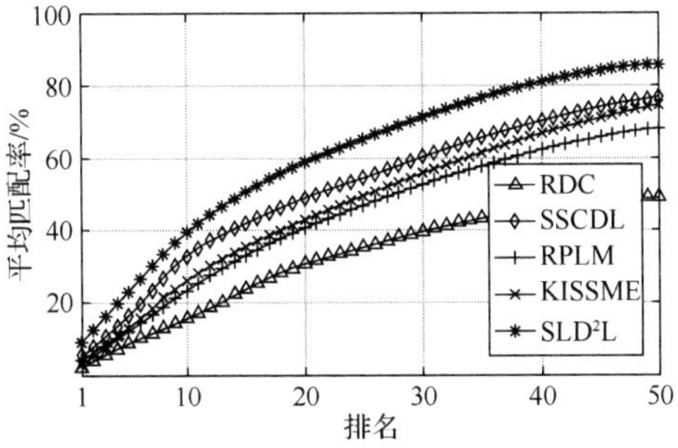

图 7-4　1/8 采样率情况下 single-shot PRID 数据集上的平均匹配率 CMC 曲线

表 7-7　1/8 采样率情况下 single-shot PRID 数据集上排名前 *r* 的匹配率

（单位：%）

方法	*r*=1	*r*=5	*r*=10	*r*=20	*r*=50
RDC	1.80	8.40	15.20	30.40	48.60
SSCDL	4.80	16.00	32.60	48.40	76.80
RPLM	3.90	11.80	23.20	40.40	68.00
KISSME	2.70	12.70	25.90	42.60	74.50
SLD^{2}L	8.80	22.80	39.20	58.60	85.60

在多幅场景下，从每个摄像头每个人的图像中随机选择 5 张图像来表示该行人。在两个摄像头中共同出现的 200 个行人被划分为大小相同的两个集合，100 个行人用于训练，其余 100 个行人用于测试。进一步选择测试集中的 500 张来自摄像头 B 的图像作为高分辨率的 Gallery 集合，其余的来自摄像头 A 的 500 张图像用于构造低分辨率 Probe 集合。在本实验中，使用两组图像间的平均距离进行分类。图 7-5 与表 7-8 给出了所有方法在 1/8 采样率情况下的匹配结果。可以看出，SLD^{2}L 方法取得了更好的结果。该结果表明本章所提方法也适用于多幅场景下的超分辨率行人重识别。

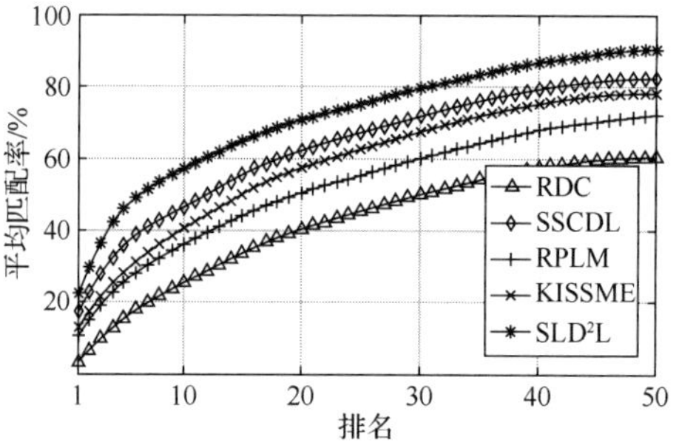

图 7-5　1/8 采样率情况下 multi-shot PRID 数据集上的平均匹配率 CMC 曲线

表 7-8　1/8 采样率情况下 multi-shot PRID 数据集上排名前 *r* 的匹配率

（单位：%）

方法	*r*=1	*r*=5	*r*=10	*r*=20	*r*=50
RDC	3.20	15.60	25.40	40.60	60.80
SSCDL	17.40	36.20	46.70	62.50	82.60
RPLM	10.80	25.90	36.30	50.60	72.20
KISSME	12.80	28.80	40.70	57.60	78.50
SLD^{2}L	22.60	46.60	57.40	70.70	90.80

4. ETHZ 数据集上的实验结果

ETHZ 数据集[17]包含 146 人，共计 8555 张图像。该数据集中的图像是通过一台移动摄像机在街道场景下拍摄得到的。在实验中，采用和文献[21]相同的评价方案。具体地，首先从每人的图像中随机选择两张来构成训练集（一张作为高分辨率图像，另一张用于产生低分辨率图像），然后利用相同的方法选择另外两张图像来构成测试集。因此，训练集和测试集中各有 146 个图像对。测试集中的图像再进一步划分为 Probe 集合与 Gallery 集合。

图 7-6 和表 7-9 展示了所有对比方法在 1/8 采样率情况下的实验结果。可以观察到，SLD^{2}L 方法在匹配性能上超越了其他 4 个对比方法，其中 rank 1 匹配率至少被提升了 6.49 个百分点（77.97%−71.48%）。

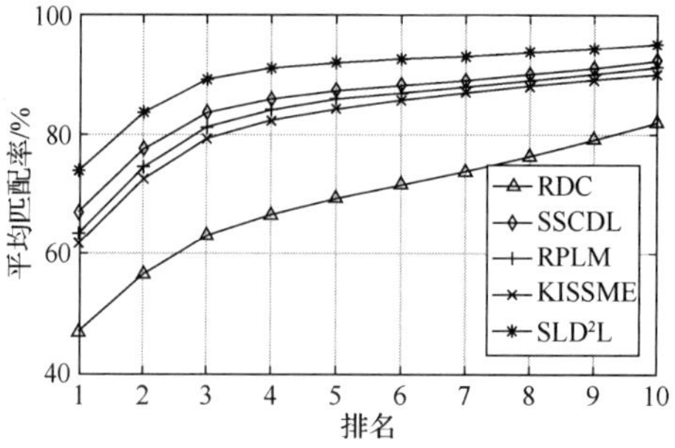

图 7-6　1/8 采样率情况下 ETHZ 数据集上的平均匹配率 CMC 曲线

表 7-9　1/8 采样率情况下 ETHZ 数据集上排名前 r 的匹配率

（单位：%）

方法	r=1	r=3	r=5	r=7	r=10
RDC	47.12	63.14	69.36	73.84	82.05
SSCDL	71.48	83.66	87.40	90.04	92.18
RPLM	68.79	80.80	85.57	87.72	90.81
KISSME	66.64	79.45	84.25	86.99	90.04
SLD^{2}L	77.97	89.30	92.04	94.10	95.85

5. CUHK01 数据集上的实验结果

CUHK01 行人数据集[18]由 971 个行人的图像构成，所有图像由两个不重叠摄像头（用 A 和 B 表示两个摄像头）拍摄得到。每个行人在摄像头 A、B 中各有两张图像，摄像头 A 拍摄的是行人的正面或背面图像，而摄像头 B 拍摄的是侧面图像。每张图像被归一化为 160 像素×160 像素。

实验中，采用如下评价方案[22]：首先，对于每个行人，从不同摄像头中随机选择两张图像构成一个图像对，总共构成 971 个图像对；然后，使用来自摄像头 A 的图像作为高分辨率图像，而来自摄像头 B 的图像用来生产低分辨率图像；最后，从 971 个高低分辨率图像对中随机选择 485 个图像对作为训练集，其余 486 个图像对中的图像进一步划分为高分辨率 Gallery 集合和低分辨率 Probe 集合。图 7-7 和表 7-10 展示了所有对比方法在 1/8 采样率情况下的实验结果。可以看出，SLD^{2}L 的正确匹配率超越了其他 4 个对比方法，这展示了 SLD^{2}L 方法在超分辨率行人重识别任务上的有效性。

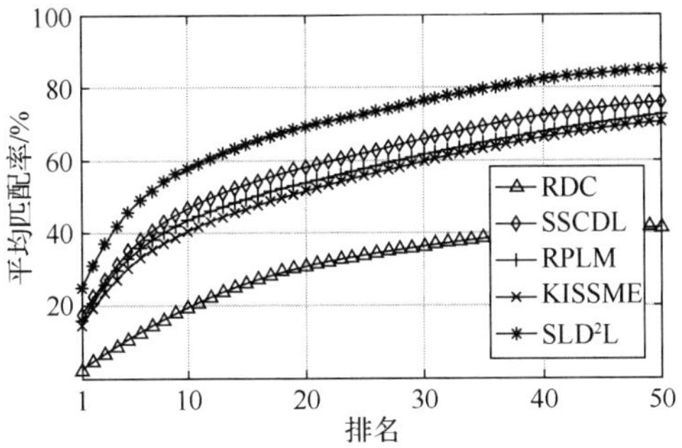

图 7-7　1/8 采样率情况下 CUHK01 数据集上的平均匹配率 CMC 曲线

表 7-10 1/8 采样率情况下 CUHK01 数据集上排名前 r 的匹配率

（单位：%）

方法	r=1	r=5	r=10	r=20	r=50
RDC	2.15	10.33	19.06	30.61	40.17
SSCDL	17.08	34.57	46.50	57.82	75.72
RPLM	15.83	32.95	43.32	53.60	72.26
KISSME	14.57	30.00	40.21	51.26	70.29
SLD^{2}L	24.48	45.88	57.53	68.72	84.77

6. SLD^{2}L 与 MVSLD^{2}L 的结果比较

为了验证 MVSLD^{2}L 方法可以取得比 SLD^{2}L 更好的重识别结果，在 6 个数据集上执行了对比实验，包括 VIPeR、i-LIDS、single-shot PRID（S-PRID）、multi-shot PRID（M-PRID）、ETHZ 和 CUHK01。对于 MVSLD^{2}L 方法，从每一张图像中提取 3 种类型的特征（HSV、LAB 和 LBP）用于学习类型特定的字典对和映射。

表 7-11 给出了 SLD^{2}L 与 MVSLD^{2}L 方法在 1/8 采样率情况下的重识别结果。可以观察到，MVSLD^{2}L 取得了比 SLD^{2}L 更好的结果。具体地，MVSLD^{2}L 至少可以将 rank 1 匹配率提升 3.17 个百分点（81.14%−77.97%，在 ETHZ 数据集上），并且对于 rank 1 匹配率的提升幅度要比 rank 50 的提升更加显著。这些结果表明，为不同类型的特征学习不同的映射可以更好地挖掘出高、低分辨率图像特征间的本质关系，因而低分辨率造成的可视化信息损失带来的影响可以被进一步削弱。

表 7-11 1/8 采样率情况下 SLD^{2}L 与 MVSLD^{2}L 排名前 r 的匹配率比较

（单位：%）

VIPeR 数据集上的方法	r=1	r=5	r=10	r=20	r=50
SLD^{2}L	16.86	41.22	58.06	79.00	95.57
MVSLD^{2}L	20.79	45.08	61.24	81.36	96.84
i-LIDS 数据集上的方法	r=1	r=5	r=10	r=20	r=30
SLD^{2}L	33.33	65.00	80.00	90.33	96.67
MVSLD^{2}L	38.04	69.21	83.79	93.28	98.44
S-PRID 数据集上的方法	r=1	r=5	r=10	r=20	r=50
SLD^{2}L	8.80	22.80	39.20	58.60	85.60
MVSLD^{2}L	12.60	26.40	42.30	61.10	87.80

续表

M-PRID 数据集上的方法	r=1	r=5	r=10	r=20	r=50
SLD^{2}L	22.60	46.60	57.40	70.70	90.80
MVSLD^{2}L	26.30	50.00	60.50	73.60	93.10
ETHZ 数据集上的方法	r=1	r=3	r=5	r=7	r=10
SLD^{2}L	77.97	89.30	92.04	94.10	95.85
MVSLD^{2}L	81.14	91.82	93.98	95.45	97.06
CUHK01 数据集上的方法	r=1	r=5	r=10	r=20	r=50
SLD^{2}L	24.48	45.88	57.53	68.72	84.77
MVSLD^{2}L	27.86	49.03	60.44	71.06	86.64

7. 对低分辨率图像执行超分辨率情况下的结果比较

SLD^{2}L 与 MVSLD^{2}L 方法通过发掘高低分辨率图像的特征之间的关系，将低分辨率图像的特征转换为高分辨率特征。为了进一步展示方法的有效性，首先对低分辨率的 Probe 图像执行超分辨率操作来获得相应的高分辨率图像，然后使用得到的高分辨率 Probe 图像和高分辨率 Gallery 图像作为测试数据来执行对比方法。实验中，利用文献[11]中提出的超分辨率方法（该方法同样基于半耦合字典学习）来对低分辨率图像进行恢复。这里，以 1/8 采样率下的实验为例。

表 7-12 报告了本章所提方法与对比方法在 VIPeR 数据集上的匹配结果。在表 7-12 中，“+SR”代表该方法在重识别过程中使用了超分辨率恢复的高分辨率 Probe 图像。可以观察到，尽管对比方法使用了恢复的高分辨率 Probe 图像，本章所提方法依然超越了这些对比方法。其原因是超分辨率恢复技术的目的是提升人类视觉感知，而并非与重识别更为相关的机器感知。简单地对低分辨率的 Probe 图像执行超分辨率恢复操作无法有效地弥补可视化外观特征的损失。

表 7-12 1/8 采样率情况下 VIPeR 数据集上排名前 r 的匹配率
（其中对比方法使用的是超分辨率恢复的 Probe 图像）

（单位：%）

方法	r=1	r=5	r=10	r=20	r=50
RDC+SR	8.06	20.35	30.48	42.51	66.24
SSCDL+SR	14.51	38.76	55.33	75.66	92.48
RPLM+SR	13.27	36.47	52.42	71.04	89.68
KISSME+SR	14.09	37.50	54.24	73.65	91.96
SLD^{2}L	16.86	41.22	58.06	79.00	95.57
MVSLD^{2}L	20.79	45.08	61.24	81.36	96.84

8. 对高分辨率图像执行下采样操作情况下的结果比较

另外一种实现高分辨率 Gallery 图像与低分辨率 Probe 图像之间匹配的可能方案是降低高分辨率 Gallery 图像的分辨率。为了进一步验证方法的优势，首先对高分辨率 Gallery 图像执行下采样操作来产生低分辨率 Gallery 图像，然后使用获得的低分辨率 Gallery 图像和低分辨率 Probe 图像来运行对比方法。和前面的实验类似，这里以 1/8 采样率情况下的实验为例。表 7-13 报告了所有方法在 VIPeR 数据集上的实验结果，其中"+LR"表示该方法在重识别过程中使用了产生的低分辨率 Gallery 图像。

表 7-13　1/8 采样率情况下 VIPeR 数据集上排名前 *r* 的匹配率
（其中对比方法使用的是下采样后的 Gallery 图像）

（单位：%）

方法	*r*=1	*r*=5	*r*=10	*r*=20	*r*=50
RDC+LR	8.06	20.35	30.48	42.51	66.24
SSCDL+LR	14.51	38.76	55.33	75.66	92.48
RPLM+LR	13.27	36.47	52.42	71.04	89.68
KISSME+LR	14.09	37.50	54.24	73.65	91.96
SLD^{2}L	16.86	41.22	58.06	79.00	95.57
MVSLD^{2}L	20.79	45.08	61.24	81.36	96.84

可以看出，和表 7-5 中报告的 VIPeR 数据集上的匹配结果相比，所有对比方法的性能均有一定程度的提升。尽管如此，本章所提方法的结果依然优于这些对比方法。

7.7　对 SLD^{2}L 和 MSLD^{2}L 的讨论和分析

7.7.1　目标函数中各功能项的作用

本实验主要评估目标函数中各个功能项的作用，包括 $E_{\text{represent}}$、E_{lowrank}、$E_{\text{discriminant}}$ 和 E_{mapping}。对于 $E_{\text{represent}}$、E_{lowrank} 和 $E_{\text{discriminant}}$，具体方式是在执行 SLD^{2}L 的过程中分别去掉这些项中的一个来观察它们的作用。对于 E_{mapping}，通过将每个映射矩阵设置为单位矩阵来观察它的作用。这里，以 1/8 采样率情况下在 VIPeR 数据集上的实验为例。图 7-8 展示了 SLD^{2}L 方法利用或去掉某一个功能项（或将映射矩阵设置为单位矩阵）情况下的匹配结果比较。可以发现，不利用这些功能项，SLD^{2}L 的正确匹配率均会下降，这意味着这些功能项在方法中起到了各自应有的作用。

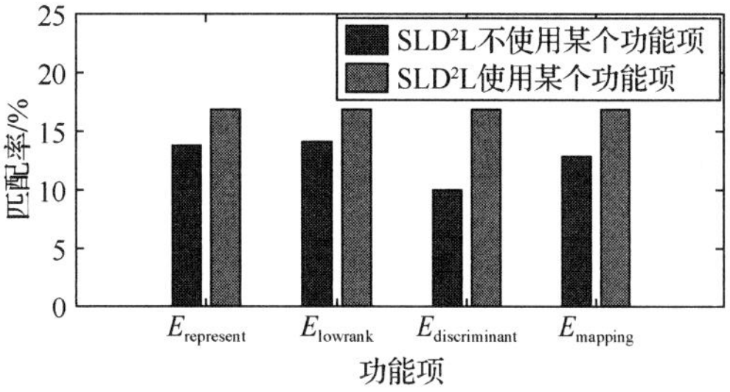

图 7-8　VIPeR 数据集上 SLD^{2}L 使用/不使用某个功能项

7.7.2　图像块大小的影响

本实验观察图像块的大小对于方法性能的影响。在实验过程中分别使用不同的图像块尺寸（每个图像块的宽和高相同）对行人图像进行划分，然后观察每种尺寸下 SLD^{2}L 和 MVSLD^{2}L 的性能。图 7-9 展示了 SLD^{2}L 和 MVSLD^{2}L 方法在不同图像块尺寸下在 VIPeR 数据集上的匹配率。可以看到，当图像块小于 16 像素时，SLD^{2}L 和 MVSLD^{2}L 方法能够取得较为稳定的性能。类似的结果也可以在其他几个数据集上观察到。因此，在实际应用中，很容易为 SLD^{2}L 和 MVSLD^{2}L 选择一个合适的图像块尺寸，使其能够取得较好的结果。

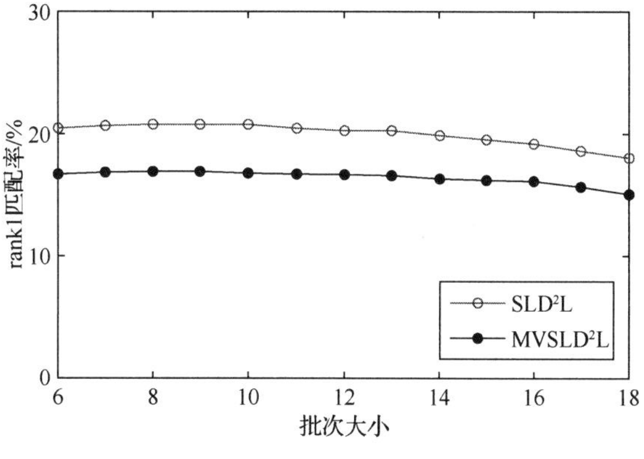

图 7-9　VIPeR 数据集上 SLD^{2}L 和 MVSLD^{2}L 在不同图像块大小情况下的匹配率

7.7.3　聚类个数的影响

为了评价聚类个数对 SLD^{2}L 和 MVSLD^{2}L 方法的影响，将聚类个数从 8 变化到 80（步长为 8），并观察方法的性能。实验中发现，当聚类个数高于 80 时，一些聚类中样本的个数可能会较少，不足以学习聚类子字典。图 7-10 所示为 VIPeR

数据集上 SLD^{2}L 和 MVSLD^{2}L 在不同聚类个数情况下的匹配率。从图 7-10 中可以看出，当聚类个数大于 32 时，SLD^{2}L 和 MVSLD^{2}L 方法的性能是基本稳定的。类似的结果在其他几个数据集中也可以观察到。

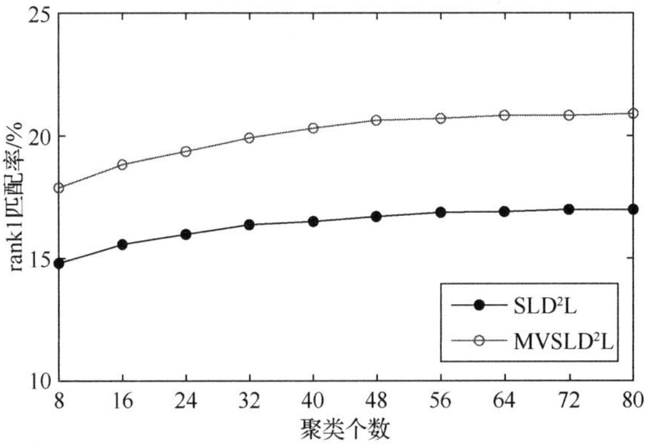

图 7-10　VIPeR 数据集上 SLD^{2}L 和 MVSLD^{2}L 在不同聚类个数情况下的匹配率

7.7.4　字典大小的影响

为了研究字典大小对 SLD^{2}L 和 MVSLD^{2}L 方法性能的影响，在执行实验过程中依次为子字典的大小（子字典的原子个数）设置不同的值，并观察方法性能的变化。图 7-11 展示了 VIPeR 数据集上各方法在各种字典大小情况下的性能。可以观察到，当子字典原子个数大于 32 时，SLD^{2}L 和 MVSLD^{2}L 可以取得较好的结果。在其他几个数据集上也可以获得类似的实验结果。因此，很容易选择一个能够使 SLD^{2}L 和 MVSLD^{2}L 获得较好结果的子字典大小。

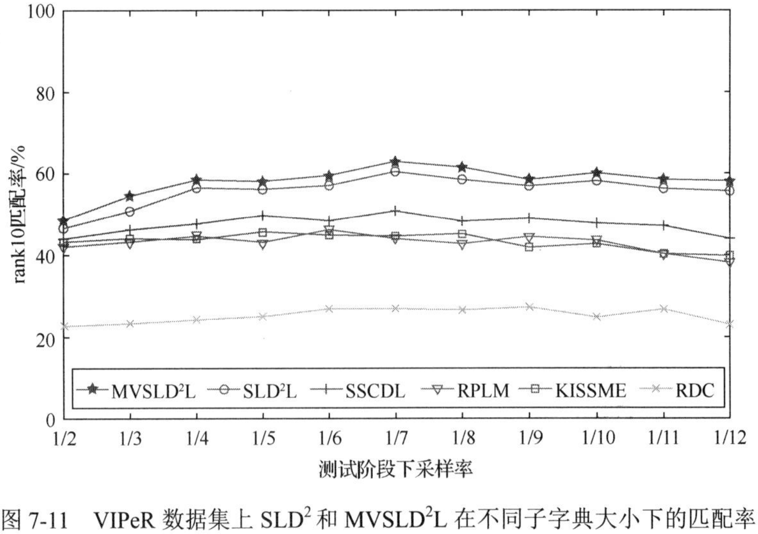

图 7-11　VIPeR 数据集上 SLD^2 和 MVSLD^{2}L 在不同子字典大小下的匹配率

7.7.5　低分辨率测试图像的分辨率的影响

本实验重点研究低分辨率测试图像分辨率的变化对学到的模型的性能的影响。具体地，首先在 1/8 尺度比情况下训练每个方法的模型（Probe 图像的分辨率是 Gallery 图像分辨率的 1/8），然后利用不同尺度比（变化范围为[1/12, 1/2]）的测试图像对得到的模型的性能进行评估。图 7-11 展示了 VIPeR 数据集上的测试结果。可以观察到：①本章所提方法总体上取得了比其他方法更好的结果。②当测试图像的尺度比例在 1/12～1/4 时，所有方法均能取得相对稳定的性能。因此，本章所提方法对于尺度比例在训练尺度比例一定范围内的测试图像是鲁棒的。从其他数据集和尺度比例的实验结果中也可以得出类似的结论。

7.7.6　Probe 图像为混合分辨率情况下的对比

为进一步评估方法的有效性，在一个更加实际的设置下进行了实验：测试阶段，Probe 集合由若干种不同分辨率的图像构成。这里，以 1/8 尺度比例情况下训练得到的模型为例，使用的 Probe 图像集合包含 4 种不同分辨率，分别是 Gallery 图像分辨率的 1/2、1/4、1/8 和 1/12，其中每种分辨率的图像数量相同。表 7-14 报告了 VIPeR 数据集上所有方法的匹配结果。从表 7-14 中可以看出，本章提出的方法依旧能够取得比对比方法更好的结果。以 rank 5 匹配率为例，SLD^2L 方法至少可以提升 7.63 个百分点（37.76%-30.13%）。

表 7-14　1/8 采样率情况下 VIPeR 数据集上排名前 r 的匹配率［其中测试阶段使用的 Probe 集合中包含 4 种分辨率的图像（1/2、1/4、1/8 和 1/12）］

（单位：%）

方法	r=1	r=5	r=10	r=20	r=50
RDC	4.16	15.86	24.66	37.94	51.49
SSCDL	9.65	30.13	45.69	66.75	88.02
RPLM	8.17	25.84	41.13	61.06	81.59
KISSME	9.44	28.80	42.35	63.34	84.49
SLD^2L	13.64	37.76	53.15	70.03	91.76
$MVSLD^2L$	15.72	40.17	56.42	72.86	92.91

7.7.7　低分辨率训练图像的分辨率的影响

本实验研究低分辨率训练图像的分辨率的改变对于模型的影响。具体地，首先分别在多种尺度比例下（在[1/12, 1/2]范围内）训练 SLD^2L 和 $MVSLD^2L$ 模型，然后使用尺度比例为 1/8 的测试图像对训练得到的模型进行评估。图 7-12 展示了

VIPeR 数据集上 SLD^{2}L 和 MVSLD^{2}L 方法的匹配结果。可以观察到，当训练图像的尺度比例在 1/12～1/4 时，SLD^{2}L 和 MVSLD^{2}L 方法能够获得相对稳定的性能。换句话说，给定某个尺度比例的测试图像，可以在测试尺度比例的一定范围内准备训练图像。其他数据集的结果中也可以得出类似的结论。

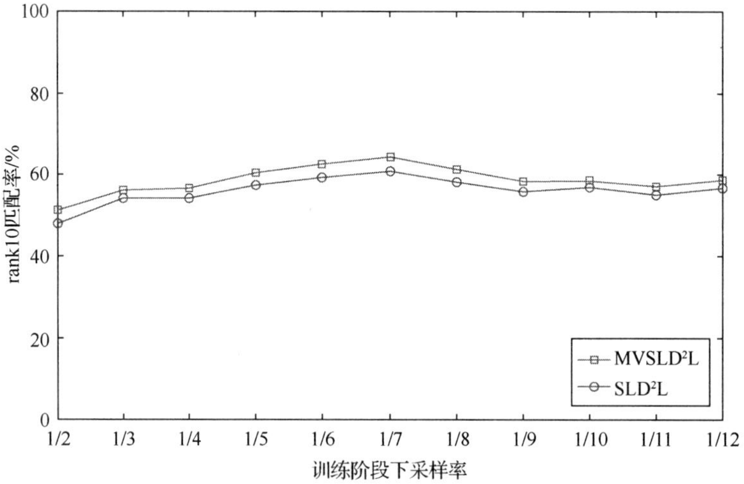

图 7-12　VIPeR 数据集上各尺度比例下学到的模型的匹配率对比
（其中测试图像的尺度比例为 1/8）

7.7.8　特征数量的影响

本实验研究使用的特征数量对 MVSLD^{2}L 方法的影响。除了前面实验中用到的 HSV、LAB 和 LBP 特征，又使用了另外 3 种可视化外观特征，包括 RGB、HSI（hue saturation intensity）和 HOG 特征[23]。实验中，通过改变使用的特征数量来观察 MVSLD^{2}L 性能的变化。用 THREE 表示 MVSLD^{2}L 使用了 HSV、LAB 和 LBP 特征，用“THREE+X”表示 MVSLD^{2}L 使用了 HSV、LAB、LBP 特征，以及 RGB、HSI 和 HOG 特征中的一个或多个特征。

表 7-15 报告了 VIPeR 数据集上 MVSLD^{2}L 使用不同数量的特征情况下的匹配率。可以看出，使用更多的特征可以提升 MVSLD^{2}L 的重识别性能。具体地，和使用 3 种特征时的匹配率相比，在使用 4 种、5 种和 6 种特征时，MVSLD^{2}L 的 rank 10 匹配率分别被提升了 2.14 个百分点（63.38%-61.24%）、4.91 个百分点（66.15%-61.24%）和 8.33 个百分点（69.57%-61.24%）。这意味着 MVSLD^{2}L 方法能够有效地融合多种可视化外观特征来提升重识别性能。

表 7-15　1/8 采样率情况下 VIPeR 数据集上 MVSLD²L 方法使用不同数量特征时的匹配率

（单位：%）

特征数量	r=1	r=5	r=10	r=20	r=50
THREE	20.79	45.08	61.24	81.36	96.84
THREE+RGB	22.06	49.17	65.34	85.06	97.88
THREE+HOG	21.65	46.38	63.38	83.31	97.41
THREE+HSI	21.73	47.58	64.15	84.49	97.68
THREE+RGB+HOG	22.96	50.58	66.46	86.52	98.31
THREE+RGB+HSI	23.76	52.30	68.93	88.34	98.53
THREE+HOG+HSI	22.57	50.08	66.15	85.33	97.91
THREE+RGB+HOG+HSI	24.62	52.96	69.57	88.86	98.79

7.7.9　MVSLD^{2}L 和 SSCDL 方法的进一步比较

MVSLD^{2}L 方法首先对高分辨率的 Gallery 图像执行下采样操作来产生对应的低分辨率 Gallery 图像，然后利用高、低分辨率 Gallery 图像及低分辨率的 Probe 图像进行字典学习。为了和基于字典学习的方法 SSCDL 进行一个更深层次的比较，本实验在相同设置下执行 SSCDL。然而，SSCDL 专门用于建立两个摄像头之间的联系，无法直接用来发掘 3 个样本集之间的关系（高分辨率 Gallery、低分辨率 Gallery 和低分辨率 Probe 集合）。因此，在本实验中使用 SSCDL 分别学习高分辨率 Gallery 和低分辨率 Gallery 集合之间的关系，以及低分辨率 Gallery 和低分辨率 Probe 集合之间的关系。图 7-13 展示了在执行 SSCDL 过程中用到的训练和测试框架。表 7-16 报告了本章所提方法和 SSCDL 的对比结果，其中“+Both”表示 SSCDL 在重识别过程中使用了高、低分辨率 Gallery 图像。可以看到，尽管 SSCDL 使用了高、低分辨率 Gallery 图像，其性能提升却很有限，与 MVSLD^{2}L 方法的性能相比依然存在一定的差距。

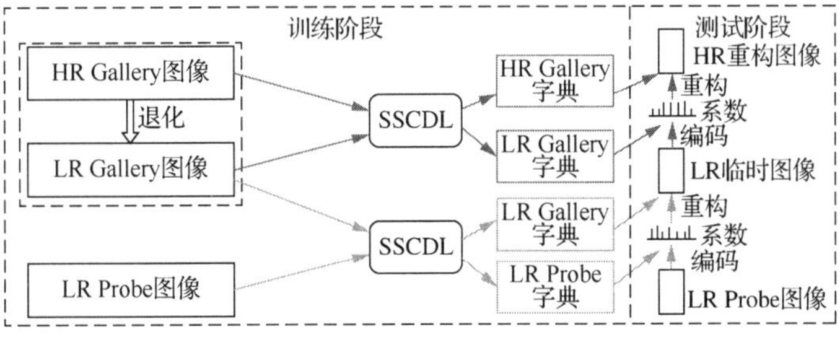

图 7-13　使用高、低分辨率 Gallery 图像及低分辨率 Probe 图像对 SSCDL 进行训练和测试的框架

表 7-16　1/8 采样率情况下 VIPeR 数据集上本章所提方法与 SSCDL 的排名前 *r* 的匹配率（其中 SSCDL 同时使用了高、低分辨率的 Gallery 图像）

（单位：%）

方法	*r*=1	*r*=5	*r*=10	*r*=20	*r*=50
SSCDL+Both	14.85	39.13	55.92	76.28	92.96
SLD^2L	16.86	41.22	58.06	79.00	95.57
$MVSLD^2L$	20.79	45.08	61.24	81.36	96.84

7.7.10　计算代价

SLD^2L 和 $MVSLD^2L$ 方法的计算代价与字典大小及图像块的个数成正比。除此之外，$MVSLD^2L$ 的计算代价和特征类型的个数也有关系，特征个数增多，$MVSLD^2L$ 的计算代价会随之增加。在台式计算机（CPU：Intel I7 四核 3.4GHz，内存：8GB）上运行的程序，在 VIPeR 数据集上学习字典和映射所花费的时间大约为 2h。然而，$MVSLD^2L$ 方法对于一张 Probe 图像的平均测试时间小于 0.6s。对于 $MVSLD^2L$ 来说，由于使用每种特征学习字典对和映射的过程是互相独立的，因此可以很容易地以并行的方式来执行，进而获得和 SLD^2L 类似的运行时间。

参 考 文 献

[1] LI S, SHAO M, FU M. Cross-view projective dictionary learning for person re-identification[C]//Twenty-Fourth International Joint Conference on Artificial Intelligence, 2015: 2155-2161.

[2] WU Z, LI Y, RADKE R J. Viewpoint invariant human re-identification in camera networks using pose priors and subject-discriminative features[J]. IEEE Transactions on Pattern Analysis and Machine Intelligence, 2014, 37(5): 1095-1108.

[3] ZHAO R, OUYANG W, WANG X. Unsupervised salience learning for person re-identification[C]//Proceedings of the IEEE Conference on Computer Vision and Pattern Recognition, 2013: 3586-3593.

[4] HIRZER M, BELEZNAI C, ROTH P M., et al. Person re-identification by descriptive and discriminative classification[C]//Scandinavian Conference on Image Analysis, 2011: 91-102.

[5] TAHIR S F, CAVALLARO A. Cost-effective features for re-identification in camera networks[J]. IEEE Transactions on Circuits and Systems for Video Technology, 2014, 24(8): 1362-1374.

[6] SALVAGNINI P, BAZZANI L, CRISTANI M, et al. Person re-identification with a ptz camera: an introductory study[C]//2013 IEEE International Conference on Image Processing, 2013: 3552-3556.

[7] HIRZER M, ROTH P M, KOESTINGER M, et al. Relaxed pairwise learned metric for person re-identification[C]//European Conference on Computer Vision, 2012: 780-793.

[8] ZHENG W S, GONG S, XIANG T. Re-identification by relative distance comparison[J]. IEEE Transactions on Pattern Analysis and Machine Intelligence, 2012, 35(3): 653-668.

[9] LIU X, SONG M L, TAO D C, et al. Semi-supervised coupled dictionary learning for person re-identification[C]//Proceedings of the IEEE Conference on Computer Vision and Pattern Recognition, 2014: 3550-3557.

[10] YANG J C, WANG Z W, LIN Z, et al., Coupled dictionary training for image super-resolution[J]. IEEE Transactions on Image Processing, 2012, 21(8): 3467-3478.

[11] WANG X G, DORETTO G, SEBASTIAN T, et al. Shape and appearance context modeling[C]//2007 IEEE 11th International Conference on Computer Vision, 2007: 1-8.

[12] WANG S L, ZHANG L, LIANG Y, et al. Semi-coupled dictionary learning with applications to image super-resolution and photo-sketch synthesis[C]//2012 IEEE Conference on Computer Vision and Pattern Recognition, 2012: 2216-2223.

[13] MA L, WANG C H, XIAO B H, et al. Sparse representation for face recognition based on discriminative low-rank dictionary learning[C]//2012 IEEE Conference on Computer Vision and Pattern Recognition, 2012: 2586-2593.

[14] LIN C J. Projected gradient methods for nonnegative matrix factorization[J]. Neural Computation, 2007, 19(10): 2756-2779.

[15] GRAY D, BRENNAN S, TAO H. Evaluating appearance models for recognition, reacquisition, and tracking[J]. International Journal of Computer Vision, 2007, 89(2): 56-68.

[16] ZHENG W S, GONG S G, XIANG T. Associating groups of people[C]//Proceedings of the British Machine Vision Conference, 2009: 1-11.

[17] ESS A, LEIBE B, VAN GOOL L. Depth and appearance for mobile scene analysis[C]// 2007 IEEE 11th International Conference on Computer Vision, 2007: 1-8.

[18] LI W, ZHAO R, WANG X. Human re-identification with transferred metric learning[C]//Asian Conference on Computer Vision, 2012: 31-44.

[19] KOESTINGER M, HIRZER M, WOHLHART P, et al. Large scale metric learning from equivalence constraints[C]// 2012 IEEE Conference on Computer Vision and Pattern Recognition, 2012: 2288-2295.

[20] HUANG H, HE H. Super-resolution method for face recognition using nonlinear mappings on coherent features[J]. IEEE Transactions on Neural Networks, 2010, 22(1): 121-130.

[21] HIRZER M, PETER M R, BISCHOF H. Person re-identification by efficient impostor-based metric learning [C]//2012 IEEE Ninth International Conference on Advanced Video and Signal-Based Surveillance, 2012:203-208.

[22] WANG Y M, HU R M, LIANG C, et al. Camera compensation using a feature projection matrix for person re-identification[J]. IEEE Transactions on Circuits and Systems for Video Technology, 2014, 24(8): 1350-1361.

[23] DALAL N, TRIGGS B. Histograms of oriented gradients for human detection[C]//2005 IEEE Computer Society Conference on Computer Vision and Pattern Recognition (CVPR'05), 2005: 886-893.

第 8 章 基于双重特征的字典学习

8.1 背景与贡献

随着我国经济的飞速发展，出现了社会利益主体日益多元化、利益诉求多样化等状况，因此，提高现代化的安防技术就变得越来越重要。

针对我国目前安全形势面临的巨大挑战，公安部先后采取了一系列的措施。例如，公安部于 2006 年开始对全国城市报警与监控系统建设试点工程进行了综合部署，先后在全国数百个城市投入数千亿元建设“平安城市”工程，旨在整合社会视频监控与报警资源，提高社会治安综合防控能力。2012 年公安部再次发布《全国公安机关视频图像信息整合与共享工作任务书》[1]，全面建设和优化视频监控系统及相关设施。这些措施的实施一方面极大地提高了社会治安防控的能力，但另一方面也暴露出了诸多亟待解决的问题。其中，针对特定嫌疑目标的监控视频检索问题显得尤为突出。

随着城市视频监控系统的普及，公安刑事侦查破案方式发生了巨大的变化。在实际的视频侦查工作中，侦查人员通常需要查看案发现场附近区域及案发时间前后的大量监控视频，从多个摄像头拍摄到的视频中查找同一个可疑目标的活动画面及轨迹，以便迅速锁定和追踪可疑目标。然而，由于缺乏可靠的自动化分析与搜索技术，目前的视频侦查工作主要通过人工浏览的方式来寻找嫌疑目标。人工浏览的方式不仅耗费大量的人力和时间，而且极容易错过破案的最佳时机，同时也无法适应现代刑侦工作的需求。因此，针对特定目标（尤其是人）的视频检索已成为刑侦工作中亟待解决的重要研究课题。在计算机视觉领域，学者们把这种在无重叠多摄像头场景中针对某个特定目标行人的检索问题称为行人重识别问题[2]。

正是所研究的行人重识别问题的特殊性，使得该问题不仅成为亟待解决的实际需求，而且在安防方面具有非常重要的研究价值。因此，解决行人重识别的问题一方面会大大提高刑侦工作的工作效率，另一方面也对预防犯罪、维护社会稳定具有重要的意义。

8.1.1 研究内容

一般的行人重识别方法都是先提取行人图像的特征，然后在此基础上，对提取的特征计算相似度或者学习距离度量。然而，由于行人重识别问题中存在同一个人的两张图像相似度小于不同人的图像相似度的情况，并且由于实际环境中受到光照、角度和姿态变化的影响，仅仅使用行人特征不能最大限度地消除这些差异。近些年，稀疏表示和度量学习方法在计算机视觉领域开始逐渐应用并取得了不错的效果，尤其是稀疏表示具有良好的鲁棒性，对于光照、姿态和遮挡等都有很好的效果。由于一般行人重识别算法都对行人图像提取多种特征，然而在使用这些特征时并没有考虑不同特征之间的差异，大多数采用多种特征融合的方式。这些做法没有充分利用各种特征包含的内在属性，同时也忽略了不同摄像头之间的差异。本章主要研究内容如下：

1）现有的研究已表明，可以通过对每张图像提取多种特征来获得更多鉴别信息，然后从多种特征中学习距离度量，这样就能比从单一特征进行学习获得更多的鉴别信息。由于不同种类的特征具有不同的特性，如果把所有的特征融合学习一个公共度量，就忽视了不同种类的特征之间的差异。在实际的行人重识别问题中，颜色特征和纹理特征是最普遍使用的特征，并且也是最容易受到外界因素的影响的两种特征。所以，本章主要从颜色特征和纹理特征的角度进行研究。本章采用的是对不同种类的特征学习不同的度量空间的思想，对每张图像提取的是两种特征（颜色特征和纹理特征）。在训练过程中，对两个摄像头中的颜色特征共同学习一个距离度量，对两个摄像头中的纹理特征共同学习另一个距离度量，这样学习得到的两个距离度量中保留了特征的原有属性。

2）对两个摄像头中提取的所有种类的特征分别进行稀疏表示，即对两个摄像头中的同种特征（如颜色特征）进行联合稀疏编码，这样两个摄像头中同种特征就学习到了一个对应的耦合字典对。这些字典可以将每个摄像头中的每种特征进行稀疏编码。本章利用这些耦合字典来反映不同摄像头之间的差异和不同特征之间的差异。在测试过程中，测试样本的特征通过对应的字典进行稀疏编码，将测试样本的特征恢复到基准样本的特征空间中，然后进行相似度比较。值得一提的是，这种对特征使用稀疏表示的方法已经得到了一些研究[3, 4]的验证，并取得了不错的结果。

8.1.2　相关工作

由于行人重识别问题具有非常重要的理论价值和广泛的应用前景，因此吸引了国内外许多著名的研究机构和学者的研究。其中代表性的国外研究小组包括美国 Houston 大学的 Quantitative Imaging 实验室、法国 Public Science and Technology Institution、德国 Karlsruhe Institute of Technology 和英国 Queen Mary of London 大学的 Queen Mary Vision 实验室等；目前，国内主要包括清华大学、中科院计算技术研究所、浙江大学、武汉大学和华中科技大学等多所科研机构。

最早提出行人重识别的著作可以追溯到 2003 年，但是行人重识别的相关技术大多数是在 2008 年开始研发的。最近几年，解决行人重识别问题的计算机视觉技术有了巨大的发展，最明显的证据就是国际上一些权威的学术期刊发表了多篇相关文章，如 IEEE Transactions on Pattern Recognition and Machine Intelligence（PAMI）、Pattern Recognition（PR），以及一些学术会议，如 IEEE Conference on Computer Vision and Pattern Recognition（CVPR）、IEEE International Conference on Computer Vision（ICCV）、European Conference on Computer Vision（ECCV）、IEEE International Conference on Image Processing（ICIP）等。这也使得行人重识别问题受到越来越多的关注。

目前，根据国内外研究学者对行人重识别所做的大量工作可知，现在的行人重识别研究大致可以分为两个方面。①研究具有鉴别能力的特征表示方法，并且这种特征具有很好的鲁棒性，即使在视角和光照都发生变化的情况下，这种特征也能保持良好的鉴别能力。②研究度量学习的方法对行人重识别模型的参数进行优化。通过度量学习得到一个度量空间，使得在这个度量空间中同一个人的图像相似度比不同人的图像的相似度更大。

基于特征表示的行人重识别方法主要考虑利用某些约束提取具有鉴别能力的特征描述，然后使用标准距离（如曼哈顿距离、欧氏距离等）进行相似性度量。虽然研究者尽可能地使得到的特征描述具有较好的鲁棒性（理想情况下，应该提取对光照、角度、背景、遮挡和图像分辨率都具有鲁棒性的特征），然而在行人重识别的环境中，并不清楚是否存在一种能够对所有行人的各个角度都能够稳定地进行表示的特征。特征的鉴别能力、稳定性和特征的计算复杂度等几乎都和摄像头的角度变化及摄像头视角中不同行人的外貌特征有着密切的联系。此外，由于行人图像中背景的影响，从图像中提取无噪声且稳定的行人特征变得更加困难。目前，比较流行的行人重识别方法是距离度量学习方法。这种距离度量学习的主要思路是寻找最佳的度量空间，使得所有投影到该度量空间中的同类样本之间的距离小于不同类样本之间的距离。这种方法可以被认为是一种以数据驱动的特征挖掘技术。虽然度量学习方法在行人重识别方面取得了较好的性能，但该方法在学习过程中往往需要大量的训练样本，当样本不足时，其性能难以令人满意。

随着信息技术的不断发展，人们可以越来越方便地从不同角度描述对象，于是多视图数据应运而生。在模式识别领域，把针对同一模式从多种途径或角度进行描述的数据称为多视图数据。目前的生物特征识别技术已经开始使用多视图数据的思想，即将每一种数据看作一个视图，多种数据就形成了多视图数据。这种方法使得基于生物特征识别的方法可以从多种数据描述的角度进行识别。例如，在多光谱数据中，人们采集到的掌纹或者指纹等数据通常包括红、绿、蓝、近红外光谱信息，这些光谱数据都是对同一对象从不同的角度进行描述的。在虹膜识别中，为了更全面地描述虹膜图像，通常会对同一虹膜图像提取多种特征，如 Gabor 特征[5]、LBP 特征[6]和 PCA 特征[7]来分别描述同一虹膜。不仅如此，甚至对不同姿态的人脸数据，如人脸旋转角度为-30°、-15°、0°、15°、30°，也可以将每一种姿态的变化数据看作一个视图。更为广义地说，多视图数据包含多模态数据。例如，在亲属关系识别的研究中[8]，作者认为，从每一张人脸图像中提取多种特征可以得到更多的鉴别信息。另外，这种方式可以从多种特征中学习到更令人满意的距离度量，同时相比从单一特征中进行度量学习，它能够获得更多的鉴别信息。另外，在自然语言理解中，同一语义对象通常可以用不同的语言、文字或是图像进行表达，这些不同的表述方法构成了语义对象中的不同视图。传统方法中单一的特征往往难以充分准确地捕捉到高层语义信息。与之对应的是，利用多种类型特征进行学习则有利于机器对高层语义的理解。实际上，已经有文献[9, 10]证实在语音识别问题中利用多视图的数据进行学习和建模通常要比直接利用底层或是单一的数据进行学习效果要好得多。因此，多视图数据已经涉及了很广泛的实际问题。通过上述分析可知，将多视图的思想应用到模式识别任务中对其是非常有利的。

近年来，稀疏表示已经广泛应用于图像恢复、压缩感知和人脸识别等领域中。其中，Huang 等首次对信号应用稀疏表示来分类，在稀疏分解的目标函数中加入 Fisher 判别分析，这样得到的稀疏分解系数既具有重构信号的重要信息，又有良好的判别性。Yang 等[11]基于压缩感知和稀疏表示的理论提出了基于 SRC 方法，并已经在人脸数据库中得到了非常好的识别效果。

然而，由于行人重识别问题和一般的人脸识别、指纹识别等问题存在着诸多不同，而且又是最近几年提出的新问题，因此基于多视图的行人重识别方法的研究还处于初级阶段。目前，根据行人重识别问题的特殊性，多视图行人重识别方法大致分为两类。①由于行人重识别问题中存在多个摄像头对同一个行人采集图像的情况，因此某些研究[12-15]把每个摄像头中得到的数据看作一个视图。其中，文献[10]对每个摄像头及任意两个摄像头之间都学习一个度量。②文献[14]则首先对图像提取多种特征，将每一种特征看作一个视图；然后为每一种特征计算出一个核矩阵；最后，利用这些核矩阵训练出一个多视图分类器。

近些年，随着计算机视觉技术的日益发展，学者们对行人重识别领域的研究已经取得了显著的进步。然而，由于实际环境中行人重识别问题比较复杂，大多数的研究都只是在理论的条件下实现的，同时在一些关键技术上仍然缺乏有效的理论依据和技术支持。现在的行人重识别技术距离实际的应用还有相当大的差距，因此对行人重识别问题的研究任重而道远。

8.2　基于双重特征的度量学习

8.2.1　算法基本思想

本算法主要考虑摄像头中不同特征之间的差异，根据两个摄像头中不同种类的特征，分别为每种特征学习一个距离度量。这样就可以使两个摄像头中同类的特征投影到相同的度量空间中进行计算。本算法的训练过程和测试过程分别如图 8-1 和图 8-2 所示。

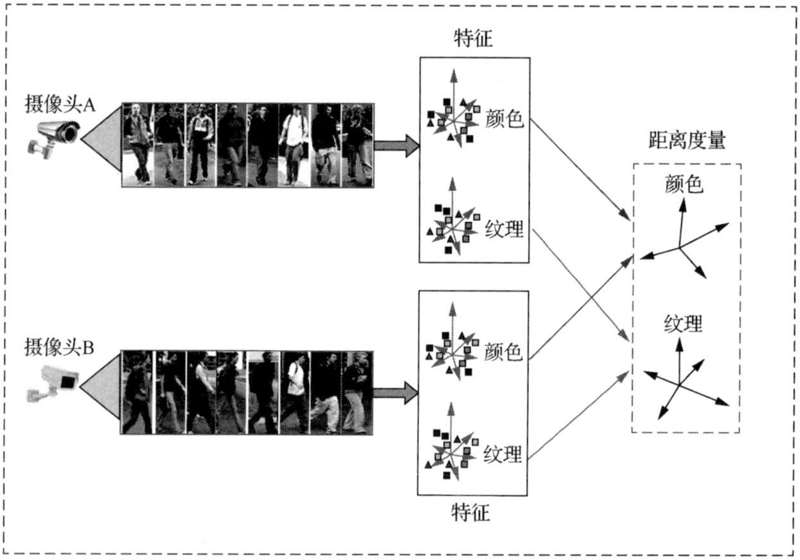

图 8-1　训练过程

如图 8-1 所示，在训练阶段，本算法利用两个摄像头中的同类特征进行度量学习，即摄像头 A 中的颜色特征与摄像头 B 中的颜色特征共同学习，获得一个颜色特征的距离度量；同样，摄像头 A 中的纹理特征与摄像头 B 中的纹理特征共同学习，获得一个纹理特征的距离度量。此时学习到的两个距离度量能够反映摄像头中不同种类特征之间的差异。

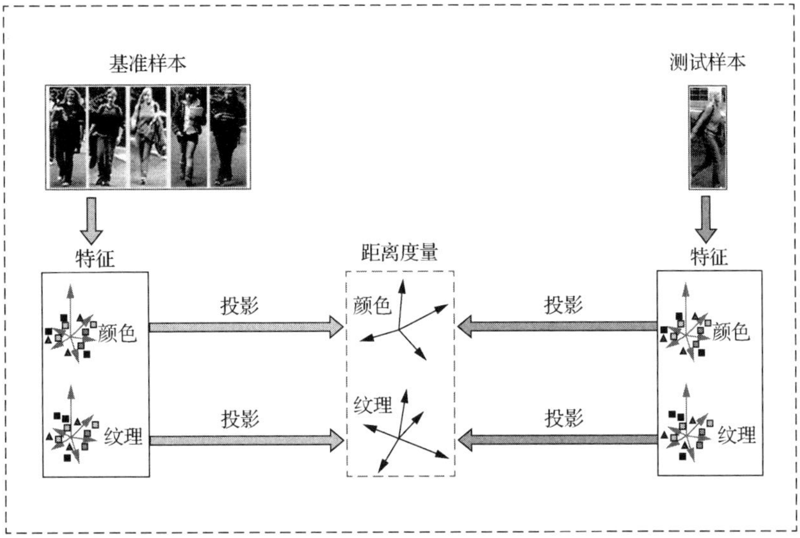

图 8-2　测试过程

如图 8-2 所示，在测试阶段，本算法对基准样本和测试样本均提取颜色特征和纹理特征。然后分别将这两类特征投影到颜色度量空间和纹理距离空间中。在这两个度量空间中分别计算测试样本与每个基准样本的两类特征的欧氏距离，将一个测试样本与一个基准样本的两类特征的欧氏距离相加，所得到的和就是测试样本与该基准样本的距离。同样，再计算测试样本与其他基准样本的距离。最后，把测试样本划分到距离最小的基准样本类别中。

8.2.2　目标函数介绍

本算法从统计推断的角度研究度量学习。我们分别对颜色特征和纹理特征学习一个距离度量，学习的过程及思路均相同，仅仅是特征种类不同。因此，本节只介绍在其中一种特征空间（如摄像头 A 和摄像头 B 的颜色特征空间）上进行度量学习的具体过程，其他的度量学习过程相同，只需将学习时的输入数据更换成相应的特征即可。

本方法中，用 $\boldsymbol{x}_i^k$ 表示第 i 个训练样本，其中 k 表示该样本的第 k 类特征（k=1,2， k=1 表示颜色特征， k=2 表示纹理特征）。用 $(\boldsymbol{x}_i^k,\boldsymbol{x}_j^k)$ 表示一个样本对。同时，我们假设 T_0 表示样本对 $(\boldsymbol{x}_i^k,\boldsymbol{x}_j^k)$ 是不同类的，T_1 表示样本对 $(\boldsymbol{x}_i^k,\boldsymbol{x}_j^k)$ 是同类的。本文从统计推断的角度进行分析，将样本对 $(\boldsymbol{x}_i^k,\boldsymbol{x}_j^k)$ 是不同类与同类的关系用如下的形式表示：

$$\delta(\boldsymbol{x}_i^k,\boldsymbol{x}_j^k)=\log\left(\frac{P(\boldsymbol{x}_i^k,\boldsymbol{x}_j^k\mid T_0)}{P(\boldsymbol{x}_i^k,\boldsymbol{x}_j^k\mid T_1)}\right) \tag{8-1}$$

$\delta(\boldsymbol{x}_i^k,\boldsymbol{x}_j^k)$ 的值越高，意味着 T_0 越接近真实情况；$\delta(\boldsymbol{x}_i^k,\boldsymbol{x}_j^k)$ 的值越低，意味着样本对 $(\boldsymbol{x}_i^k,\boldsymbol{x}_j^k)$ 可以被认为是同类。

8.2.3 目标函数求解

为了方便研究，我们把研究的问题放到均值为零的差分对 $\boldsymbol{x}_{ij}=\boldsymbol{x}_i^k-\boldsymbol{x}_j^k$ 所在的空间中。因此，式（8-1）可以被重新改写成如下形式：

$$\delta(\boldsymbol{x}_{ij})=\log\left(\frac{p(\boldsymbol{x}_{ij}\mid T_0)}{P(\boldsymbol{x}_{ij}\mid T_1)}\right)=\log\left(\frac{f(\boldsymbol{x}_{ij}\mid\theta_0)}{f(\boldsymbol{x}_{ij}\mid\theta_1)}\right) \tag{8-2}$$

式中，$f(\boldsymbol{x}_{ij}\mid\theta_1)$ 是一个概率密度函数；参数 θ_1 表示样本对 $(\boldsymbol{x}_i^k,\boldsymbol{x}_j^k)$ 是同类样本；θ_0 表示样本对 $(\boldsymbol{x}_i^k,\boldsymbol{x}_j^k)$ 是不同类样本。假设差分对所在的空间符合高斯分布，故式（8-2）可以改写成如下形式：

$$\delta(\boldsymbol{x}_{ij})=\log\left(\frac{\dfrac{1}{\sqrt{2\pi\,|\boldsymbol{\Sigma}_{y_{ij}=0}|}}\exp\left(-\dfrac{1}{2}\boldsymbol{x}_{ij}^{\mathrm{T}}\boldsymbol{\Sigma}_{y_{ij}=0}^{-1}\boldsymbol{x}_{ij}\right)}{\dfrac{1}{\sqrt{2\pi\,|\boldsymbol{\Sigma}_{y_{ij}=1}|}}\exp\left(-\dfrac{1}{2}\boldsymbol{x}_{ij}^{\mathrm{T}}\boldsymbol{\Sigma}_{y_{ij}=1}^{-1}\boldsymbol{x}_{ij}\right)}\right) \tag{8-3}$$

式中，$y_{ij}=1$ 表示样本对属于同类；$y_{ij}=0$ 表示样本对属于不同类。

$$\boldsymbol{\Sigma}_{y_{ij}=1}=\sum_{y_{ij}=1}(\boldsymbol{x}_i^k-\boldsymbol{x}_j^k)(\boldsymbol{x}_i^k-\boldsymbol{x}_j^k)^{\mathrm{T}} \tag{8-4}$$

即 $\boldsymbol{\Sigma}_{y_{ij}=1}$ 表示同类的样本对的协方差矩阵。

$$\boldsymbol{\Sigma}_{y_{ij}=0}=\sum_{y_{ij}=0}(\boldsymbol{x}_i^k-\boldsymbol{x}_j^k)(\boldsymbol{x}_i^k-\boldsymbol{x}_j^k)^{\mathrm{T}} \tag{8-5}$$

即 $\boldsymbol{\Sigma}_{y_{ij}=0}$ 表示不同类样本对的协方差矩阵。

本算法中的差分对 $\boldsymbol{x}_{ij}=\boldsymbol{x}_i^k-\boldsymbol{x}_j^k$ 是对称的。通过对式（8-3）的分解和化简，我们可以得到如下公式：

$$\delta(\boldsymbol{x}_{ij})=\boldsymbol{x}_{ij}^{\mathrm{T}}\boldsymbol{\Sigma}_{y_{ij}=1}^{-1}\boldsymbol{x}_{ij}+\log(|\boldsymbol{\Sigma}_{y_{ij}=1}|)-\boldsymbol{x}_{ij}^{\mathrm{T}}\boldsymbol{\Sigma}_{y_{ij}=0}^{-1}\boldsymbol{x}_{ij}-\log(|\boldsymbol{\Sigma}_{y_{ij}=0}|) \tag{8-6}$$

由于式（8-6）中的某些常数项仅起到偏移量的作用，因此，我们将式（8-6）继续简化成如下形式：

$$\delta(\boldsymbol{x}_{ij})=\boldsymbol{x}_{ij}^{\mathrm{T}}(\boldsymbol{\Sigma}_{y_{ij}=1}^{-1}-\boldsymbol{\Sigma}_{y_{ij}=0}^{-1})\boldsymbol{x}_{ij} \tag{8-7}$$

根据上文可知，$\boldsymbol{x}_{ij}=\boldsymbol{x}_i^k-\boldsymbol{x}_j^k$。因此，式（8-7）通过形式变换可以得到公式：

$$\delta(\boldsymbol{x}_{ij}) = d_M^2(\boldsymbol{x}_i^k, \boldsymbol{x}_j^k) = (\boldsymbol{x}_i^k - \boldsymbol{x}_j^k)^{\mathrm{T}} M(\boldsymbol{x}_i^k - \boldsymbol{x}_j^k) \tag{8-8}$$

式中，$M = \boldsymbol{\Sigma}_{y_{ij}=1}^{-1} - \boldsymbol{\Sigma}_{y_{ij}=0}^{-1}$，即要求的距离度量。

上述目标函数的求解过程介绍的是样本对$(\boldsymbol{x}_i^k, \boldsymbol{x}_j^k)$属于某个特征空间（如颜色特征）时的情况，因此，可以将这个特征空间得到的距离度量表示成如下形式：

$$\boldsymbol{M}^k = \boldsymbol{\Sigma}_{y_{ij}}^{-1} = 1 - \boldsymbol{\Sigma}_{y_{ij}}^{-1} = 0 \tag{8-9}$$

8.3 基于稀疏表示的多字典学习

8.3.1 问题建模

如图 8-3 所示，在训练阶段，首先，本算法对每一个摄像头中的所有图像分别提取颜色特征和纹理特征；然后，把两个摄像头中同种类的特征进行稀疏表示，通过学习使得两个摄像头中同种类型的特征获得一个对偶字典对。

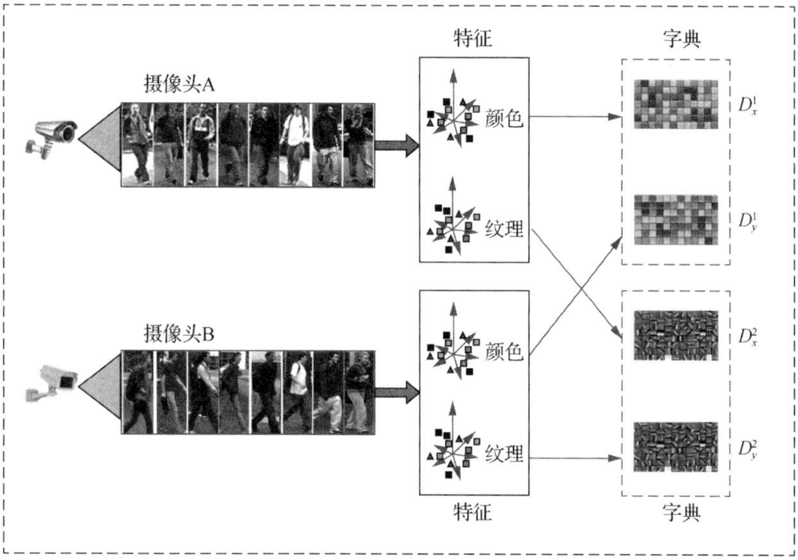

图 8-3 训练过程

如图 8-4 所示，在测试阶段，本算法首先将测试样本的特征通过各个特征对应的字典进行恢复（稀疏表示），恢复成基准样本集所处空间的特征向量；然后，计算该特征向量与基准样本集中每个特征向量的欧氏距离；最终将测试样本划分到距离最小的类别中。

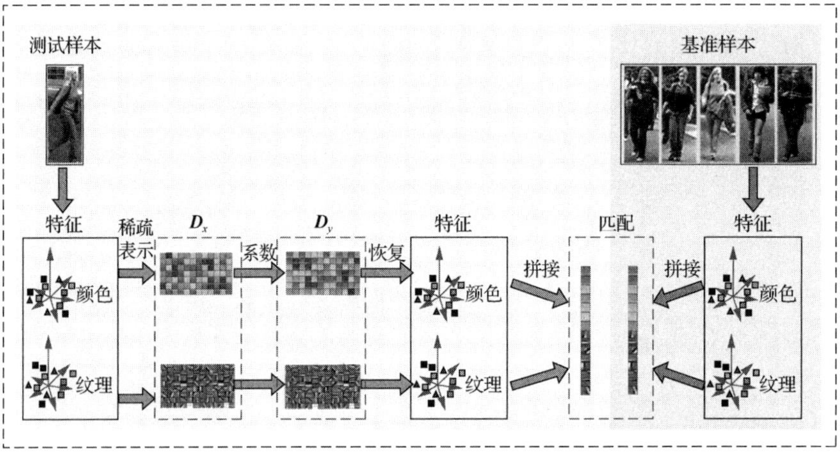

图 8-4　测试阶段

由于两个摄像头之间的各种特征进行稀疏表示的过程基本类似，只是特征不同，因此本节只详细介绍两个摄像头中某一种特征（如摄像头 A 中的颜色特征和摄像头 B 中的颜色特征）进行稀疏表示的过程，其他特征稀疏表示的过程可以类推获得。本节将两个摄像头中的同一种特征看作两个不同的特征空间：潜在空间 $X \subseteq \mathbb{R}^{d_1}$ 和观测空间 $Y \subseteq \mathbb{R}^{d_2}$，其中数据是稀疏的，即该数据可以用某个特定的字典稀疏表示。在观测空间 Y 中的数据和空间 X 中的数据是想要进行恢复或者推断的。潜在空间 X 中的数据 $\boldsymbol{x}$ 与对应的观测空间 Y 中的数据 $\boldsymbol{y}$ 之间存在着某个映射关系：$\boldsymbol{y} = F(\boldsymbol{x})$。假设该映射关系是单映射，即 $X \to Y$，这里的任务是分别为空间 X 和 Y 寻找一个耦合字典对 $\boldsymbol{D}_x^k$ 和 $\boldsymbol{D}_y^k$，其中 k 表示第 k 类特征（k=1,2，k=1 表示颜色特征，k=2 表示纹理特征）。这样，对于任意一个给定的数据 $\boldsymbol{y}_i^k \in Y$，都能够利用该数据在字典 $\boldsymbol{D}_y^k$ 上的稀疏表示恢复出与之对应的数据 $\boldsymbol{x}_i^k \in X$ 在字典 $\boldsymbol{D}_x^k$ 上的稀疏表示。严格来讲，一个理想的耦合字典对 $\boldsymbol{D}_x^k$ 和 $\boldsymbol{D}_y^k$ 对于任何数据对 $\{\boldsymbol{x}_i^k, \boldsymbol{y}_i^k\}$（此处的 $\boldsymbol{x}_i^k$ 表示空间 X 中第 i 个样本的第 k 类特征，y_i^k 表示空间 Y 中第 i 个样本的第 k 类特征）都应该满足如下等式：

$$\boldsymbol{z}_i^k = \arg\min_{\boldsymbol{\alpha}_i^k} \left\| \boldsymbol{y}_i^k - \boldsymbol{D}_y^k \boldsymbol{\alpha}_i^k \right\|_2^2 + \lambda \left\| \boldsymbol{\alpha}_i^k \right\|_1, \forall i = 1, 2, \cdots, N \tag{8-10}$$

$$\boldsymbol{z}_i^k = \arg\min_{\boldsymbol{\alpha}_i^k} \left\| \boldsymbol{x}_i^k - \boldsymbol{D}_x^k \boldsymbol{\alpha}_i^k \right\|_2^2, \forall i = 1, 2, \cdots, N \tag{8-11}$$

式中，$\{\boldsymbol{x}_i^k\}_{i=1}^N$ 为潜在空间 X 中的训练样本；$\{\boldsymbol{y}_i^k\}_{i=1}^N$ 为观测空间 Y 中的训练样本，并且 $\boldsymbol{y}_i^k = F(\boldsymbol{x}_i^k)$、$\{\boldsymbol{z}_i^k\}_{i=1}^N$ 是稀疏表示。

从两个空间之间进行数据恢复的过程可以认为该问题和压缩感知的问题大致相似[15]。在压缩感知中，观测空间和潜在空间是通过一个线性随机投影函数 F 进行联系的。字典 $\boldsymbol{D}_x^k$ 通常选择一个数学上定义的基（如小波），而 $\boldsymbol{D}_y^k$ 则可以利用线

性投影函数 F 直接通过 $\boldsymbol{D}_x^k$ 获得。在某些要求不严格的情况中，式（8-10）中 $\boldsymbol{y}_i^k$ 的稀疏表示可以用来恢复 $\boldsymbol{x}_i^k$，并且可以保证算法性能不会太差。然而，在大多数情况中并不知道映射函数 F，并且该函数可能也不是线性的形式，因此压缩感知的理论无法使用。此时，这种情况非常适合使用机器学习的方法从训练样本中学习耦合字典。

8.3.2 目标函数优化

对一个给定数据 $\boldsymbol{y}_i^k$，恢复其对应的数据 $\boldsymbol{x}_i^k$ 需要执行以下两个连续的步骤：

首先根据式（8-10）获得数据 $\boldsymbol{y}_i^k$ 在字典 $\boldsymbol{D}_y^k$ 上的稀疏表示 $\boldsymbol{z}_i^k$。其次，使用公式 $\boldsymbol{x}_i^k=\boldsymbol{D}_x^k\boldsymbol{z}_i^k$ 得到数据 $\boldsymbol{x}_i^k$。由于进行字典学习的目的是最小化数据 $\boldsymbol{x}_i^k$ 的重构误差，因此定义下面损失函数的平方：

$$L(\boldsymbol{D}_x^k,\boldsymbol{D}_y^k,\boldsymbol{x}_i^k,\boldsymbol{y}_i^k)=\frac{1}{2}\left\|\boldsymbol{D}_x^k\boldsymbol{z}_i^k-\boldsymbol{x}_i^k\right\|_2^2 \tag{8-12}$$

然后，最优化字典对 $\boldsymbol{D}_x^k$ 和 $\boldsymbol{D}_y^k$ 通过最小化式（8-12）的期望得到：

$$\begin{aligned}&\min_{\boldsymbol{D}_x^k,\boldsymbol{D}_y^k}\frac{1}{N}\sum_{i=1}^{N}L(\boldsymbol{D}_x^k,\boldsymbol{D}_y^k,\boldsymbol{x}_i^k,\boldsymbol{y}_i^k)\\&\text{s.t. }\ \boldsymbol{z}_i^k=\arg\min_{\boldsymbol{\alpha}_i^k}\left\|\boldsymbol{y}_i^k-\boldsymbol{D}_y^k\boldsymbol{\alpha}_i^k\right\|_2^2+\lambda\left\|\boldsymbol{\alpha}_i^k\right\|_1,\ i=1,2,\cdots,N\\&\qquad\left\|\boldsymbol{D}_x^k(:,q)\right\|_2\leqslant 1,\left\|\boldsymbol{D}_y^k(:,q)\right\|_2\leqslant 1,\ q=1,2,\cdots,Q\end{aligned} \tag{8-13}$$

仅仅最小化上面的损失函数并不能保证通过 D_y^k 很好地表示 y_i^k。因此，为了能够更好地表示 y_i^k，可以在损失函数上加上更多的重构项：

$$L(\boldsymbol{D}_x^k,\boldsymbol{D}_y^k,\boldsymbol{x}_i^k,\boldsymbol{y}_i^k)=\frac{1}{2}\left[\gamma\left\|\boldsymbol{D}_x^k\boldsymbol{z}_i^k-\boldsymbol{x}_i^k\right\|_2^2+(1-\gamma)\left\|\boldsymbol{y}_i^k-\boldsymbol{D}_y^k\boldsymbol{z}_i^k\right\|_2^2\right] \tag{8-14}$$

式中，γ 为调节两个重构误差的平衡因子，$0<\gamma\leqslant 1$。

8.3.3 目标函数求解

目标函数［式（8-13）］是一个非线性并且非凸的函数。准备首先固定字典 $\boldsymbol{D}_x^k$ 和 $\boldsymbol{D}_y^k$ 中的某一个，然后通过最小化目标函数求解另一个字典。

1）当字典 $\boldsymbol{D}_y^k$ 固定时，稀疏表示 $\boldsymbol{z}_i^k$ 可以通过 $\boldsymbol{D}_y^k$ 和 $\boldsymbol{y}_i^k$ 来确定，则目标函数可以简化为如下形式（常量已经被去掉）：

$$\begin{aligned}&\min_{\boldsymbol{D}_x^k}\sum_{i=1}^{N}\frac{1}{2}\left\|\boldsymbol{D}_x^k\boldsymbol{z}_i^k-\boldsymbol{x}_i^k\right\|_2^2\\&\text{s.t. }\ \boldsymbol{z}_i^k=\arg\min_{\boldsymbol{\alpha}_i^k}\left\|\boldsymbol{y}_i^k-\boldsymbol{D}_y^k\boldsymbol{\alpha}_i^k\right\|_2^2+\lambda\left\|\boldsymbol{\alpha}_i^k\right\|_1,\ i=1,2,\cdots,N\\&\qquad\left\|\boldsymbol{D}_x^k(:,q)\right\|_2\leqslant 1,\ q=1,2,\cdots,Q\end{aligned} \tag{8-15}$$

式（8-6）是一个二次约束规划问题，因此可以通过已有文献中的方法进行解决[16]。

2）当字典 $\boldsymbol{D}_x^k$ 固定时，优化求解 $\boldsymbol{D}_y^k$ 的过程会比较复杂，因此下面将详细讨论优化求解 $\boldsymbol{D}_y^k$ 的过程。

最小化式（8-13）的损失函数对于字典 $\boldsymbol{D}_y^k$ 来说是一个非凸的二次规划问题。为了解决这个问题，可以采用梯度下降算法进行求解。在使用梯度下降算法之前，需要找到一个能够使目标函数值减小的下降方向。为了方便叙述，首先，对各个变量进行简化，去掉 $\boldsymbol{x}_i^k$ 、$\boldsymbol{y}_i^k$ 和 $\boldsymbol{z}_i^k$ 的上角标和下角标，同时用 $\boldsymbol{D}_y$ 代替 $\boldsymbol{D}_y^k$；然后，对函数 L 中的 $\boldsymbol{D}_y$ 求偏导数。其结果如下：

$$\frac{\partial L}{\partial \boldsymbol{D}_y}=\frac{1}{2}\left\{\sum_{j\in\Omega}\frac{\partial[\gamma R_x+(1-\gamma)R_y]}{\partial z_j}\frac{\mathrm{d}z_j}{\mathrm{d}\boldsymbol{D}_y}+(1-\gamma)\frac{\partial R_y}{\partial \boldsymbol{D}_y}\right\} \tag{8-16}$$

式中，$R_x=\|\boldsymbol{D}_x\boldsymbol{z}-\boldsymbol{x}\|_2^2$ 和 $R_y=\|\boldsymbol{D}_y\boldsymbol{z}-\boldsymbol{y}\|_2^2$ 分别为重构残差；z_j 为 $\boldsymbol{z}$ 的第 j 个元素；Ω 为 j 的索引集合。

用 $\tilde{\boldsymbol{z}}$ 表示由 $\{z_j\}_{j\in\Omega}$ 组成的向量，$\widetilde{\boldsymbol{D}}_x$ 和 $\widetilde{\boldsymbol{D}}_y$ 表示由字典 $\boldsymbol{D}_x^k$ 和 $\boldsymbol{D}_y^k$ 中 Ω 指示的原子构成的字典，这样就能得到如下等式：

$$\begin{cases}\dfrac{\partial R_x}{\partial \tilde{\boldsymbol{z}}}=2\widetilde{\boldsymbol{D}}_x^{\mathrm{T}}(\widetilde{\boldsymbol{D}}_x\tilde{\boldsymbol{z}}-x)\\[2ex]\dfrac{\partial R_y}{\partial \tilde{\boldsymbol{z}}}=2\widetilde{\boldsymbol{D}}_y^{\mathrm{T}}(\widetilde{\boldsymbol{D}}_y\tilde{\boldsymbol{z}}-y)\\[2ex]\dfrac{\partial R_y}{\partial \boldsymbol{D}_y}=2(\widetilde{\boldsymbol{D}}_y\tilde{\boldsymbol{z}}-y)\tilde{\boldsymbol{z}}^{\mathrm{T}}\end{cases} \tag{8-17}$$

为了得到式（8-16）中的梯度，仍然需要找到索引集合 Ω 和导数 $\dfrac{\mathrm{d}\tilde{\boldsymbol{z}}}{\mathrm{d}\boldsymbol{D}_y}$。然而，$\tilde{\boldsymbol{z}}$ 和 $\boldsymbol{D}_y$ 之间没有直接的联系。下面将详细介绍寻找导数 $\dfrac{\mathrm{d}\tilde{\boldsymbol{z}}}{\mathrm{d}\boldsymbol{D}_y}$ 的方法，这种方法已经在实际应用中表现出了很好的效果。

对于式（8-10）这个 Lasso 问题，有以下条件来求解最优 z：

$$\frac{\partial\|\boldsymbol{y}-\boldsymbol{D}_y\boldsymbol{z}\|_2^2}{\partial z_j}+\lambda\mathrm{sign}(z_j)=0,\quad j\in\Lambda \tag{8-18}$$

式中，$\Lambda=\{j\mid z_j\neq 0\}$。

当定义索引集合 $\Omega=\{j||z_j|>0^+\}$ 时，可以得到：

$$\frac{\partial\left\|\boldsymbol{y}-\widetilde{\boldsymbol{D}}_y\tilde{\boldsymbol{z}}\right\|_2^2}{\partial z_j}+\lambda\operatorname{sign}(z_j)=0,\quad j\in\Omega \tag{8-19}$$

由前面的推导知道 $R_y=\left\|\widetilde{\boldsymbol{D}}_y\tilde{\boldsymbol{z}}-\boldsymbol{y}\right\|_2^2$，并且根据式（8-17）可以得到 $\dfrac{\partial R_y}{\partial\tilde{\boldsymbol{z}}}=2\widetilde{\boldsymbol{D}}_y^{\mathrm{T}}(\widetilde{\boldsymbol{D}}_y\tilde{\boldsymbol{z}}-\boldsymbol{y})$，所以式（8-19）可以化简为

$$2(\widetilde{\boldsymbol{D}}_y^{\mathrm{T}}\widetilde{\boldsymbol{D}}_y\tilde{\boldsymbol{z}}-\widetilde{\boldsymbol{D}}_y^{\mathrm{T}}\boldsymbol{y})+\lambda\operatorname{sign}(\tilde{\boldsymbol{z}})=0 \tag{8-20}$$

现在再对式（8-20）求偏导：

$$2\frac{\partial\{\widetilde{\boldsymbol{D}}_y^{\mathrm{T}}\widetilde{\boldsymbol{D}}_y\tilde{\boldsymbol{z}}-\widetilde{\boldsymbol{D}}_y^{\mathrm{T}}\boldsymbol{y}\}}{\partial\widetilde{\boldsymbol{D}}_y}=\frac{\partial\{-\lambda\operatorname{sign}(\tilde{\boldsymbol{z}})\}}{\partial\widetilde{\boldsymbol{D}}_y}$$

$$\Rightarrow\frac{\partial\widetilde{\boldsymbol{D}}_y^{\mathrm{T}}\widetilde{\boldsymbol{D}}_y}{\partial\widetilde{\boldsymbol{D}}_y}\tilde{\boldsymbol{z}}+\widetilde{\boldsymbol{D}}_y^{\mathrm{T}}\widetilde{\boldsymbol{D}}_y\frac{\partial\tilde{\boldsymbol{z}}}{\partial\widetilde{\boldsymbol{D}}_y}-\frac{\partial\widetilde{\boldsymbol{D}}_y^{\mathrm{T}}\boldsymbol{y}}{\partial\widetilde{\boldsymbol{D}}_y}=0 \tag{8-21}$$

然后，计算偏导数得

$$\frac{\partial\tilde{\boldsymbol{z}}}{\partial\widetilde{\boldsymbol{D}}_y}=(\widetilde{\boldsymbol{D}}_y^{\mathrm{T}}\widetilde{\boldsymbol{D}}_y)^{-1}\left(\frac{\partial\widetilde{\boldsymbol{D}}_y^{\mathrm{T}}y}{\partial\widetilde{\boldsymbol{D}}_y}-\frac{\partial\widetilde{\boldsymbol{D}}_y^{\mathrm{T}}\widetilde{\boldsymbol{D}}_y}{\partial\widetilde{\boldsymbol{D}}_y}\tilde{\boldsymbol{z}}\right) \tag{8-22}$$

其中，假设式（8-10）中的解是唯一的，并且 $(\widetilde{\boldsymbol{D}}_y^{\mathrm{T}}\widetilde{\boldsymbol{D}}_y)^{-1}$ 是存在的。式（8-22）只是提供给一个 $\tilde{\boldsymbol{z}}$ 对 $\widetilde{\boldsymbol{D}}_y$ 的导函数。从实际角度出发，只要给定式（8-16）一个可行的梯度下降方向进行优化，梯度下降方法就可以保证目标函数值沿着该方向减少。理论上来说，根据式（8-22）很容易为式（8-16）提供一个强有力的依据。将式（8-17）和式（8-22）代入式（8-16）中，令 $\dfrac{\partial L}{\partial\boldsymbol{D}_y}=0$，最终可以求得 $\boldsymbol{D}_y$。但是，由于上文中为了叙述的方便，$\boldsymbol{D}_y^k$ 用 $\boldsymbol{D}_y$ 进行代替，因此此过程最终求得 $\boldsymbol{D}_x^k$ 和 $\boldsymbol{D}_y^k$，其中 k 表示第 k 种特征。

耦合字典对 $\boldsymbol{D}_x^k$ 和 $\boldsymbol{D}_y^k$ 仅仅是由两个摄像头中相同的某一类特征学习获得的，如果要学习其他种类特征的耦合字典对，只需要将学习过程中的特征更换成相应的特征即可。

8.3.4 算法总结

本节将对本章算法中耦合字典的学习过程进行总结。

耦合字典学习流程如下：

1）输入：训练样本对 $\{(\boldsymbol{x}_i^k,\boldsymbol{y}_i^k)\}_{i=1}^N$ 及字典的大小 Q。

2）初始化：初始化耦合字典 $\boldsymbol{D}_x^{k,(0)}$ 和 $\boldsymbol{D}_y^{k,(0)}$，$n=0,t=1$。

3）重复迭代求解：直到目标函数小于阈值或达到最大迭代次数终止，否则反复执行步骤 3）。

① for $i=1,2,\cdots,N$ 循环。

② 根据式（8-16）计算梯度 $a=\dfrac{\mathrm{d}L[\boldsymbol{D}_x^{k,(n)},\boldsymbol{D}_y^{k,(n)},\boldsymbol{x}_i^k,\boldsymbol{y}_i^k]}{\mathrm{d}\boldsymbol{D}_y}$。

③ 更新字典 $\boldsymbol{D}_y^{k,(n)}=\boldsymbol{D}_y^{k,(n)}-\eta(t)\cdot a$。

④ $t=t+1$。

⑤ end for。

4）更新 $\boldsymbol{D}_y^{k,(n+1)}=\boldsymbol{D}_y^{k,(n)}$。

5）根据式（8-15），利用 $\boldsymbol{D}_y^{k,(n+1)}$ 更新 $\boldsymbol{D}_x^{k,(n+1)}$。

6）$n=n+1$。

7）根据条件，判断迭代是否可以结束。

8）输出：字典对 $\boldsymbol{D}_x^{k,(n)}$ 和 $\boldsymbol{D}_y^{k,(n)}$。

① 算法流程中的第 2）步，可以使用以下两种方式对字典 $\boldsymbol{D}_x^k$ 和 $\boldsymbol{D}_y^k$ 进行初始化：

a．可以使用标准的稀疏编码方式来训练 $\boldsymbol{D}_x^k$，或者把它初始化成一个数学上定义的基（如小波），然后把 $\boldsymbol{D}_y^k$ 初始化为一个随机矩阵。

b．也可以用由联合稀疏编码方式训练得到的字典来初始化 $\boldsymbol{D}_x^k$ 和 $\boldsymbol{D}_y^k$。

② 算法流程中的第 3）的③步，$\eta(t)$ 表示梯度下降方法中的步长，该步长的收缩率为 $\dfrac{1}{t}$。

本章中使用的耦合字典对学习过程是非常普遍的，目前这类方法已经被广泛应用到信号恢复和计算机视觉等领域中，如图像压缩、文本转换和超分辨率等。

8.4　实验设置与结果

我们选取了第 2 章所提到的数据库 VIPeR、PRID 2011 和 ETHZ，并选取 RDC、KISSME、EIML、LDML、LMNN 算法分别和基于双重特征的度量学习算法，基于稀疏表示的多字典学习方法进行匹配率对比，并且都采用随机挑选训练样本的方式运行 30 次并求平均值，然后对比各个算法的平均匹配率。

8.4.1　基于双重特征的度量学习算法实验

1. 在 VIPeR 数据库上的实验结果及分析

图 8-5 给出了基于双重特征的度量学习算法与所有对比算法随机运行 30 次的平均匹配率图。表 8-1 定量地给出了随机运行 30 次前 r 个排序的平均匹配率。

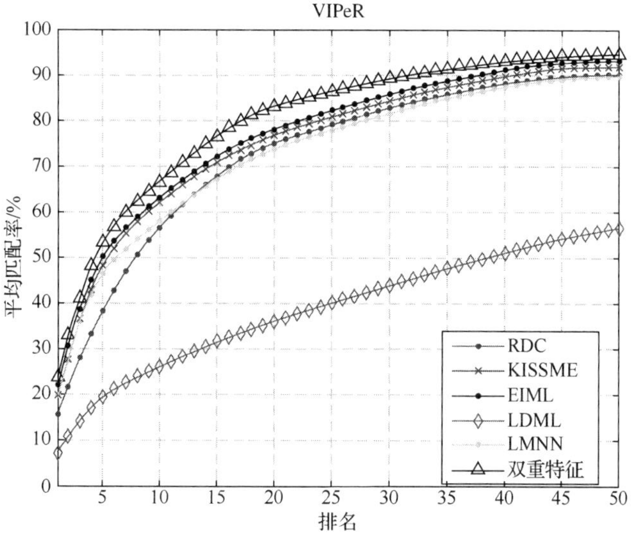

图 8-5　VIPeR 数据库上运行 30 次后的平均匹配率曲线

表 8-1　VIPeR 数据库上前 r 个排序的平均匹配率

（单位：%）

方法	r=1	r=5	r=10	r=20	r=50
RDC	15.66	38.42	56.86	75.09	90.00
KISSME	19.61	48.24	62.20	76.90	91.82
EIML	22.04	50.10	63.12	78.31	93.90
LDML	7.26	19.48	26.31	36.09	56.71
LMNN	19.56	46.53	58.11	73.92	89.66
双重特征	23.90	53.36	66.90	82.22	94.56

从图 8-5 可以直观地看出，本文提出的基于双重特征的度量学习算法与其他度量学习算法相比在匹配率上有了一定程度的提高。虽然在 $r=1$ 时相差不大，但随着 r 的增大，本文提出的算法的匹配率相比于对比算法有了明显提高。

从表 8-1 可以看出，本文的基于双重特征的度量学习算法，比所有对比算法中最好的 EIML 提高了 0.66～3.91 个百分点。虽然本文的基于双重特征的度量学习算法学习每个距离度量的思路与 KISSME 方法相似，但本文提出的方法却比

KISSME 方法至少提高了 2.74 个百分点。之所以产生上述结果，是因为两个摄像头中的颜色特征和纹理特征服从不同的变化规律，对比方法在学习距离度量的过程中，将所有特征融合成一个全局特征，忽略了各个特征所包含的内在属性。由于本文提出基于双重特征的度量学习算法在原来度量学习算法的基础上对行人特征进行了进一步的区分，将不同的特征投影到对应的度量空间中，尽可能考虑实际环境中光照、角度和姿态等因素对图像影响的差异。因此，与同类的度量学习方法相比，本文提出的基于双重特征的度量学习算法更为优越。

2. 在 PRID 2011 数据库上的实验结果及分析

图 8-6 给出了基于双重特征的度量学习算法与所有对比算法随机运行 30 次的平均匹配率曲线。表 8-2 定量地给出了随机运行 30 次前 r 个排序的平均匹配率。

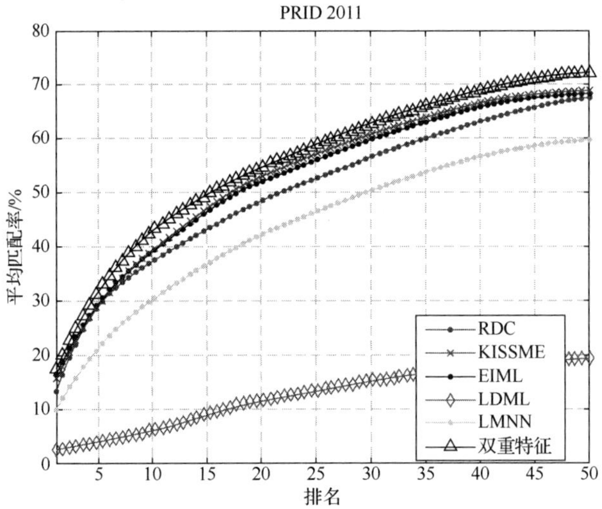

图 8-6　PRID 2011 数据库上运行 30 次后的平均匹配率曲线

从图 8-6 可以直观地看出，本文提出的基于双重特征的度量学习算法与其他度量学习算法相比，在匹配率上有了一定程度的提高。虽然在 $r=1$ 时，基于双重特征的度量学习算法的匹配率与对比方法相差不大，但随着 r 的增大本文提出的基于双重特征的度量学习算法的匹配率相比于对比算法有了稳步的提高。

从表 8-2 可以看出，本文的基于双重特征的度量学习算法比所有对比算法中最好的 KISSME 方法提高了 1.86～3.55 个百分点。通过对比图 8-5 和图 8-6 中的 CMC 曲线图，可以发现各个方法的变化趋势基本上没有发生变化，仅仅是在 PRID 2011 数据库上的匹配率比 VIPeR 数据库上的匹配率更低一些。通过观察两个数据库中的样本图像可以发现，两个数据库中的行人图像分布情况大致相似。只是 VIPeR 数据库中图像的拍摄角度接近水平方向，而 PRID 2011 数据库中图像的拍摄角度比较高，行人特征比较模糊。所以，在 PRID 2011 数据库上的匹配率比 VIPeR 数据库上的匹配率低一些。但是，本文提出的基于双重特征的度量学习算法在这两个数据库上依然比所有对比方法的匹配率高。

表 8-2　PRID 2011 数据库上前 *r* 个排序的平均匹配率

（单位：%）

方法	*r*=1	*r*=5	*r*=10	*r*=20	*r*=50
RDC	13.45	29.30	37.10	48.32	67.60
KISSME	15.44	29.42	39.33	52.90	68.89
EIML	16.48	29.05	39.27	51.94	68.23
LDML	2.51	3.87	6.03	11.58	19.32
LMNN	10.11	21.65	30.05	42.33	59.87
双重特征	17.60	32.12	42.88	54.76	72.30

双重特征算法之所以高于对比算法，是由于它在原来度量学习算法的基础上对行人特征进行了进一步的区分，将不同的特征投影到对应的度量空间中，尽可能考虑到实际环境中光照、角度和姿态等因素对图像影响的差异。尽管在 PRID 2011 数据库中的图像拍摄角度偏高，但是，基于双重特征的度量学习算法依然优越。因此，基于双重特征的度量学习算法具有更高的鲁棒性。

3. 在 ETHZ 数据库上的实验结果及分析

图 8-7 给出了基于双重特征的度量学习算法与所有对比算法随机运行 30 次的平均匹配率图。表 8-3 定量地给出了随机运行 30 次前 *r* 个排序的平均匹配率。

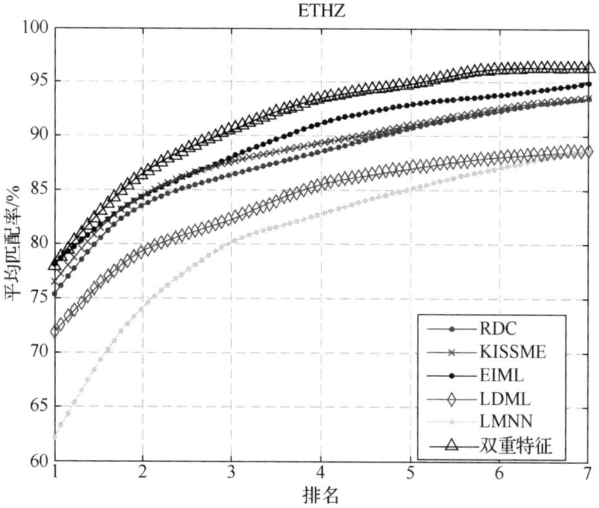

图 8-7　ETHZ 数据库上运行 30 次后的平均匹配率曲线

表 8-3　ETHZ 数据库上前 r 个排序的平均匹配率

（单位：%）

方法	r=1	r=2	r=3	r=4	r=5	r=6	r=7
RDC	75.34	83.63	86.41	88.47	90.68	92.33	93.40
KISSME	76.48	84.52	87.60	89.36	91.00	92.53	93.53
EIML	78.06	84.33	88.00	91.20	92.84	93.82	94.87
LDML	71.80	79.21	82.33	85.52	87.04	88.03	88.67
LMNN	62.05	74.04	80.07	82.81	85.21	87.12	88.63
双重特征	77.93	86.40	90.53	93.46	94.80	96.20	96.32

同样对图 8-7 的实验结果进行分析：基于双重特征的度量学习算法与其他度量学习算法在 ETHZ 数据库上的匹配率普遍偏高。虽然在 $r=1$ 时，基于双重特征的度量学习算法比 EIML 算法的匹配率小。但随着 r 的增大，基于双重特征的度量学习算法的匹配率相比于对比算法有了显著的提高。

从表 8-3 可以看出，基于双重特征的度量学习算法在 $r=2$ 之后，增长显著，比 EIML 算法的匹配率提高了 1.45～2.53 个百分点。通过对比图 8-5～图 8-7 中的平均匹配率 CMC 曲线发现，包括基于双重特征的度量学习算法在内的所有算法在 ETHZ 数据库上 $r=1$ 时的匹配率非常高。通过观察三个数据库中的样本图像可以发现，ETHZ 数据库中每个行人的样本图像相似度非常高，即使是本文在训练和测试时的图像是随机选取的，同一个行人的图像相似度依然非常高。因此，同一个行人的两张图像的距离小于不同行人图像距离的概率比较大。所以，这是匹配率普遍偏高的原因。

从 ETHZ 数据库中选取的图像颜色特征和纹理特征本身就比较稳定。再加上本文提出基于双重特征的度量学习算法在原来度量学习算法的基础上对行人特征进行了进一步的区分，将不同的特征投影到对应的度量空间中，充分考虑了实际环境中光照、角度和姿态等因素对图像影响的差异。因此，本文提出的基于双重特征的度量学习算法比普通的度量学习方法更优越。

8.4.2　基于稀疏表示的多字典学习算法实验

1. 在 VIPeR 数据库上的实验结果及分析

经过多次实验测试结果，在 VIPeR 数据库上进行实验时，基于稀疏表示的多字典学习算法中的字典大小尺寸 Q 设置为 300 时能够取得比较满意的匹配率。图 8-8 给出了基于稀疏表示的多字典学习算法所有对比算法随机 30 次的平均匹配率曲线。表 8-4 定量地给出了随机 30 次前 r 个排序的平均匹配率。

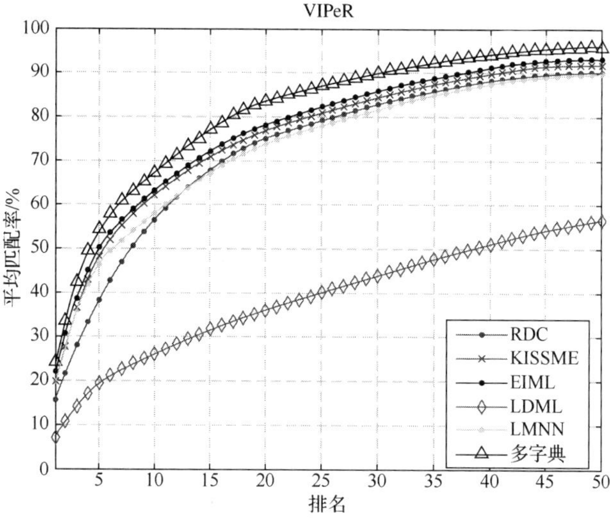

图 8-8　VIPeR 数据库上运行 30 次后的平均匹配率曲线

表 8-4　VIPeR 数据库上前 r 个排序的平均匹配率

（单位：%）

方法	r=1	r=5	r=10	r=20	r=50
RDC	15.66	38.42	56.86	75.09	90.00
KISSME	19.61	48.24	62.20	76.90	91.82
EIML	22.04	50.10	63.12	78.31	93.90
LDML	7.26	19.48	26.31	36.09	56.71
LMNN	19.56	46.53	58.11	73.92	89.66
多字典	24.30	54.65	67.12	83.75	95.95

从图 8-8 可以直观地看出，本章提出的基于稀疏表示的多字典学习算法与其他度量学习算法相比在匹配率上有所提高。随着 r 的增大，在 $r \geqslant 5$ 时，本章提出的基于稀疏表示的多字典学习算法相比于对比算法有了明显提高。

从表 8-4 可以看出，本章的基于稀疏表示的多字典学习算法比所有对比算法中最好的 EIML 提高了 2.05～5.44 个百分点。另外，通过对比表 8-4 和表 8-1 可以发现，本章提出的基于稀疏表示的多字典学习算法比基于双重特征的度量学习算法在匹配率上有所提高，大致提高了 0.22～1.53 个百分点。这主要是因为基于稀疏表示的多字典学习算法在设计上不仅考虑了不同摄像头之间的差异，还考虑了摄像头之间同种类特征之间的差异。因此，该方法对实际环境具有更强的适应性和稳定性。

2. 在 PRID 2011 数据库上的实验结果及分析

经过多次实验测试结果，在 PRID 2011 数据库上进行实验时，基于稀疏表示的多字典学习算法中的字典大小尺寸 Q 设置为 100 时能够取得比较满意的匹配率。图 8-9 给出了基于稀疏表示的多字典学习算法与所有对比算法随机 30 次的平均匹配率曲线。表 8-5 定量地给出了随机 30 次前 r 个排序的平均匹配率。

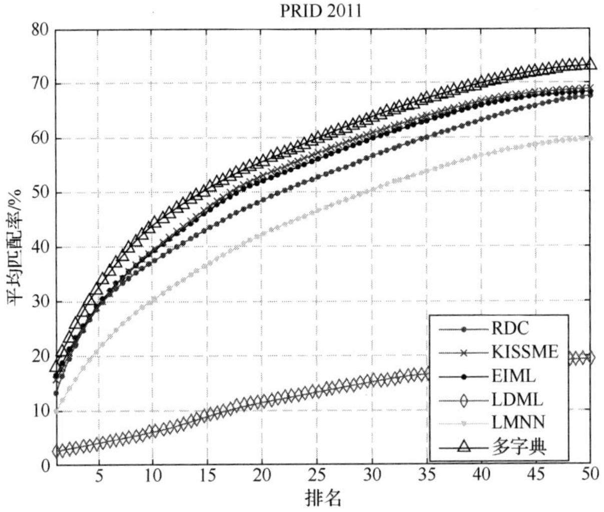

图 8-9 PRID 2011 数据库上运行 30 次后的平均匹配率曲线

表 8-5 PRID 2011 数据库上前 r 个排序的平均匹配率

（单位：%）

方法	r=1	r=5	r=10	r=20	r=50
RDC	13.45	29.30	37.10	48.32	67.60
KISSME	15.44	29.42	39.33	52.90	68.89
EIML	16.48	29.05	39.27	51.94	68.23
LDML	2.51	3.87	6.03	11.58	19.32
LMNN	10.11	21.65	30.05	42.33	59.87
多字典	18.22	33.05	43.76	55.90	73.03

从图 8-9 可以直接看出，本章提出的基于稀疏表示的多字典学习算法与其他度量学习算法相比在平均匹配率上有了较大提高。根据表 8-5 可知，基于稀疏表示的多字典学习算法在 $r=1$ 时，至少比对比方法提高了 1.74 个百分点。在此之后，本章所提方法有了更大的提高。当 $r\geqslant 5$ 时，所有对比方法中 KISSME 方法的匹配率最高，而本章所提方法的平均匹配率比 KISSME 提高了 3.00～4.43 个百分点。通过对比表 8-5 和表 8-2 可以发现，基于稀疏表示的多字典学习算法比基于双重特征的度量学习算法的平均匹配率提高了 0.62～1.14 个百分点。其主要是因为 PRID 2011 数据库中两个摄像头拍摄的图像除了在颜色特征和纹理特征上有明显的变化外，PRID 2011 数据库的视角比 VIPeR 数据库的水平夹角更高，所以识别

难度比 VIPeR 数据库更大一些。正是由于基于稀疏表示的多字典学习算法兼顾到了光照、视角和姿态等因素的影响，因此基于稀疏表示的多字典学习算法具有更高的鲁棒性。

3. 在 ETHZ 数据库上的实验结果及分析

经过多次实验测试结果，在 ETHZ 数据库上进行实验时，基于稀疏表示的多字典学习算法中的字典大小尺寸 Q 设置为 100 时能够取得比较满意的匹配率。图 8-10 给出了基于稀疏表示的多字典学习算法与所有对比算法随机 30 次的平均匹配率曲线。表 8-6 定量地给出了随机 30 次前 r 个排序的平均匹配率。

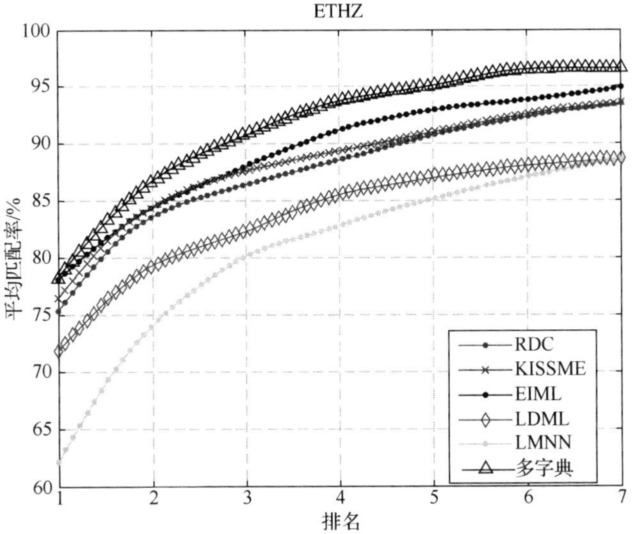

图 8-10　ETHZ 数据库上运行 30 次后的平均匹配率曲线

表 8-6　ETHZ 数据库上前 r 个排序的平均匹配率

（单位：%）

方法	r=1	r=2	r=3	r=4	r=5	r=6	r=7
RDC	75.34	83.63	86.41	88.47	90.68	92.33	93.40
KISSME	76.48	84.52	87.60	89.36	91.00	92.53	93.53
EIML	78.06	84.33	88.00	91.20	92.84	93.82	94.87
LDML	71.80	79.21	82.33	85.52	87.04	88.03	88.67
LMNN	62.05	74.04	80.07	82.81	85.21	87.12	88.63
多字典	78.19	86.88	90.74	93.58	95.26	96.44	96.52

同样对图 8-10 的实验结果进行分析：本章提出的基于稀疏表示的多字典学习算法与其他度量学习算法在 ETHZ 数据库上的匹配率普遍偏高。虽然在 $r=1$时，

基于稀疏表示的多字典学习算法与 EIML 相差不大，但是随着 r 的增大，本章提出的算法相比于对比算法有了稳步的提高。通过表 8-6 可以看出，基于稀疏表示的多字典学习算法的匹配率比 EIML 算法提高了 0.13～2.74 个百分点。虽然提高得并不多，但是这也说明该算法在 ETHZ 数据库上比对比方法有一定的优势。

对比表 8-6 和表 8-3 可以发现：基于稀疏表示的多字典学习算法只是比基于双重特征的度量学习算法在 ETHZ 数据库上提高了 0.12～0.48 个百分点，提高的幅度并不是很大，这主要是因为 ETHZ 数据库中的每个行人的所有图像相似度非常大。即使是随机选取图像，同一个行人的图像依然有很高的相似度，这样就导致了同一个行人图像中颜色特征和纹理特征的变化差异不明显。虽然基于稀疏表示的多字典学习算法同时考虑了不同摄像头之间的差异和同种类特征之间的差异，但是在 ETHZ 数据库几乎不存在这些问题。因此，本章提出的这两种方法在该数据库上的实验效果基本相似。

参 考 文 献

[1] 朱文杰. 守得云开见月明的“大联网”行动[J]. 中国公共安全, 2013 (5): 140-142.

[2] GHEISSARI N, SEBASTIAN T B, HARTLEY R. Person re-identification using spatiotemporal appearance[C]// Computer Vision and Pattern Recognition, 2006 IEEE Computer Society Conference on. IEEE, 2006, 2: 1528-1535.

[3] HU J, LU J, YUAN J, et al. Large margin multi-metric learning for face and kinship verification in the wild[C]//Proc. ACCV, 2014: 231-240.

[4] ZHENG W S, GONG S, XIANG T. Re-identification by relative distance comparison[J]. Pattern Analysis and Machine Intelligence, IEEE Transactions on, 2013, 35(3): 653-668.

[5] GRAY D, BRENNAN S, TAO H. Evaluating appearance models for recognition, reacquisition, and tracking[C]//Proc. IEEE International Workshop on Performance Evaluation for Tracking and Surveillance (PETS), 2007, 3(5): 13.

[6] OJALA T, PIETIKAINEN M, MAENPAA T. Multiresolution gray-scale and rotation invariant texture classification with local binary patterns[J]. Pattern Analysis and Machine Intelligence, IEEE Transactions on, 2002, 24(7): 971-987.

[7] WOLD S, ESBENSEN K, GELADI P. Principal component analysis[J]. Chemometrics and Intelligent Laboratory Systems, 1987, 2(1): 37-52.

[8] HUANG H, LIU J M, PAN Y S. Local fisher discriminant analysis with maximum margin criterion for image recognition [C]. International Conference on Computer Graphics, Imaging and Visualization, 2011: 92-97.

[9] MITTAL A, DAVIS L S. M_2tracker: A multi-view approach to segmenting and tracking people in a cluttered scene[J]. International Journal of Computer Vision, 2003, 51(3): 189-203.

[10] CONTE D, FOGGIA P, PERCANNELLA G, et al. A multiview appearance model for people re-identification[C]// Advanced Video and Signal-Based Surveillance (AVSS), 2011 8th IEEE International Conference on. IEEE, 2011: 297-302.

[11] YANG J, WRIGHT J, HUANG T S, et al. Image super-resolution via sparse representation[J]. Image Processing, IEEE Transactions on, 2010, 19(11): 2861-2873.

[12] LIU X, SONG M, TAO D, et al. Semi-supervised coupled dictionary learning for person re-identification[C]// Computer Vision and Pattern Recognition (CVPR), 2014 IEEE Conference on. IEEE, 2014: 3550-3557.

[13] YANG J, WANG Z, LIN Z, et al. Coupled dictionary training for image super-resolution[J]. Image Processing, IEEE Transactions on, 2012, 21(8): 3467-3478.

[14] FIGUEIRA D, BAZZANI L, MINH H Q, et al. Semi-supervised multi-feature learning for person re-identification[C]// Advanced Video and Signal Based Surveillance (AVSS), 2013 10th IEEE International Conference on. IEEE, 2013: 111-116.

[15] YANG M, ZHANG L, YANG J, et al. Metaface learning for sparse representation based face recognition[C]//ICIP. 2010: 1601-1604.

[16] EFRON B, HASTIE T, JOHNSTONE I, et al. Least angle regression[J]. The Annals of statistics, 2004, 32(2): 407-499.

第 9 章　其他相关的字典学习技术

9.1　CPDL

为了提升特征表示的能力，可以通过字典学习去学习判别性和鲁棒性的表示。研究者提出了跨视图字典学习的方法，这样在多个视图中学到有效的特征。具体是设计了两个目标函数来学习每个行人在图像级别和块级别的低维表示，可以捕获不同表示的内在关系。通常的字典学习假设样例 $\boldsymbol{A}$ 可以用稀疏相关系数 $\boldsymbol{Z}$ 和字典 $\boldsymbol{D}$ 来表示，即 $\boldsymbol{A}=\boldsymbol{DZ}$，但是相关系数 Z 通常需要很高的计算量，这一问题的解决方法是把字典学习变成一个先行编码和重构的过程，该方法名为跨视图投影字典学习（cross-view projective dictionary learning，CPDL）[1]。

令 $\boldsymbol{p}\in\mathbb{R}^{m\times d}$，$\boldsymbol{P}\in\mathbb{R}^{m\times d}$ 表示一个低维映射矩阵，可以把样例 $\boldsymbol{A}$ 重构为 $\boldsymbol{A}=\boldsymbol{DPA}$。令 $\boldsymbol{A}_1\in\mathbb{R}^{\mathrm{d}_1\times n}$、$\boldsymbol{A}_2\in\mathbb{R}^{\mathrm{d}_2\times n}$ 表示两个不同的视图，其重构过程为 $\boldsymbol{A}_1=\boldsymbol{D}_1\boldsymbol{P}_1\boldsymbol{A}_1$、$\boldsymbol{A}_2=\boldsymbol{D}_2\boldsymbol{P}_2\boldsymbol{A}_2$。然后就可以得到 CPDL 的一般目标函数：

$$
\begin{aligned}
\min_{D_1,D_2,P_1,P_2} & \left\|\boldsymbol{A}_1-\boldsymbol{D}_1\boldsymbol{P}_1\boldsymbol{A}_1\right\|_F^2+\left\|\boldsymbol{A}_2-\boldsymbol{D}_2\boldsymbol{P}_2\boldsymbol{A}_2\right\|_F^2 \\
& +\lambda_1 f(\boldsymbol{D}_1,\boldsymbol{D}_2,\boldsymbol{P}_1,\boldsymbol{P}_2) \\
\text{s.t.} & \left\|\boldsymbol{D}_{1(:,i)}^{H}\right\|\leqslant 1,\left\|\boldsymbol{D}_{1(:,i)}^{H}\right\|\leqslant 1
\end{aligned}
$$

在图像表示中，令 $\boldsymbol{X}_1$、$\boldsymbol{X}_2$ 表示两个视图的高维密度特征。对于视图中的第 i 个图像，所有块的密度特征拼接成高维向量。然后可以得到图像表示 CPDL 的目标函数：

$$
\begin{aligned}
&\min_{D_1^{\mathrm{H}},D_2^{\mathrm{H}},P_1^{\mathrm{H}},P_2^{\mathrm{H}}} \left\|\boldsymbol{X}_1-\boldsymbol{D}_1^{\mathrm{H}}\boldsymbol{P}_1^{\mathrm{H}}\boldsymbol{X}_1^{\mathrm{H}}\right\|_F^2+\left\|\boldsymbol{X}_2-\boldsymbol{D}_2^{\mathrm{H}}\boldsymbol{P}_2^{\mathrm{H}}\boldsymbol{X}_2\right\|_F^2+\lambda_1\left\|\boldsymbol{P}_1^{\mathrm{H}}\boldsymbol{X}_1^{\mathrm{H}}-\boldsymbol{P}_2^{\mathrm{H}}\boldsymbol{X}_2^{\mathrm{H}}\right\|_F^2 \\
&\text{s.t.}\left\|\boldsymbol{D}_{1(:,i)}^{H}\right\|\leqslant 1,\left\|\boldsymbol{D}_{1(:,i)}^{H}\right\|\leqslant 1
\end{aligned}
\tag{9-1}
$$

式中，最后一项为正则函数，它表明了两个图像的编码应该尽可能接近。这样，学到的字典 $\boldsymbol{D}_1$ 和 $\boldsymbol{D}_2$ 就可以为不同相机拍摄的同一个行人的视图生成相似的编码。

块表示中，令 $\boldsymbol{Y}_1$、$\boldsymbol{Y}_2$ 表示两个视图的低维块特征。这里不能简单地假设两个块的编码接近。实际上因为交叉设置中存在的未对准问题，不同视图的相同块通常不匹配，所以假设不同的视图有相似的字典，此块表示的 CPDL 的目标函数为

$$\begin{aligned}&\min_{D_1^{\mathrm{L}},D_2^{\mathrm{L}},P_1^{\mathrm{L}},P_2^{\mathrm{L}}}\left\|\boldsymbol{Y}_1-\boldsymbol{D}_1^{\mathrm{L}}\boldsymbol{P}_1^{\mathrm{L}}\boldsymbol{Y}_1^{\mathrm{L}}\right\|_F^2+\left\|\boldsymbol{Y}_2-\boldsymbol{D}_2^{\mathrm{L}}\boldsymbol{P}_2^{\mathrm{L}}\boldsymbol{Y}_2\right\|_F^2+\lambda_2\left\|\boldsymbol{D}_1^{\mathrm{L}}-\boldsymbol{D}_2^{\mathrm{L}}\right\|_F^2\\&\text{s.t.}\left\|\boldsymbol{D}_{1(:,i)}^{\mathrm{L}}\right\|\leqslant 1,\left\|\boldsymbol{D}_{1(:,i)}^{\mathrm{L}}\right\|\leqslant 1\end{aligned}\tag{9-2}$$

式中，最后一项强调了两个字典的相似度。

在匹配中，**块级别匹配**是对于每个在 Probe 中的块，不是直接让它匹配对应 Gallery 中的块，而是寻找 Gallery 图像中的空间相邻的目标块，计算每个对的距离。最后估计每个 Probe 图像和 Gallery 图像的相似度，不去比较原始的块，而是匹配字典对上相关性的表示。这里块级别匹配的相似分数由相似度来生成。**图像级别匹配**是让图像级别的匹配更加直接，因为已经获得了图像的紧凑表示。它的相似分数使用高斯核函数来计算。

CPDL 算法过程如下。

算法 9-1　CPDL 算法过程	
训练：	1：从 $\boldsymbol{A}_1\boldsymbol{A}_2$ 中提取密特征，构建特征 $\boldsymbol{X}_1\boldsymbol{X}_2\boldsymbol{Y}_1\boldsymbol{Y}_2$
	2：从图像级别特征 $\boldsymbol{X}_1\boldsymbol{X}_2$ 中学习字典 $\boldsymbol{D}_1^{\mathrm{H}}\boldsymbol{D}_2^{\mathrm{H}}$
	3：从块级别特征 $\boldsymbol{Y}_1\boldsymbol{Y}_2$ 中学习字典 $\boldsymbol{D}_1^{\mathrm{L}}\boldsymbol{D}_2^{\mathrm{L}}$
测试：	1：从 $\boldsymbol{T}_1\boldsymbol{T}_2$ 中提取密特征，构建特征 $\boldsymbol{X}_{t1}\boldsymbol{X}_{t2}\boldsymbol{Y}_{t1}\boldsymbol{Y}_{t2}$
	2：使用 $\boldsymbol{D}_1^{\mathrm{H}}\boldsymbol{D}_2^{\mathrm{H}}$ 编码 $\boldsymbol{X}_{t1}\boldsymbol{X}_{t2}$，执行图像级别匹配
	3：使用 $\boldsymbol{D}_1^{\mathrm{L}}\boldsymbol{D}_2^{\mathrm{L}}$ 编码 $\boldsymbol{Y}_{t1}\boldsymbol{Y}_{t2}$，执行块级别匹配
	4：融合两个级别的匹配结果

9.2　DSPDL

真实世界捕捉的图像很多时候是低分辨率的，视角也不同，现有的方法复杂且耗时，因此研究者提出了判别式半耦合投影学习字典（discriminative semi-coupled projective dictionary learning，DSPDL）[2]，具体是联合训练一个字典和一个映射来让高分辨率和低分辨率的图像接近；并且研究者还提出了一个新的无参数化的图正则化方法来同时包含正负样本对的信息，借鉴了高效强大的映射字典学习的方法来提高效果。

记 $\boldsymbol{H}=[\boldsymbol{X}_{\mathrm{h}},\boldsymbol{T}_{\mathrm{h}}]\in\mathbb{R}^{d\times(n+m)}$ 和 $\boldsymbol{L}=[\boldsymbol{X}_{\mathrm{l}},\boldsymbol{T}_{\mathrm{l}}]\in\mathbb{R}^{d\times(n+m')}$ 分别为高分辨率和低分辨率的两个行人图像，X 是训练数据，T 是测试数据。借助于映射字典学习的优良效果，把半监督映射字典学习写作：

$$\min_{D_1,D_2,P,V_h,V_l}\left\|\boldsymbol{X}_h-\boldsymbol{D}_h\boldsymbol{V}_h\boldsymbol{X}_h\right\|_F^2+\left\|\boldsymbol{X}_l-\boldsymbol{D}_l\boldsymbol{V}_l\boldsymbol{X}_l\right\|_F^2$$
$$+\lambda_1\Omega(\boldsymbol{V}_h,\boldsymbol{X}_h,\boldsymbol{V}_l,\boldsymbol{X}_l,\boldsymbol{P})+\lambda_2\left\|\boldsymbol{P}\right\|_F^2 \tag{9-3}$$
$$\text{s.t.}\left\|\boldsymbol{D}_h^i\right\|\leqslant 1,\left\|\boldsymbol{D}_l^i\right\|\leqslant 1,i=1,2,\cdots,k$$

式（9-3）中 V 是一个映射，因此不需要约束输入特征的编码是稀疏的，避免了求解 L1 标准化问题；后面的 Ω 项保证了相同的人有相似的编码。直觉上可以使用二范数，但是对于分辨率差异较大的跨视图图像，图像是极度不匹配的，因此引入了 $\boldsymbol{P}$ 来消除不同视图中分辨率导致的差异。$\boldsymbol{P}$ 很灵活，甚至可以对字典学到的特征进行惩罚，这样就可以把模型写作：

$$\min_{\boldsymbol{D}_1,\boldsymbol{D}_2,\boldsymbol{P},\boldsymbol{V}_h,\boldsymbol{V}_l}\left\|\boldsymbol{X}_h-\boldsymbol{D}_h\boldsymbol{V}_h\boldsymbol{X}_h\right\|_F^2+\left\|\boldsymbol{X}_l-\boldsymbol{D}_l\boldsymbol{V}_l\boldsymbol{X}_l\right\|_F^2$$
$$+\lambda_1\left\|\boldsymbol{V}_h\boldsymbol{X}_h-\boldsymbol{P}\boldsymbol{V}_l\boldsymbol{X}_l\right\|_F^2+\lambda_2\left\|\boldsymbol{P}\right\|_F^2 \tag{9-4}$$
$$\text{s.t.}\left\|\boldsymbol{D}_h^i\right\|\leqslant 1,\left\|\boldsymbol{D}_l^i\right\|\leqslant 1,i=1,2,\cdots,k$$

DSPDL 算法过程如下。

算法 9-2　DSPDL 算法过程	
训练：	1：初始化 $\boldsymbol{A}_h\boldsymbol{B}_h\boldsymbol{B}_l\boldsymbol{P}\boldsymbol{D}_h\boldsymbol{D}_l$
	2：while 没有收敛 执行
	3：　固定其他变量，更新 $\boldsymbol{A}_h$
	4：　固定其他变量，更新 $\boldsymbol{B}_h$
	5：　固定其他变量，更新 $\boldsymbol{B}_l$
	6：　固定其他变量，更新 $\boldsymbol{P}$
	7：　固定其他变量，更新 $\boldsymbol{V}_h\boldsymbol{V}_l$
	8：　固定其他变量，更新 $\boldsymbol{D}_h\boldsymbol{D}_l$
	9：end while

9.3　拉普拉斯正则字典学习

很多现有的方法需要大量的标签，这极大地限制了其在实际中的应用。故研究者提出了基于字典学习结合图拉普拉斯正则项的稀疏编码[3]。

假设任务图像从摄像头 A 和摄像头 B 中收集得到，每个人的图像可以计算得到一个 n 维的特征向量。把训练数据记作 $\boldsymbol{X}=[\boldsymbol{X}^a,\boldsymbol{X}^b]\in\mathbb{R}^{n\times m}$，其中 $\boldsymbol{X}^a=[\boldsymbol{X}_1^a,\cdots,\boldsymbol{X}_{m1}^a]\in\mathbb{R}^{n\times m1}$ 包含视图 A 中 $m1$ 个图像的特征向量，$\boldsymbol{X}^b=[\boldsymbol{X}_1^b,\cdots,\boldsymbol{X}_{m2}^b]\in\mathbb{R}^{n\times m2}$ 包含视图 B 中的向量，这样有 $m=m1+m2$。由于训练数据是无标签的，因此不知道视

图 A 中的人在 B 中对应的图像。非监督行人重识别的目标是学到一个对于 X 的匹配函数，在给定两个行人图像 $\boldsymbol{X}^a\boldsymbol{X}^b$ 时能用 $f(\boldsymbol{X}^a\boldsymbol{X}^b)$ 来匹配他们的身份。

作者的解法是学习一个共享字典 $\boldsymbol{D}\in\mathbb{R}^{k\times m}$，对于每个 n 维特征向量，无论是哪个视图的，都映射到一个 k 维子空间，让它们可以用余弦距离进行匹配。作者内在的想法是子空间中的维度是不随视图改变的，这在跨视图中就很有用。严格来讲，作者的目标是学习一个最优的字典 $\boldsymbol{D}$，使得 X 的稀疏编码记作 $\boldsymbol{Y}=[\boldsymbol{Y}^a,\boldsymbol{Y}^b]\in\mathbb{R}^{k\times m}$，其中 $\boldsymbol{Y}^a=[\boldsymbol{Y}_1^a,\cdots,\boldsymbol{Y}_{m1}^a]\in\mathbb{R}^{k\times m1}$，$\boldsymbol{Y}^b=[\boldsymbol{Y}_1^b,\cdots,\boldsymbol{Y}_{m2}^b]\in\mathbb{R}^{k\times m2}$。$\boldsymbol{D}$ 可以用于匹配训练数据，同时也可以泛化到测试图像上。

$\boldsymbol{D}$ 和 $\boldsymbol{Y}$ 可以表示为

$$(\boldsymbol{D}^*,\boldsymbol{Y}^*)=\arg\min_{D,Y}\|\boldsymbol{X}-\boldsymbol{D}\boldsymbol{Y}\|_F^2+\alpha\|\boldsymbol{Y}\|_1 \tag{9-5}$$

式中，$\|\boldsymbol{X}-\boldsymbol{D}\boldsymbol{Y}\|_F^2$ 是重建损失，$\|\boldsymbol{Y}\|_1$ 让模型选择更少的元素来重建，但是考虑到是无监督学习，没有标签，就不能使用这个公式。为了解决这个问题，引入了拉普拉斯正则项，故公式可重写为

$$(\boldsymbol{D}^*,\boldsymbol{Y}^*)=\arg\min_{D,Y}\|\boldsymbol{X}-\boldsymbol{D}\boldsymbol{Y}\|_F^2+\alpha\|\boldsymbol{Y}\|_1+\beta\sum_{i,j}^{m}\|\boldsymbol{y}_i^a-\boldsymbol{y}_j^b\|_2^2\boldsymbol{W}_{i,j} \tag{9-6}$$

式中，$\boldsymbol{W}\in\mathbb{R}^{m\times m}$ 是跨视图相关矩阵，用于捕获身份相关性。

算法 9-3　算法过程

训练：
1：初始化索引 $i=0$，目标函数值 $O_0=100$
2：while $O_i-O_{i-1}>T_h$ do
3：　for $t=1,2,\cdots$, T do
4：　　更新稀疏编码 $\boldsymbol{Y}$
5：　　更新字典 $\boldsymbol{D}$
6：　end
7：　计算目标函数 O_i
8：　计算拉普拉斯矩阵 $\boldsymbol{L}_i$
9：　$i=i+1$
10：end while

参考文献

[1] LI S, SHAO M, FU Y. Cross-view projective dictionary learning for person re-identification[C]//Twenty-Fourth International Joint Conference on Artificial Intelligence, 2015: 2155-2161.

[2] LI K, DING Z M, LI S, et al. Discriminative semi-coupled projective dictionary learning for low-resolution person re-identification[C]//Thirty-Second AAAI Conference on Artificial Intelligence, 2018: 2331-2338.

[3] KODIROV E, XIANG T, GONG S G. Dictionary learning with iterative laplacian regularisation for unsupervised person re-identification[C]//BMVC, 2015: 44.1-44.12.

第 4 部分

深度学习在行人重识别中的应用与研究

第 10 章　基于对称三元组约束的深度度量学习

行人重识别技术在视频监控领域具有重要的研究意义，其目标是在两个没有重叠区域的摄像头采集的行人数据中匹配目标行人。因为拍摄的光照、角度、背景、场合和图像分辨率的变化极大，使跨摄像头的行人匹配问题难度增加。针对这些困难，很多基于度量学习的方法被设计出来，这些方法的核心思想为学习一个度量矩阵来减少这些变化的影响。其中，比较经典的度量学习方法有 KISSME[1]、RDC[2]等，然而这些基于度量学习的方法都是对已有的人工设计的图像/视频特征来训练度量矩阵。

为了更好地学习一个具有高鉴别力的度量矩阵，很多工作利用深度学习来研究行人跨摄像头匹配问题，如 DML[3]、嵌入型深度度量学习行人重识别算法（embedding deep metric learning，EDML）[4]。DML 和 EDML 两个方法的基本思路是建立一个深度度量网络，并利用将属于同一行人的图像样本特征距离拉近，将不属于同一个人的数据样本特征距离推远，以此来对网络进行反向传播优化。但是，在实际应用中，这个方法将异类样本同等对待，导致基于 DML 的行人重识别方法在挖掘行人鉴别信息方面有一些缺点。

一些在穿着、姿势、身形等方面相似的人，在行人重识别问题中称为伪装者，剩余的负类样本称为易区分样本。其中，伪装者样本在识别过程中极易混淆，因此这些伪装者样本较普通的异类样本具有更多的鉴别信息，如何挖掘伪装者的鉴别信息，对行人重识别效果的提升极为有效。已有的针对伪装者的研究工作[5-7]将伪装者和对应的同类样本对组成三元组，它们通过非对称三元组约束使三元组中来自不同行人的样本特征对的距离推远，使其大于来自同一行人的图像样本对的距离，但是它们对伪装者内部的关系进行非对称处理，并且忽视了易区分样本的处理。因此，如图 10-1 所示，因非对称的三元组约束经常会出现图中的情形，所以它们不能有效地去除伪装者。正如文献[8]中所述，在伪装者和易区分样本中能够通过深度度量学习来更有效地挖掘出深层次的鉴别信息。

针对以上研究动机，本章设计出了基于对称三元组约束的深度神经网络，并且通过对称三元组间隔最大化目标损失函数和随机梯度下降算法进行优化。本章主要内容总结如下：

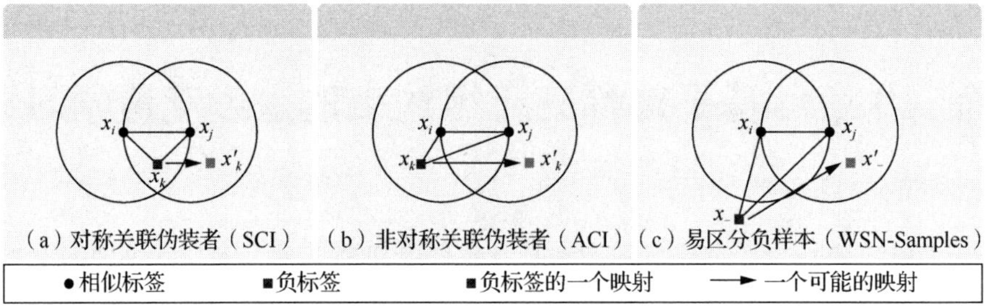

图 10-1　三元组样本关系及已有的基于非对称三元组约束的深度学习方法可能产生的映射结果

1) 建立一个基于对称三元组约束的深度度量网络 (deep metric learning with symmetric triplet constraint，STDML)，并设计对称三元组边缘最大化目标函数，其目的是使伪装者与正样本对的样本距离大于正样本对之间的距离，并使易区分样本与正样本对的距离最大化，以此单独提取伪装者和易区分样本的深层鉴别信息。

2) 优化 STDML 网络，为网络中的权重、偏置设计了一个基于随机梯度下降的反向传播更新规则，以此学习深层次的度量矩阵。

在 3 个公开的行人重数据集上进行了一系列实验来验证 STDML 的有效性，实验证明所提方法取得了较好的效果。

10.1　关于负类样本的分割问题

根据文献[9]中描述的负类样本之间的各种关系，负类样本关系可以划分为 3 类：对称关联伪装者 (symmetric correlated impostors，SCI)、非对称关联伪装者 (asymmetric correlated impostors，ACI) 和易区分负样本 (well separable negative samples，WSN-Samples)。

SCI 定义：假设训练样本集为 $\boldsymbol{X}=\{\boldsymbol{x}_1,\cdots,\boldsymbol{x}_i,\cdots,\boldsymbol{x}_N\}$，$\boldsymbol{x}_i$、$\boldsymbol{x}_j$、$\boldsymbol{x}_k$ 表示 $\boldsymbol{X}$ 中第 i、j 和 k 个图像的特征向量，组成一个行人图像样本三元组 $\langle i,j,k\rangle$，其中 $\boldsymbol{x}_j$ 是 $\boldsymbol{x}_i$ 的同类样本，而 $\boldsymbol{x}_k$ 是 $\boldsymbol{x}_i$ 的异类样本。如果 $\boldsymbol{x}_k$ 同时满足 $\|\boldsymbol{x}_i-\boldsymbol{x}_k\|^2\leqslant\|\boldsymbol{x}_i-\boldsymbol{x}_j\|^2$ 和 $\|\boldsymbol{x}_j-\boldsymbol{x}_k\|^2\leqslant\|\boldsymbol{x}_i-\boldsymbol{x}_j\|^2$ 两个条件，则称 $\boldsymbol{x}_k$ 为 SCI，如图 10-1 (a) 所示。

ACI 定义：如果三元组 $\langle i,j,k\rangle$ 满足 $\|\boldsymbol{x}_i-\boldsymbol{x}_k\|^2\leqslant\|\boldsymbol{x}_i-\boldsymbol{x}_j\|^2$，并且 $\|\boldsymbol{x}_j-\boldsymbol{x}_k\|^2>\|\boldsymbol{x}_i-\boldsymbol{x}_j\|^2$，则称 $\boldsymbol{x}_k$ 为 ACI，如图 10-1 (b) 所示。

WSN-Samples 定义：已有的 $\boldsymbol{X}$ 中的 $\boldsymbol{x}_i$ 和 $\boldsymbol{x}_-$，其中 $\boldsymbol{x}_-$ 是与 $\boldsymbol{x}_i$ 异类的样本，如果这里没有任何与 $\boldsymbol{x}_i$ 同类样本 $\boldsymbol{x}_j$ 满足 SCI 和 ACI 的关系，那么称其为 WSN-Sample，然后组成易区分样本对 $\langle i,-\rangle$，如图 10-1（c）所示。

10.2　基于对称三元组约束及易区分样本区别对待的深度度量学习

基于对称三元组约束的深度度量学习方法（symmetric triplet based deep metric learning，STDML），区别对待了所有类型的伪装者和易区分样本，从而能够有效地处理这些样本。然后，给出优化过程和行人重识别时的识别方法。STDML 的基本思路如彩图 23 所示。

10.2.1　样本预计算

假设行人图像集合为 $\boldsymbol{X}=\{\boldsymbol{x}_1,\cdots,\boldsymbol{x}_i,\cdots,\boldsymbol{x}_N\}$，为了计算样本间的距离，利用 AlexNet[10]来提取它们的深度特征。对每个 $\boldsymbol{x}_i$，通过使包含它的所有三元组 $\langle i,j,k\rangle$ 与其所有的易区分样本对 $\langle i,-\rangle$ 进行迭代组合，得到包含 $\boldsymbol{x}_i$ 的四样本组合 $\langle i,j,k,-\rangle$。最后，可以得到包含所有四样本组合的集合，$T=T_1,\cdots,T_i,\cdots,T_N$，其中 T_i 是所有关于 x_i 的四样本组合，而且 $K(i)$ 表示 T_i 中四样本组合的数量。

10.2.2　问题建模

给出一个四样本组合 $\langle i,j,k,-\rangle$，使用 $L+1$ 层的 STDML 网络。$\boldsymbol{W}^l$ 和 b^l 分别表示第 l 个映射矩阵和偏置，d^l 表示第 l 层的节点个数，并且 σ 是一个非线性激活函数（$1\leqslant l\leqslant L$）。如图 10-2 所示，一个四样本组合 $\langle i,j,k,-\rangle$ 作为网络第一层的输入。详细地来讲，以 $\boldsymbol{x}_i$ 为例，利用 $\boldsymbol{h}_i^1=\sigma(\boldsymbol{W}^1\boldsymbol{x}_i+\boldsymbol{b}^1)$ 计算第一层的输出，对第 l 层来讲，其输出为 $\boldsymbol{h}_i^l=\sigma(\boldsymbol{W}^l\boldsymbol{h}_i^{l-1}+\boldsymbol{b}^l)$。依此类推，最后一个网络层 L 层的输出为 $\boldsymbol{h}_i^L=\sigma(\boldsymbol{W}^L\boldsymbol{h}_i^{L-1}+\boldsymbol{b}^L)$。在第 $L+1$ 层，为四样本组合中的所有样本在第 L 层的输出设计了一个对称三元组间距最大化目标函数。

在 STDML 模型中，通过以下方法来计算两个样本 $\boldsymbol{x}_i$ 和 $\boldsymbol{x}_j$ 在第 L 层输出特征的距离：

$$D(i,j)=\left\|\boldsymbol{h}_i^L-\boldsymbol{h}_j^L\right\|^2 \tag{10-1}$$

式中，$\boldsymbol{H}_i^L$ 和 $\boldsymbol{H}_j^L$ 为第 L 层中两个图像样本 $\boldsymbol{x}_i$ 和 $\boldsymbol{x}_j$ 的输出特征。

为了从负类样本中更有效地挖掘鉴别信息，需要使每个四样本组合 $\{i,j,k,-\}$

同时满足 $(\alpha+1)\left\|\boldsymbol{h}_i^L-\boldsymbol{h}_j^L\right\|^2-\left\|\boldsymbol{h}_i^L-\boldsymbol{h}_k^L\right\|^2$、$(\alpha+1)\left\|\boldsymbol{h}_i^L-\boldsymbol{h}_j^L\right\|^2-\left\|\boldsymbol{h}_j^L-\boldsymbol{h}_k^L\right\|^2$ 最小，$\left\|\boldsymbol{h}_i^L-\boldsymbol{h}_-^L\right\|^2$ 最大，其中 α 是间距系数。在网络中通过学习得到的参数 $f=\{\boldsymbol{W}^1,\boldsymbol{W}^2,\cdots,\boldsymbol{W}^L;b^1,b^2,\cdots,b^L\}$，第 L 层的输出应该满足如下目标函数：

$$\min_f J=\frac{1}{\|N\|}\sum_{i=1,T_i\in T}^{N}\frac{1}{K(i)}\sum_{<i,j,k,->\in T_i}\{[(\alpha+1)D(i,j)-D(i,k)]+[(\alpha+1)D(i,j)-D(j,k)]-\gamma D(i,-)\} \tag{10-2}$$

其中，为了提高学习效果，设置 γ 为在三元组项和 WSN 项之间的平衡参数，α 为间距系数。

通过引入式（10-2）的深度网络，本章设计了一个对于网络 f 的优化函数：

$$\min_f H=g(J)+\frac{\lambda}{2}\sum_{l=1}^{L}\left(\|\boldsymbol{W}^l\|_F^2+\|b^l\|_2^2\right) \tag{10-3}$$

式中，$g(J)$ 是为了式（10-2）满足对称三元组约束[11]而设计的，$\frac{\lambda}{2}\sum_{l=1}^{L}\left(\|\boldsymbol{W}^l\|_F^2+\|b^l\|_F^2\right)$ 为 STDML 中 f 的正则化参数项。

$g(a)$ 是一个通用的 logistic 损失函数，它的目的是估计隐含损失函数 $a=\max(a,0)$，定义如下：

$$g(a)=\frac{1}{\rho}\log[1+\exp(\rho a)] \tag{10-4}$$

10.2.3 目标函数优化

算法 10-1　STDML 算法

输入：训练数据集 X，网络层数 $L+1$，学习率 μ，迭代次数 K，平衡参数 α、γ、λ 和收敛误差 ε

输出：网络权重参数 $\boldsymbol{W}^l$ 和偏置参数 b^l，$1\leqslant l\leqslant L$

初始化：通过预定策略初始化 $\boldsymbol{W}^l$ 和 b^l

for $k=1,2,\cdots,K$ do

　计算四样本组合集 T

　for $l=1,2,\cdots,L$ do

　　利用深度网络计算 $\boldsymbol{h}_i^l$、$\boldsymbol{h}_j^l$、$\boldsymbol{h}_k^l$ 和 $\boldsymbol{h}_-^l$

　end

　for $l=L,L-1,\cdots,1$ do

　　根据式（10-4）和式（10-5）计算优化梯度。

　end

　for $l=1,2,\cdots,L$ do

　　根据式（10-23）和式（10-24）优化 $\boldsymbol{W}^l$ and b^l

　end

　根据式（10-3）计算 H_k

　If $k>1$ and $\|H_k - H_{k-1}\| < \varepsilon$, go to return
end
返回：$\boldsymbol{W}^l$ 和 b^l，其中 $1 \leqslant l \leqslant L$

为了得到 f 的最优解，为 STDML 提出了一个迭代优化的方法。首先，给出一系列的初始化参数并且以此为训练集计算四样本组合，然后通过式（10-24）和式（10-25）进行迭代更新，直到满足收敛条件为止。

引入了随机梯度下降算法来获取 $f=\{\boldsymbol{W}^1,\boldsymbol{W}^2,\cdots,\boldsymbol{W}^L;b^1,b^2,\cdots,b^L\}$ 在目标函数［式（10-3）］中的最优解。对式（10-3）[12]中 H 优化的反向传播步骤描述如下：

$$\frac{\partial H}{\partial \boldsymbol{W}^l} = \sum_{<i,j,k,->\in T_i} [\delta_i^l (\boldsymbol{h}_i^{l-1})' + \delta_j^l (\boldsymbol{h}_j^{l-1})' + \delta_k^l (\boldsymbol{h}_k^{l-1})' + \delta_-^l (\boldsymbol{h}_-^{l-1})'] + \lambda \boldsymbol{W}^l \tag{10-5}$$

$$\frac{\partial H}{\partial b^l} = \sum_{<i,j,k,->\in T_i} (\delta_i^l + \delta_j^l + \delta_k^l + \delta_-^l) + \lambda b^l \tag{10-6}$$

式中，δ_i^l、δ_j^l、δ_k^l 和 δ_-^l 为更新函数。对第 L 层，按如下方法计算：

$$\delta_j^l = g'(J)[-4(\alpha+1)R_1 - 2R_3] \odot \sigma'(y_j^L) \tag{10-7}$$

$$\delta_k^l = g'(J)(2R_2 + 2R_3) \odot \sigma'(y_k^L) \tag{10-8}$$

$$\delta_-^l = g'(J)(2\gamma R_4) \odot \sigma'(y_-^L) \tag{10-9}$$

$$\delta_i^l = g'(J)[4(\alpha+1)R_1 - 2R_2 - 2\gamma R_4] \odot \sigma'(y_i^L) \tag{10-10}$$

$$J \triangleq \frac{1}{\|N\|} \sum_{i=1,T_i\in T}^{N} \frac{1}{K(i)} \sum_{<i,j,k,->\in T_i} \{[(\alpha+1)D(i,j) - D^j(i,k)] \\ +[(\alpha+1)D(i,j) - D(j,k)] - \gamma D(i,-)\} \tag{10-11}$$

$$R_1 \triangleq \frac{1}{K(i)} \sum_{<i,j,k,->\in T_i} \boldsymbol{h}_i^l - \boldsymbol{h}_j^l \tag{10-12}$$

$$R_2 \triangleq \frac{1}{K(i)} \sum_{<i,j,k,->\in T_i} \boldsymbol{h}_i^l - \boldsymbol{h}_k^l \tag{10-13}$$

$$R_3 \triangleq \frac{1}{K(i)} \sum_{<i,j,k,->\in T_i} \boldsymbol{h}_j^l - \boldsymbol{h}_k^l \tag{10-14}$$

$$R_4 \triangleq \frac{1}{K(i)} \sum_{<i,j,k,->\in T_i} \boldsymbol{h}_i^l - \boldsymbol{h}_-^l \tag{10-15}$$

$$y_i^l \triangleq \boldsymbol{W}^l \boldsymbol{h}_i^l + b^l \tag{10-16}$$

$$y_j^l \triangleq \boldsymbol{W}^l \boldsymbol{h}_j^l + b^l \tag{10-17}$$

$$y_k^l \triangleq \boldsymbol{W}^l \boldsymbol{h}_k^l + b^l \tag{10-18}$$

$$y_-^l \triangleq \boldsymbol{W}^l \boldsymbol{h}_-^l + b^l \tag{10-19}$$

对网络的第 l 层，$1 \leqslant l \leqslant L-1$，计算 δ_i^l、δ_j^l、δ_k^l、δ_-^l 如下：

$$\delta_i^l = (\boldsymbol{W}^{l+1})^T \delta_i^{l+1} \odot \sigma'(y_i^l) \tag{10-20}$$

$$\delta_j^l = (\boldsymbol{W}^{l+1})^T \delta_j^{l+1} \odot \sigma'(y_j^l) \tag{10-21}$$

$$\delta_k^l = (\boldsymbol{W}^{l+1})^T \delta_k^{l+1} \odot \sigma'(y_k^l) \tag{10-22}$$

$$\delta_-^l = (\boldsymbol{W}^{l+1})^T \delta_-^{l+1} \odot \sigma'(y_-^l) \tag{10-23}$$

式中，“$\odot$”为元素相乘操作。

通过以下公式对 $f = \{\boldsymbol{W}^1, \boldsymbol{W}^2, \cdots, \boldsymbol{W}^L; b^1, b^2, \cdots, b^L\}$ 进行更新：

$$\boldsymbol{W}^l = \boldsymbol{W}^l - \mu \frac{\partial H}{\partial \boldsymbol{W}^l} \tag{10-24}$$

$$b^l = b^l - \mu \frac{\partial H}{\partial b^l} \tag{10-25}$$

式中，μ 为学习率，$1 \leqslant l \leqslant L$。

10.2.4 STDML 在行人重识别中的应用

对于测试集中一个行人图像 y，首先使图像 y 作为 STDML 网络的输入，并通过已学习的参数 f 获得其深度特征 $\boldsymbol{h}_y^L$；然后，通过式（10-1）计算 $\boldsymbol{h}_y^L$ 和其他待匹配图像的特征之间的距离；最后，选择 $\boldsymbol{h}_y^L$ 与其他特征距离中最小距离的样本来源分类 $\boldsymbol{x}_c$，这个样本的类别来源 c 即为 y 的类别。表示[13]如下：

$$L_y = \arg\min_c (\boldsymbol{y}_i, \boldsymbol{x}_c), 1 \leqslant c \leqslant C \tag{10-26}$$

式中，c 为 x_c 的类别；C 为 X 中的类别个数。

10.3 数 据 集

为了验证 STDML 网络的效果，将 STDML 在不同数据集上执行很多次实验验证操作，其中 CUHK03[14]由 1360 个行人的数据组成，总计包括 13164 张行人图像。CUHK01 是由 971 个不同身份的人在不同采集设备中存储而来的数据。VIPeR 由从两个不重叠的采集设备中拍摄的来自 632 个不同身份的人的 1264 张室外图像组成。

10.4 实 验 细 节

利用 TensorFlow 深度框架[15]实现 STDML 网络。利用 5 个卷积层学习特征，3 个全连接层学习深度度量矩阵，组成 STDML 网络并学习 f，并按照 AlexNet[10]

初始化卷积层的参数。

输入数据预处理：首先，每张输入的图像在输入网络前均调整为 224 像素×224 像素，最终在全连接层的操作下，网络输出结果为 1024 维特征；然后为 3 个数据集计算四样本组合，在计算过程中每个图像样本被组合了至少 5 遍；最后，设置训练时的图像集合大小为 128。

训练参数设置：参数包括学习率μ、参数λ、间距参数α，其在 3 个数据集的训练过程中分别设置为10^{-3}、10^{-5}、0.15，平衡参数γ在 CUHK03、CUHK01、VIPeR 中分别设置为 0.20、0.30、0.15。

对比方法：选取 KISSME[16]、kLFDA[17]、SIRCIR[18]、NullReid[19]、Ensembles[20]、IDLA[21]、DeepRanking[22]、GatedSiamese[23]、ImpTrpLoss[24]、MTDnet[25]作为对比方法。其中，KISSME[16]和 IDLA[21]方法在前文有详细介绍。kLFDA[17]通过正则化样本对约束成分分析、局部核 Fisher 判别分析、边缘 Fisher 分析和一个投票排序方案相结合的方法，将不同大小的直方图特征进行线性组合。SIRCIR[14]挖掘两类方法的联系，用一个联合训练学习框架将 SIR 和 CIR 通过卷积神经网络进行组合。NullReid[19]方法针对行人重识别问题中小规模数据集样本量不足的问题，提出一个在行人训练数据的零判别空间中通过距离度量学习进行行人匹配的方法。在零判别空间中，同一个人的图像被折叠成单个点，从而最小化类内聚类中心，最大化类间的分散度。最重要的是，它有一个固定的维数，形成一个有效、封闭的解决方案。Ensembles[20]方法是在多个低水平人工设计和高水平视觉特征的基础上进行设计的。DeepRanking[22]方法设计了一个统一的深度排序框架，研究者从对目标图像正确匹配的行人图像排序的原则出发，设计了一个最小化排序顺序的损失函数来训练排序算法。GatedSiamese[23]方法提出了一个通过比较跨样本对的多水平特征，来选择性地通用比较阈值函数，以此 Siamese 网络进行行人重识别优化问题。ImpTrpLoss[24]方法提出一个新的基于多通道模块三元组约束的卷积神经网络模型，通过行人身体全局和局部身体特征进行多通道联合训练，并通过三元组约束进行迭代优化。MTDnet[25]方法设计了一个多任务深度神经网络，利用各任务的优势联合优化行人重识别任务，并且引入了一个跨域联合训练框架以解决训练样本不足的问题。

10.5　实验结果

对每个数据集分别随机执行了 10 遍测试实验，得到了在不同排名前 k 的平均准确率（rank k）下的平均实验结果。

为了展示 STDML 方法能够挖掘具有鉴别能力的特征，采用 10 个有代表性的行人重识别算法进行对比，对比实验的结果中每个方法至少在两个数据集上执行。rank 1、rank 5、rank 10 的匹配率显示在表 10-1 中的方法与已有最好方法的结果对比，其中加粗字体为最好效果。与这些代表性的对比方法相比，可以发现 STDML 方法在三元组样本和 WSN 样本中挖掘鉴别信息的性能更好，其匹配率整体上高于对比方法。

表 10-1　STDML 方法与已有最好方法的结果对比（其中加粗字体为最好效果）

方法	CUHK03			CUHK01			VIPeR		
	r=1	r=5	r=10	r=1	r=5	r=10	r=1	r=5	r=10
KISSME	14.1	48.5	52.5	29.4	57.6	62.4	19.6	48.0	62.2
kLFDA	48.2	59.3	66.3	42.7	69.0	79.6	32.3	65.7	79.7
SIRCIR	52.1	85.0	92.0	72.5	91.0	95.5	35.7	67.0	82.5
NullReid	58.9	85.6	92.4	64.9	84.9	89.9	42.2	71.4	82.9
Ensembles	62.1	89.1	94.3	53.4	76.3	84.4	45.9	77.5	**88.9**
IDLA	54.7	86.5	94.0	65.0	89.5	93.0	34.8	63.3	74.7
DeepRanking	—	—	—	70.9	92.3	96.9	38.3	69.2	81.3
GatedSiamese	68.1	88.1	94.6	—	—	—	37.8	66.9	77.4
ImpTrpLoss	—	—	—	53.7	84.3	91.0	**47.8**	74.7	84.8
MTDnet	74.6	**95.9**	97.4	77.5	95.0	**97.5**	45.8	71.8	83.2
STDML	**75.3**	93.6	**97.5**	**78.1**	**95.3**	96.8	45.7	**77.5**	87.6

参 考 文 献

[1] KOSTINGER M, HIRZER M, WOHLHART P, et al. Large scale metric learning from equivalence constraints[C]// CVPR, IEEE Conference on, 2012: 2288-2295.

[2] ZHENG W, GONG S, XIANG T. Re-identification by relative distance comparison[J]. IEEE Transactions on Pattern Analysis and Machine Intelligence, 2013, 35(3): 653-668.

[3] YI D, LEI Z, LIAO S, et al. Deep metric learning for person re-identification[C]// International Conference on Pattern Recognition, 2014: 34-39.

[4] SHI H, YANG Y, ZHU X, et al. Embedding deep Metric for person re-identification: a study against large variations[C]// European Conference on Computer Vision, 2016: 732-748.

[5] CHEN W, CHEN X, ZHANG J, et al. A multi-task deep network for person re-identification[C]// 31st AAAI Conference on Artificial Intelligence, 2017: 3988-3994.

[6] CHENG D, GONG Y, ZHOU S, et al. Person re-identification by multi-Channel parts-based CNN with improved triplet loss function[C]//Computer Vision and Pattern Recognition, 2016: 1335-1344.

[7] VIJAY K B G, CARNEIRO G, REID I. Learning local image descriptors with deep siamese and triplet convolutional networks by minimizing global loss functions[C]//IEEE Conference on Computer Vision and Pattern Recognition, 2016: 5385-5394.

[8] ZHU X, JING X Y, WU F, et al. Distance learning by treating negative samples differently and exploiting impostors with symmetric triplet constraint for person re-identification[C]//IEEE International Conference on Multimedia and Expo, 2016: 1-6.

[9] LI X, ZHENG W S, WANG X, et al. Multi-scale learning for low resolution person re-identification[C]//ICCV, IEEE Conference on, 2015: 3765-3773.

[10] KRIZHEVSKY A, SUTSKEVER I, HINTON G E. ImageNet classification with deep convolutional neural networks[C]// International Conference on Neural Information Processing Systems.Curran Associates Inc, 2012: 1097-1105.

[11] LI W, ZHAO R, XIAO T, et al. Deep reID: Deep filter pairing neural network for person re-identification[C]// Computer Vision and Pattern Recognition, 2014: 152-159.

[12] LI W, ZHAO R, WANG X. Human re-identification with transferred metric learning[C]//Asian Conference on Computer Vision, 2012: 31-44.

[13] WU L, SHEN C, HENGEL A V D. Deep linear discriminant analysis on fisher networks: a hybrid architecture for person re-identification[J]. Pattern Recognition, 2016(65): 238-250.

[14] GRAY D, BRENNAN S, TAO H. Evaluating appearance models for recognition, reacquisition, and tracking[J]. International Journal of Computer Vision, 2007, 89(2): 56-68.

[15] ABADI M, BARHAM P, CHEN J, et al. TensorFlow: a system for large-scale machine learning[C]//12th USENIX Symposium on Operating Systems Design and Implementation (OSDI), 2016: 265-283.

[16] KOSTINGER M, HIRZER M, WOHLHART P, et al. Large scale metric learning from equivalence constraints[C]// CVPR, IEEE Conference on, 2012: 2288-2295.

[17] XIONG F, GOU M, CAMPS O, et al. Person re-identification using kernel-based metric learning methods[C]// European Conference on Computer Vision, 2014: 1-16.

[18] WANG F, ZUO W, LIN L, et al. Joint learning of single-Image and cross-image representations for person re-identification[C]//Computer Vision and Pattern Recognition, 2016: 1288-1296.

[19] ZHANG L, XIANG T, GONG S. Learning a discriminative null space for person re-identification[C]//Computer Vision and Pattern Recognition, 2016: 1239-1248.

[20] PAISITKRIANGKRAI S, SHEN C, HENGEL A V D. Learning to rank in person re-identification with metric ensembles[C]. IEEE Conference on Computer Vision and Pattern Recognition (CVPR), 2015: 1846-1855.

[21] AHMED E, JONES M, MARKS T K. An improved deep learning architecture for person re-identification[C]// Computer Vision and Pattern Recognition, 2015: 3908-3916.

[22] CHEN S Z, GUO C C, LAI J H. Deep ranking for person re-identification via joint representation learning[J]. IEEE Trans Image Process, 2015, 25(5): 2353-2367.

[23] VARIOR R R, HALOI M, WANG G. Gated siamese convolutional neural network architecture for human re-identification [C]//European Conference on Computer Vision, 2016: 791-808.

[24] CHENG D, GONG Y, ZHOU S, et al. Person re-identification by multi-channel parts-based CNN with improved triplet loss function[C]//Computer Vision and Pattern Recognition, 2016: 1335-1344.

[25] CHEN W, CHEN X, ZHANG J, et al. A multi-task deep network for person re-identification[C]//31st AAAI Conference on Artificial Intelligence, 2016: 3988-3994.

第 11 章　基于跨模态特征生成和目标信息保留的无监督图像到视频匹配的行人重识别算法

11.1　引　　言

行人重识别问题在社会治安、城市管理中的重点研究内容，并且在视频监控和取证的实际应用中已经进行了广泛的研究。近年来，图像对视频的行人重识别问题（image to video person re-identification，IVPR）因为在罪犯追踪、走失人口定位方面的重要应用，吸引了很多学者进行研究，如文献[1]～[3]。在图像对视频的行人重识别问题中，学习一个图像到视频的映射度量矩阵比学习一个图像到图像或者视频到视频的映射矩阵要困难得多，因为视频和图像分布于两个完全不同模态的特征空间内，这两个特征空间具有很大的特征鸿沟。在图像对视频匹配的行人重识别技术研究中，文献[2]提出了一个联合特征映射度量和多字典对学习的方法，用来联合训练视频类内的映射矩阵和一对异构的图像和视频字典。文献[1]为图像到视频行人重识别问题提出了一个新的基于时间记忆的相似度学习神经网络，该方法采用 CNN 为图像提取深度特征，采用 LSTM（long-short-term memory，长短期记忆）网络为视频提取空间特征，并利用一个相似度子网络来进行度量矩阵的学习。文献[3]设计了一个点到集合的网络，利用 KNN-triplet 模型进行去噪，并设计了一个新的神经网络，使图像和视频作为输入来学习联合特征描述，以期在一个统一的空间进行点到集合的度量矩阵的学习。

然而，已有的 IVPR 模型都是基于监督学习框架的，它们需要大量的带标签的图像到视频样本对来学习映射矩阵，这在实际应用中却是面临的一个最大的挑战，总结为两点。①需要检索的视频遍布在城市、乡村等各个角落的摄像头中，无法预知目标行人会出现在哪个摄像头中，其中大部分摄像头获取到的视频不会有任何标签样本。②对于罪犯追踪和走失人口定位工作，因为事件的紧迫性，必须及时快速地从大量待检索视频中找到目标行人；与此同时，标注如此多的待检索视频在实际情况下会耗费大量的人力成本和时间成本。因此，无监督图像到视频的行人重识别（unsupervised image to video person re-identification，UIVPR）方法在现实中具有迫切的应用需求。无监督图像到视频的行人重识别问题描述如彩图 24 所示。

在无监督图像到视频的行人重识别问题中能够很明显地发现两个主要困难。

一方面，行人图像和视频分别表示为视觉特征和时空特征，两种特征在空间分布上具有巨大的鸿沟，正如彩图 25 中所描述的。此外，在目标待检索的数据中没有任何标签，即不能通过直接学习度量矩阵来减小该特征分布的鸿沟。另一方面，已有的无监督行人重识别方法[4-8]都是基于聚类和迁移学习的方法，它们的目的不是解决行人跨采集设备的图像数据匹配问题就是解决行人跨采集设备视频数据的匹配问题，没有考虑特征分布鸿沟的存在，因此不能有效地解决无监督图像到视频的行人重识别问题。基于以上分析，本章着重研究在无监督行人重识别框架下，如何有效地减小图像和视频的跨模态特征分布鸿沟这个关键问题。

在实际应用中，无监督图像到视频的行人重识别技术是在目标追踪和定位应用最为广泛的一个方面。已有的图像数据对视频数据检索的目标行人匹配模型多数是基于监督框架下，它们必须通过大量的带标签的图像-视频样本对来学习共享特征空间。但是，给大量的图像和视频进行标记工作会花费巨大的时间和人力成本。除此之外，已有的无监督行人重识别模型[5, 9-12]要么基于迁移学习，要么基于聚类，都不能有效地减小行人图像和视频间的跨模态特征分布鸿沟，直接应用到无监督图像到视频的行人重识别问题上效果非常有限。

基于以上分析，针对在无监督框架下减小跨模态特征分布鸿沟这一主要动机，本章设计了一个无监督图像数据对视频数据的跨摄像头行人匹配模型，尽可能地利用无标签数据中的鉴别信息来削弱不同模态特征之间的分布特征鸿沟，如彩图 25 所示。

在跨摄像头行人图像到视频的匹配问题上，主要技术创新为如下 3 点：

1）本方法是第一个引入无监督图像到视频的行人重识别问题的方法，通过一个改进的三元组网络来提取图像 2D 视觉特征和视频 3D 时空特征，以此将图像到视频的匹配问题转化为 2D 和 3D 特征的匹配问题。

2）为了避免无监督图像到视频的行人重识别问题中目标数据缺乏标记样本这一重要缺陷，引入无监督生成对抗网络，将目标数据集的特征生成到源数据集所在的域中，利用源数据集中大量的已标记样本对分类模型进行充分训练。通过把目标数据集中的行人特征转化至源域，可以直接利用源域中丰富的鉴别信息来训练跨模态迁移网络。

3）为了减小图像和视频间的跨模态特征分布鸿沟，首先利用三元组网络为源域数据去除伪装者样本的存在；然后，本章提出了一个跨模态损失函数来保证基于迁移学习的生成对抗网络的生成器能够生成偏向视频特征的跨模态特征，以此保留视频中有鉴别能力的时间和空间特性；另外，本章还设计了目标信息保留损失函数，以此避免在特征迁移生产过程中行人重要鉴别信息的损失。

本章所提方法名为基于跨模态特征生成迁移网络（cross-modal feature generating transfer network，CMGTN）的无监督图像到视频匹配的行人重识别方法。本章进行了一系列实验，实验结果证明了该方法在解决无监督图像到视频的行人重识别问题时的有效性。

11.2 无监督图像到视频的行人重识别模型

图 11-1 所示为跨模态特征生成迁移网络的主要框架。该网络包括一个改进的三元组特征提取网络，以提取 2D 图像视觉特征和 3D 视频时空特征；一个跨模态生成网络，以为目标域样本迁移到源域后的特征生成跨模态特征，其中的源域数据是完全带类别的，目标域数据完全没有任何类别标签。在生成跨模态特征的同时，该网络还保留了目标域内的行人鉴别信息，一次提高生成器的效果。接下来介绍跨模态特征生成迁移网络模型的详细过程。

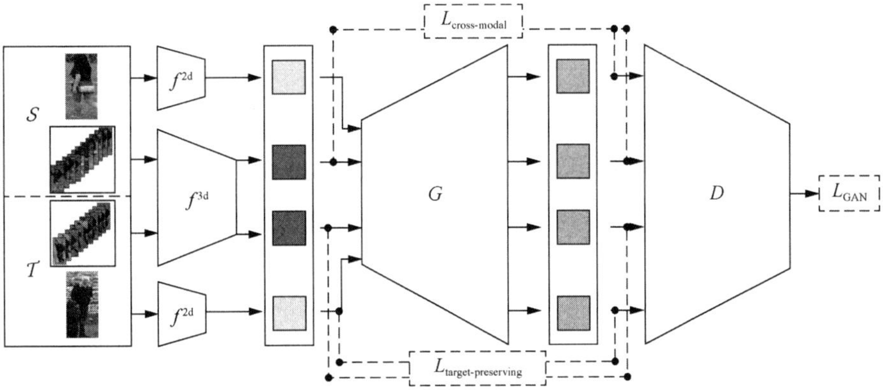

图 11-1 跨模态特征生成迁移网络（损失函数用虚线表示，输入/输出用实线表示。训练完成以后，生成器 G 用来生成跨模态特征和迁移目标特征）

11.2.1 问题建模

假设 $X=\{(I_s,V_s)\mid(I_{s1},V_{s1}),(I_{s2},V_{s2}),\cdots,(I_{N_s},V_{N_s})\}$ 为已标记源域 $\mathcal{S}$ 中的集合，包括 N_s 图像到视频样本对 (I_{si},V_{si})，其中 $I_{si}\in\mathbb{R}^p$ 是源域中的第 i 个图像并且与它在同一域中相关的视频样本 $V_{si}\in\mathbb{R}^q$。同样地，假设 $Y=\{I_t\mid I_{t1},I_{t2},\cdots,I_{N_t^I};V_t\mid V_{t1},V_{t2},\cdots,V_{N_t^V}\}$ 是目标域 $\mathcal{T}$ 中的样本集合，带有 N_t^I 个未标记图像样本和 N_t^V 个未标记的视频样本。视频样本集合是需要通过单张图像来进行检索匹配行人的无标记视频集合。

11.2.2 特征表示

由于基于三元组行人重识别方法得到了很好的效果，研究者在文献[7]的基础上改进了三元组网络作为初始化步骤来提取 2D 图像视觉特征和 3D 视频时空特征。因为视频特征比图像特征包含更多的鉴别信息，所以要保证一个指定行人的视频样本V_i^a（anchor）与他在另一个摄像头内的所有图像I_i^p（positive）的距离要比任何其他人的图像更近。由此，三元组损失函数最小化优化步骤如下：

$$L_{\text{triplet-loss}} = \mathbb{E}_{(V^a,I^p,I^n)\sim S}\sum_i^N\left[\left\|f^{3d}(V_i^a)-f^{2d}(I_i^p)\right\|^2-\left\|f^{3d}(V_i^a)-f^{2d}(I_i^n)\right\|^2+\alpha\right] \quad (11\text{-}1)$$

式中，$\mathbb{E}_{(V^a,I^p,I^n)\sim S}$表示$V^a$、$I^p$、$I^n$来自源域$X$；$f^{2d}$为一系列 2D 卷积层组成的图像视觉特征提取网络；f^{3d}为一系列 3D 卷积网络组成的视频时空特征提取网络。

对于源域，希望选取不满足三元组约束［式（11-1）］的三元组集合。以文献[7]中的方法来选择三元组：给出一个行人视频样本V_i^a，要选择一个同类图像样本I_i^p，使其满足$\arg\max_{I_i^p}\left\|f^{3d}(V_i^a)-f^{2d}(I_i^p)\right\|^2$；并选择一个伪装者图像$I_i^n$，使其满足$\arg\min_{I_i^p}\left\|f^{3d}(V_i^a)-f^{2d}(I_i^n)\right\|^2$。利用在线三元组生成方法，利用大量样本组成训练集并且只计算它们当中最大和最小的样本来组成三元组集合。

11.2.3　跨模态特征生成和目标信息保留

本算法具体网络结构如图 11-1 所示。给出源域$\mathcal{S}$中一系列的标记图像对和视频行人样本对(I_{si},V_{si})、一个跨模态网络，包括f^{2d}提取图像I_{si}的 2D 视觉特征$f^{2d}(I_{si})$，f^{3d}提取视频V_{si}的 3D 时空特征$f^{3d}(V_{si})$，一个特征生成网络G来生成中介跨模态特征。该跨模态特征不仅在 2D 和 3D 特征之间，而且是偏向 3D 特征的共享特征空间，和一个鉴别器D来鉴别某个特征是来自源域还是来自目标域，以达到特征迁移的作用。希望学习最优的f^{2d}、f^{3d}、G和D来最小化联合跨模态特征迁移损失函数$L=L_{\text{GAN}}+\alpha L_{\text{cross-modal}}+\beta L_{\text{target-preserving}}$，其具体定义如下：

$$\min_G\max_D \mathbb{E}_{X\sim\mathcal{S}}\log\{D[f(X)]\}+\mathbb{E}_{Y\sim\mathcal{T}}\log(1-D\{G[f(Y)]\}) \quad (11\text{-}2)$$

式中，$\mathbb{E}_{X\sim\mathcal{S}}$表示$X$来自源域；$\mathbb{E}_{Y\sim\mathcal{T}}$表示$Y$来自目标域；$D$为一个对生成特征的二分类鉴别器；$D[f(I_i)]$或者$D[f(V_i)]$为样本$I_i\in\mathcal{S}$或样本$V_i\in\mathcal{S}$的概率，$f$的选取方式见$f(z)=\begin{cases}f^{2d}(z), z=I_i\\ f^{3d}(z), z=V_i\end{cases}$。

生成迁移网络的 GAN 损失函数的作用是将目标域中无标签样本特征迁移至源域中，并且要鉴别器D不能分辨出由生成器G生成的跨模态特征来自源域还是来自目标域。从这个目标出发，生成网络G能够有效地将目标域特征迁移到源域中，使其满足源域的分布特性。除此之外：

$$L_{\text{cross-modal}}=\mathbb{E}_{(I,V)\sim\mathcal{S}}\left\|G[f^{2d}(I)]-f^{3d}(V)\right\|^2+\left\|G[f^{3d}(V)]-f^{3d}(V)\right\|^2 \quad (11\text{-}3)$$

式中，$\mathbb{E}_{(I,V)\sim\mathcal{S}}$表示$I$、$V$来自源域。

$L_{\text{cross-modal}}$是为了学习一个共享特征空间来为 2D 和 3D 特征生成跨模态特征，

该特征空间要保证生成的跨模态特征与其对应的 3D 特征相近 $f^{3\mathrm{d}}(V)$。因为来自行人视频中的 3D 特征比 2D 特征包含的有效信息更多（如时间特征），所以针对源域中的充足标记跨模态样本设计了偏向视频的跨模态损失函数。与此同时，还为目标域样本中的视频和图像样本设计了一个目标信息保留的损失函数。

$$L_{\text{target-preserving}} = \mathbb{E}_{(I,V)\sim T}\left\|G[f^{2\mathrm{d}}(I)] - f^{2\mathrm{d}}(V)\right\|^2 + \left\|G[f^{3\mathrm{d}}(V)] - f^{3\mathrm{d}}(V)\right\|^2 \tag{11-4}$$

式中，$\mathbb{E}_{(I,V)\sim T}$ 表示 I、V 来自无标记的目标域。

因为在目标域中的图像和视频没有任何标记，也没有任何联系，所以设计了这个目标信息保留项。它可以让图像的跨模态特征 $G[f^{2\mathrm{d}}(I_t)]$ 能够保留其 2D 鉴别信息，让视频的跨模态特征 $G[f^{3\mathrm{d}}(I_t)]$ 保留其 3D 鉴别信息。

CMGTN 网络用反向传播算法进行优化，以此迭代更新 2D 特征提取网络 $f^{2\mathrm{d}}$、3D 提取网络 $f^{3\mathrm{d}}$、生成器 G 和鉴别器 D，具体优化步骤如算法 11-1 所示。

算法 11-1　CMGTN 算法的训练与优化

输入：训练集 $X=\{(I_s,V_s)\}$、$Y=\{I_t,V_t\}$，权值参数 α、β

输出：网络权重参数 W^l 和偏置参数 b^l，$1\leqslant l\leqslant L$

初始化：通过使用改进的三元组网络预训练的参数来初始化 GAN 中的权值参数和偏置参数 W^l、b^l

for $k=1,2,\cdots,K$ do

　　$\{(V_{si},I_{si})\in X,(V_{ti},I_{tj})\in Y\}$ //小批量取样

　　//通过梯度下降来更新特征提取器 $f^{2\mathrm{d}}$ 和 $f^{3\mathrm{d}}$

　　//通过梯度下降来更新判别器 D

　　for step= 0 to N do

　　　　$\{(V_{si},I_{si})\in X,(V_{ti},I_{tj})\in Y\}$ //小批量取样

　　　　//通过固定判别器和梯度下降来更新生成器

　　end

end

返回：W^l 和 b^l，其中 $1\leqslant l\leqslant L$

11.2.4　跨模态行人重识别方法

对测试集中需要匹配的目标行人图像 I_{ti}，使目标图像 I_{ti} 作为包含 $f^{2\mathrm{d}}$，G 的网络的输入，从而得到其深度特征 $G[f^{2\mathrm{d}}(I_{ti})]$。然后，计算 $G[f^{2\mathrm{d}}(I_{ti})]$ 与目标域中每个视频的生成特征 $G[f^{3\mathrm{d}}(V_{tj})]$ 的欧氏距离。最后选择最小距离的图像到视频样本对，这个样本对中的视频所带的类别标记即为该图像 I_{ti} 的类别标签 c。表示如下：

$$L_{I_{ti}} = \arg\min_{c}(d\{G[f^{2\mathrm{d}}(I_{ti})],G[f^{3\mathrm{d}}(V_{tc})]\}),1\leqslant c\leqslant C \tag{11-5}$$

式中，d 为欧氏距离；c 为视频 V_{tc} 的类别；C 为视频样本 V_t 的类别数目。

11.2.5　与其他 GAN 方法的对比

本小节介绍 CMGTN 网络与已有的基于生成对抗网络的方法的不同，包括生成对抗网络（generative adversarial networks，GAN）[13]、基于 GAN 的无监督跨域图像生成（unsupervised cross-domain image generation by GAN，UCGAN）[14]和离群点的标签平滑正则化生成对抗网络（label smoothing regularization for outliers by GAN，LSRO-GAN）[8]在行人重识别问题中的应用。它们之间最大的不同就是 CMGTN 网络生成跨模态特征而不是生成图像或者视频数据，并且对这些跨模态特征，鉴别器用来分辨它们属于源域还是目标域，因此 CMGTN 网络可以有效地进行目标迁移工作。进一步来说，CMGTN 网络将跨模态特征生成约束和目标信息保留约束结合起来，以减小图像和视频两个不同模态之间的特征鸿沟，并且能够实现目标域向源域的迁移工作。经典的 GAN 网络引入了概率标准，因此鉴别器经过训练以后可以为真实样本计算得出较高的概率，为虚假样本计算得出较低的概率。UCG-GAN 引入了一个综合的损失函数，包括一个多类别 GAN 损失函数组件，一个 f-constancy 组件和一个标准化组件，以提升 G 对来自 T 中样本映射到 S 的映射能力。LSRO-GAN 是一个简单的半监督框架，用来给行人重识别问题通过 GAN 生成无标记样本来增加样本数目。所有的这些基于 GAN 的方法都是针对图像生成问题，而没有任何一个方法用于无监督跨模态问题和分类问题。

与以上基于 GAN 的模型相比，CMGTN 网络在迁移框架中引入了跨模态特征生成损失函数和目标信息保留损失函数，是第一个将 GAN 引入的纯粹的迁移学习领域的工作。CMGTN 网络可以将样本特征从无标记目标域迁移至源域中，同时在迁移的过程中，由于跨模态特征生成损失函数和目标信息保留函数的存在，图像和视频分别产生的跨模态特征可以有效减小不同模态特征之间的特征分布鸿沟，还能保证在迁移过程中保留目标域中数据的关键鉴别信息，以此有效解决半监督跨模态分类问题。

11.3　实验与分析

实验工作中，主要利用两个较新的数据集 MARS[15]和 DukeMTMC-reID[8]来验证 CMGTN 模型的效果，因为 MARS 和 Duke 样本规模大，训练集和测试集清晰。在 MARS 数据集的实验中，使用 DukeMTMC-reID 数据集作为源域。在 DukeMTMC-reID 数据集的实验中，利用 MARS 数据集作为源域。

11.3.1 数据集介绍

DukeMTMC-reID 是一个最近公开的多目标、多摄像头的行人追踪数据集。原始数据集包含来自 8 个不同摄像头的 8 个 85min 的高分辨率视频，包含有效的人工行人边缘标注。在实验中，利用 Market-1501 数据集的格式来对 DukeMTMC-reID 的子集进行基于图像的跨摄像头行人匹配实验。通过行人检测框标注的结果，从每 120 帧的视频中生成行人图像，产生 36411 个带标注的样本。DukeMTMC-reID 对行人重识别工作的数据集包含来自 8 个摄像头的 1812 个行人。数据集包括来自不同采集设备的 1404 个不同身份的人的数据，408 个行人仅出现在一个摄像头中。在该行人数据集中无规则抽取 702 个行人用来训练模型，剩余的 702 个行人用来测试模型效果。在测试数据中，在一个摄像头中抽取一个样本，另一个摄像头中的多张连续图像作为待匹配的视频。

MARS 数据集是 Market1501 数据集的一个扩展版本。它是第一个大规模基于视频的行人重识别数据集，采集了来自 6 个摄像头，共 1261 个行人的 11911003 张图像作为训练集和测试集。因为所有的行人标记框是自动检测的，包含很多干扰项，每个行人最少一个行踪，所以错位的数据是常见的，MARS 数据集最接近实际设置，训练集和测试集中每个人平均包括 9445.7 张/帧。

11.3.2 实验细节

本小节简单介绍实验细节。

1. 网络设置

利用 TensorFlow 深度框架来训练 MARS 数据集和 DukeMTMC-reID 数据集上 CMGTN 模型的效果。需要注意的是，在目标数据集上是不利用任何标签的。在每个实验中，根据经验设置整体损失函数中的参数 $\alpha=3$ ，$\beta=7$ 。优化过程中设置学习率为 0.0001，迭代次数为 24000。在测试过程中，利用特征提取器 f^{2d} 和 f^{3d} 来提取原始特征，然后通过生成器 G 为这些目标样本特征生成跨模态特征并迁移至目标域。迁移后的特征按照 11.2.4 小节中的方法进行行人重识别。

对图像（视频）包括 6 个 2D（3D）卷积层、4 个最大池化层、1 个全连接层。整个网络的具体信息如下：①卷积层 $7\times7(7)$ ，步长=2，特征维度=64；②最大池化层 $3\times3(3)$ ，步长=2；③卷积层 $3\times3(3)$ ，步长=1，特征维度=192；④最大池化层 $3\times3(3)$ ，步长=2；⑤卷积层 $3\times3(3)$ ，步长=1，特征维度=384；⑥最大池化层 $3\times3(3)$ ，步长=2；⑦卷积层 $3\times3(3)$ ，步长=1，特征维度=256；⑧卷积层 $3\times3(3)$ ，步长=1，特征步长=256；⑨卷积层 $3\times3(3)$ ，步长=1，特征维度=256；⑩最大池化层 $3\times3(3)$ ，步长=4；⑪全连接层，特征维度=128。

对于生成对抗网络，设计生成器 G 包含 3 个全连接层，配置如下：①全连接层，输出维度=128；②全连接层，输出维度=64；③全连接层，输出维度=1。此外，辨别器 D 同样包含 3 个全连接层，详细配置如下：①全连接层，输出维度=56；②全连接层，输出维度=28；③全连接层，输出维度=1。

2. 评估设置

为了检验 CMGTN 方法的有效性，将 CMGTN 与 5 个最优的无监督行人重识别模型的实验结果进行了对比，这些模型包括 UCDTL[9]、GRDL[10]、CAMEL[11]、DGM[12]和 PUL[5]。由于没有任何方法是针对无监督图像到视频行人重识别问题的，因此不管它们是基于视频的还是基于图像的行人重识别方法，统一将这些方法重新编码成无监督的图像到视频的行人重识别方法来解决图像对视频的匹配问题。除此之外，在对比实验中对行人图像用基于深度学习的 JSTL[16]特征来表示，对行人视频用 IDE 特征来表示。利用三元组网络来进行 CMGTN 实验，如在表 11-1 中 CMGTN+CM 方法的结果。同样使用 JSTL 和 IDE 特征来检验的迁移模型，这里不使用 2D 和 3D 特征，其表示为 CMGTN+IV 方法，如表 11-1 中的结果。

表 11-1　CMGTN 的实验结果与已有最好方法在两个数据集上的实验结果对比

方法	DukeMTMC-reID					MARS				
	r1	r5	r10	r15	r20	r1	r5	r10	r15	r20
UCDTL	11.1	18.8	22.5	23.6	26.8	18.9	29.1	34.4	36.5	38.4
GRDL	9.5	16.0	23.1	24.8	25.3	11.6	20.0	25.0	26.7	28.0
CAMEL	17.2	23.6	28.0	30.2	34.9	29.6	36.3	41.8	43.2	45.0
DGM	12.4	22.1	25.4	29.3	33.2	22.0	32.4	37.0	39.5	42.0
PUL	18.0	26.4	29.1	32.2	33.6	23.1	33.2	37.9	39.2	42.8
CMGTN+IV	20.9	30.8	38.5	42.1	45.8	31.6	38.4	43.8	46.6	49.8
CMGTN+CM	28.6	39.2	45.8	49.8	53.2	35.4	47.2	58.4	62.7	65.3

利用标准 CMC 曲线来评估匹配度量，并且报告排名前 k 的平均匹配率（rank k）。随机重复 10 遍实验并报告所有方法的平均结果。

11.3.3 结果与分析

在实验中，2D 特征和 3D 特征用来表示方法中的图像和视频。彩图 26 和彩图 27 描述了本章提出的方法和对比方法在 DukeMTMC-reID 和 MARS 数据集上的 CMC 曲线。从彩图 26 和彩图 27 中可以看出，CMGTN 方法在每个 rank 上面的结果都优于 5 个对比方法。CMGTN 和对比方法的 rank1～20 的匹配准确率在表 11-1 中。从表 11-1 中可以看出：①CMGTN 在与基于聚类的无监督方法对比中实现了最好的匹配结果；②基于 GAN 的迁移学习方法比已有的迁移学习方法能够实现明显的效果提升。其中主要原因有如下 3 点：①通过改进的三元组网络从图像和视频中提取不同的特征；②针对源域利用设计的跨模态损失函数来缩小图像和视频特征中的特征分布鸿沟，并且利用目标信息保留损失函数在目标特征迁移过程中保留其行人鉴别信息；③通过生成对抗网络来将目标域中的特征迁移到源域中，这一点促使在源域中训练的模型能对从目标域迁移过来的特征进行分类。

从表 11-1、彩图 26 和彩图 27 可以看出，CMGTN 模型能够获得比其他对比方法更高的匹配率。进一步来讲，以 rank 1 匹配率为例，CMGTN 在 DukeMTMC-reID 中在平均匹配率上至少提升了 7.7 个百分点（28.6%–20.9%）。

11.3.4　讨论

1. 特征提取方式的影响

在 CMGTN 中引入了改进的三元组网络来初始化 2D（3D）卷积特征提取器。在实验中，对视频和图像采用不同的特征表示来验证特征提取方式的不同对模型效果的影响，包括 WHOS 特征[17]、STFV3D[18]、JSTL 特征[6]和 IDE，其中 WHOS 和 STFV3D 特征是对每一个行人视频中提取的一个步态周期的时空特征，JSTL 和 IDE 特征是对比实验中采用的视频特征。将 CMGTN 中采用三元组特征的方式称为 CM 特征。从图 11-2 中可以看出，CM 特征产生的实验结果优于以上特征的实验结果，特征提取网络随着网络的优化而被进一步优化。

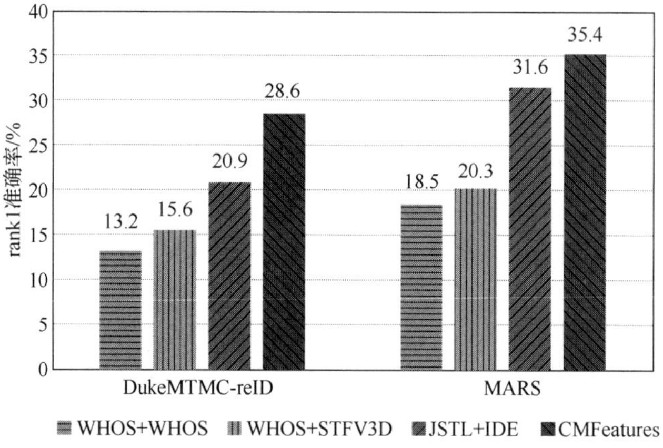

图 11-2　不同特征下 CMGTN 在 DukeMTMC-reID 和 MARS 数据集上的 rank 1 实验结果

2. 参数不同的影响

在实验中还评估了参数的影响，包括α和β。α用来平衡跨模态特征生成项的影响，β用来平衡目标信息保留项的影响。当检测其中一个参数的影响时，就固定另一个参数不变。

以 MARS 数据集上的参数检验实验为例，不同的α、β取值在 MARS 数据集上的实验结果如图 11-3 和图 11-4 所示。由图 11-3 和图 11-4 可以看出：①CMGTN 在α取值[5,6]时最敏感；②CMGTN 在α和β分别取值为 3 和 7 时取得最优值；③CMGTN 在β取值[6, 8]时会得到相对较高的实验效果。其在 Duke 数据集上的参数影响与此相似。

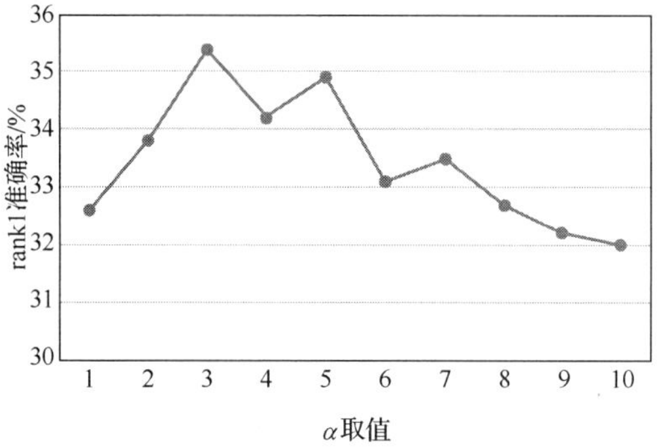

图 11-3　参数α取不同值时 CMGTN 的实验结果

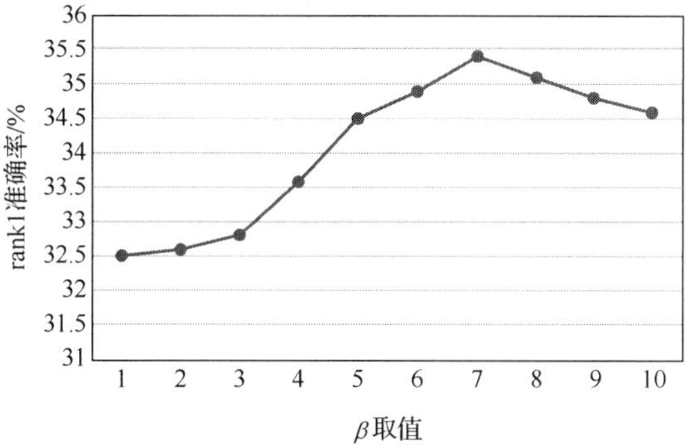

图 11-4　参数β取不同值时 CMGTN 的实验结果

参 考 文 献

[1] ZHANG D Y, WU W X, CHENG H. Image-to-video person re-identification with temporally memorized similarity learning[J]. IEEE Transactions on Circuits and Systems for Video Technology, 2018, 28(10): 2622-2632.

[2] ZHU X, JING X Y, YOU X, et al. Image to video person re-identification by learning heterogeneous dictionary pair with feature projection matrix[J]. IEEE Transactions on Information Forensics and Security, 2018, 13(3):717-732.

[3] WANG G C, LAI J H, XIE X H. P2SNet: can an image match a video for person re-identification in an end-to-end way?[J]. IEEE Transactions on Circuits and Systems for Video Technology, 2018, 28(10): 2777-2787.

[4] CHENG D, GONG Y, ZHOU S, et al. Person re-identification by multi-channel parts-based CNN with improved triplet loss function[C]//Computer Vision and Pattern Recognition, 2016: 1335-1344.

[5] FAN H, ZHENG L, YANG Y. Unsupervised person re-identification: clustering and fine-tuning[J]. ACM Transactions on Multimedia Computing Communications and Applications, 2017, 14(4), DOI: 10.1145/3243316.
[6] ZHENG L, ZHANG H, SUN S, et al. Person re-identification in the Wild[C]//IEEE Conference on Computer Vision and Pattern Recognition (CVPR), 2017: 3346-3355.
[7] SCHROFF F, KALENICHENKO D, PHILBIN J. FaceNet: a unified embedding for face recognition and clustering[C]// IEEE Conference on Computer Vision and Pattern Recognition, 2015 :815-823.
[8] ZHENG Z, ZHENG L, YANG Y. Unlabeled samples generated by GAN improve the person re-identification baseline in vitro[C]//IEEE International Conference on Computer Vision (ICCV), 2017: 3774-3782.
[9] PENG P, XIANG T, WANG Y, et al. Unsupervised cross-dataset transfer learning for person re-identification[C]// Computer Vision and Pattern Recognition, 2016: 1306-1315.
[10] KODIROV E, XIANG T, FU Z, et al. Person re-identification by unsupervised l(1) graph learning[C]//European Conference on Computer Vision (ECCV), 2007, 415(11): 35-40.
[11] YU H X, WU A, ZHENG W S. Cross-view asymmetric metric learning for unsupervised person re-identification[C]// IEEE International Conference on Computer Vision (ICCV), 2017: 994-1002.
[12] YE M, MA A J, ZHENG L, et al. Dynamic label graph matching for unsupervised video re-identification[C]//IEEE International Conference on Computer Vision (ICCV), 2017: 5152-5160.
[13] GOODFELLOW I J, POUGETABADIE J, MIRZA M, et al. Generative adversarial networks[J]. Advances in Neural Information Processing Systems, 2014(3): 2672-2680.
[14] TAIGMAN Y, POLYAK A, WOLF L. Unsupervised cross-domain image generation[C]//International Conference on Learning Representations (ICLR), 2017.
[15] ZHENG L, BIE Z, SUN Y F, et al. MARS: a video benchmark for large-scale person re-identification[C]//European Conference on Computer Vision (ECCV), 2016: 868-884.
[16] XIAO T, LI H, OUYANG W, et al. Learning deep feature representations with domain guided dropout for person re-identification[C]//CVPR, IEEE Conference on, 2016: 1249-1258.
[17] LISANTI G, MASI I, BAGDANOV A D, et al. Person re-identification by iterative re-weighted sparse ranking[J]. IEEE Transactions on Pattern Analysis and Machine Intelligence, 2015, 37(8): 1629-1642.
[18] LIU K, MA B, ZHANG W, et al. A spatio-temporal appearance representation for video-based pedestrian re-identification [C]//ICCV, IEEE Conference on, 2015: 3810-3818.

第 12 章　行人重识别中其他典型的深度学习方法

12.1　通过 GAN 生成的无标签样本

由于带标签的样本获取相对较为困难，尽管当前发布了几个较大规模的行人重识别数据库，如 MARS[1]、MARKET1501[1]、DukeMTMC-reID[2]等，但这几个数据库中每个行人的平均样本数量均低于 30，并且存在较为严重的类内不平衡问题，即有些行人的样本超过数百张，而有些行人少于 10 张。利用 GAN 生成无标签样本[3]扩展训练集的规模，假定 GAN 生成的数据不属于训练集中的已知类。研究者主要采用如下步骤生成样本：首先利用 DCGAN[4]训练原始的训练样本集；然后将生成的无标签样本输入 ResNet-50 模型；利用 LSRO（label smoothing regularization for outliers，标签平滑正则离群点），通过整合无标签数据来正则化学习过程以降低过拟合问题。

1. 对抗生成网络模型及参数设置

对于生成器 Generator，采用 100 维随机向量作为初始化并且采用一个线性函数将之放大到 4×4×16。为了增大张量，5 个反卷积函数采用 5×5 的核尺度，其中步长为 2。每个反卷积操作采用整流线性单元和批量标准化。

2. 鉴别器 Discriminator 参数设置

鉴别器网络的输入包含由 Generator 生成的图像和训练集中的真实样本集。采用 5 个卷积层判别生成的样本是否为假样本。卷积过滤器的大小为 5×5，步长为 2。最后的全连接层进行分类（真或假）。在实验中一般需要将输入的图像样本进行大尺度归一化，如利用双线性插值算法将生成的图像样本变大为 256×256×3，然后将生成的样本和原始样本一起混合输入 CNN 网络中进行训练。

12.1.1　目标函数构建

标签平滑正则化（label smoothing regularization）[5, 6]利用一个较小的数值来替换 0，能够被用于交叉熵损失函数。假定有 K 个类，则交叉熵损失函数可以定义为

$$L=-\sum_{k=1}^{K}\log[p(k)]q(k) \tag{12-1}$$

式中，$p(k)\in[0,1]$ 为输入属于第 k 类的概率；$q(k)$ 为真值分布，定义为

$$q(k)=\begin{cases}0, & k\neq y\\ 1, & k=y\end{cases} \tag{12-2}$$

如果忽略式（12-2）中的 0 项，则交叉熵损失函数可以变换为如下形式：

$$L=-\log[p(y)] \tag{12-3}$$

LSRO 被用于处理网络模型中的无标签图像，能够用来平衡由 GAN 生成的无监督数据。在无监督学习中，假定由 GAN 生成的样本不属于训练集类别中任一个类别。对于一个生成的图像的类别分布，其定义如下：

$$q_{\text{LSRO}}(k)=\frac{1}{K} \tag{12-4}$$

称式（12-4）为 LSRO。结合式（12-3）和式（12-4），则交叉熵损失函数定义为

$$L_{\text{LSRO}}=-(1-Z)\log[p(y)]-\frac{Z}{K}\sum_{k=1}^{K}\log[p(k)] \tag{12-5}$$

对于一个真实的训练样本，$Z=0$；而对于一个生成的样本，$Z=1$。该函数能够表示对应的两类损失函数形式，即分别对应于真实样本和生成的样本。利用 LSRO 能够较好地处理距离真实训练样本较近的离群点样本，通过生成的不同颜色、姿态和光照变化等样本来正则化训练模型，提升模型的鉴别能力。

12.1.2　实验设置与结果

在训练阶段，采用 ResNet-50 模型，并且在不同数据库上的全连接层的神经元数量设置不同，如在 Market-1501 数据库为 751，在 DukeMTMC4ReID 数据库为 702。所有的输入样本被重置为 256×256，随机裁剪尺寸为 224×224。在最后的卷积层之前插入一个 dropout 层并根据不同的数据库设置相应的丢弃率，如 Market-1501 为 0.5，而 DukeMTMC4ReID 为 0.75。随机梯度下降动量设置为 0.9，学习率设置为 0.002。在测试阶段，提取 2048 维特征向量，通过计算两个图像样本特征之间的余弦距离来进行匹配。

CUHK03 数据库中包含 12000 张图像和由 GAN 生成的 12000 张样本图像，对其进行训练和测试，实验结果表明采用了生成的图像比未采用之前提升了 3.2 个百分点。Market-1501 提升 2.38 个百分点。

12.2 循环卷积网络在视频行人重识别中的应用

行人的视频帧序列包含的信息要远多于单幅图像样本，视频序列不仅包含丰富的外观视觉信息，而且包含丰富的运动信息，这些信息更有利于有效特征的提取。多帧图像中包含大量的行人姿态、背景和视角的变化，从各个不同角度提供了更为全面的信息，从而更有利于模型的训练。实际场景中，由于采集到的行人视频片段长度总是不一致的，导致提取不同数量行人样本的特征具有一定的挑战性。近几年来，深度学习方法被成功地应用于解决机器视觉和目标跟踪等领域。也有大量研究人员将深度学习方法应用在行人重识别研究中，并取得了较好的效果。比较常见的网络框架，特别是基于 Siamese[7]网络被用于同类相近和异类分离的学习，取得了良好效果。

12.2.1 Siamese 网络基础

给定一对样本序列 (S_i,S_j)，对应的特征向量为 $\boldsymbol{v}_i=R(S_i)$ 及 $\boldsymbol{v}_j=R(S_j)$。Siamese 网络训练目标可以定义为如下形式：

$$E(\boldsymbol{v}_i,\boldsymbol{v}_j)=\begin{cases}\dfrac{1}{2}\left\|\boldsymbol{v}_i-\boldsymbol{v}_j\right\|^2 & ,i=j\\ \dfrac{1}{2}\left[\max\left(m-\left\|\boldsymbol{v}_i-\boldsymbol{v}_j\right\|,0\right)\right]^2 & ,i\neq j\end{cases} \tag{12-6}$$

式中，$\left\|\boldsymbol{v}_i-\boldsymbol{v}_j\right\|^2$ 为两个特征之间的欧氏距离。

当两个样本为同类时，则对应的特征之间的距离相近；反之，当来自两个异类样本，则可以通过阈值 m 来进行分割，使之距离增加，以此来提升样本之间的鉴别力。

RNN（recurrent neural networks，循环神经网络）模型[6]不仅能够学习视频序列样本中的空间信息，而且能够学习序列中的时序信息。通过引入时序池化层和循环层，该模型能够将输入的整个视频序列中的时空信息提取到单个特征向量。时序池化层允许网络能够将任意长度的视频序列封装到单个特征向量中。包含 Siamese 网络框架[7]的循环卷积网络模型如图 12-1 所示。给定一对同一个行人样本的时序信息和空间信息，经该网络框架训练后该行人在特征空间中更为靠近；反之，给定一对异类行人的时序信息和空间信息后，该行人在特征空间中变得距离更大。

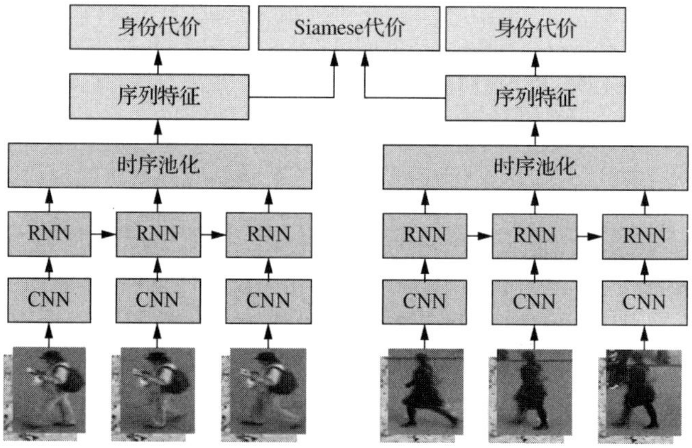

图 12-1　包含 Siamese 网络框架的循环卷积网络模型

如图 12-1 所示，CNN[8-10]经过一系列的网络层对单个图像帧进行处理，每个独立层包含卷积层、池化层和非线性激活层。激活函数可以采用最大池化层和 Tanh 激活函数。

令 $s=s^{(1)},\cdots,s^{(T)}$ 为一个长度为 T 的视频序列，其中 $s(t)$表示第 t 时刻帧的图像样本。对于每一张图像样本 $s(t)$，经过 CNN 后均产生一个特征向量 $\boldsymbol{f}^{(t)}=C(s^{(t)})$，该特征向量为 CNN 最后一层的特征。对每一个时序，循环层能够接收一个新的输入并生成基于当前输入和之前时序信息的输出。

$$\boldsymbol{o}^{(t)}=\boldsymbol{W}_i\boldsymbol{f}^{(t)}+\boldsymbol{W}_s\boldsymbol{r}^{(t-1)} \tag{12-7}$$

$$\boldsymbol{r}^{(t)}=\operatorname{Tanh}(\boldsymbol{o}^{(t)}) \tag{12-8}$$

式中，输出向量 $\boldsymbol{o}^{(t)}\in\mathbb{R}^{e\times1}$ 为向量 $\boldsymbol{f}^{(t)}\in\mathbb{R}^{N\times1}$ 和 $\boldsymbol{r}^{(t)}\in\mathbb{R}^{e\times1}$ 的线性组合；参数矩阵 $\boldsymbol{W}_i\in\mathbb{R}^{e\times N}$ 为一个非方阵，表示 CNN 最后一层对低维特征嵌入空间激活映射，其中 N 为 CNN 最后一层激活映射的特征维度，e 为嵌入空间的特征维度；$\boldsymbol{W}_s\in\mathbb{R}^{e\times e}$。

外观特征[11-14]可以由 CNN 和循环层来组合得到。可以有两种方法获取最终的特征：采用均值池化的方法对时序维度产生单个特征向量和采用最大池化方法来选择外观特征向量。

12.2.2　实验设置与结果

这里在两个常用的视频数据库 PRID 2011 和 iLIDS-VID 上进行实验。其中，PRID 2011 数据库包含分别来自两个摄像头的 200 个行人，背景相对单调，基本没有遮挡；iLIDS-VID 数据库包含 300 个行人，背景相对复杂，遮挡情况较多，该数据库有一定的挑战性。对于每一个数据库样本的划分，每一次均采用随机选取下标均分所有行人的方式进行训练和测试。实验中 Siamese 网络中的 m 一般取值为 2，嵌入空间特征维度取为 128 维，随机梯度下降学习率为 0.003。在预处理阶段，将所有图像的颜色空间转化为 YUV。

实验中分别对均值池化方法和最大值池化方法进行了测试，实验结果表明均值池化方法优于最大值池化方法，在两个数据库上平均高于 5%。结合 CNN 和 RNN 的深度学习方法，在 PRID 2011 数据库上 rank 1 达到了 70%的匹配率；在 iLIDS-VID 数据库上，rank 1 取得了 58%的匹配率。

参 考 文 献

[1] ZHENG L, BIE Z, SUN Y F, et al. MARS: a video benchmark for large-Scale person re-identification[C]//European Conference on Computer Vision (ECCV), 2016: 886-884.

[2] ZHENG Z, ZHENG L, YANG Y. Unlabeled samples generated by GAN improve the person re-identification baseline in vitro[C]//IEEE International Conference on Computer Vision (ICCV), 2017: 3774-3782.

[3] GOODFELLOW I J, POUGETABADIE J, MIRZA M, et al. Generative adversarial networks[J]. Advances in Neural Information Processing Systems, 2014(3): 2672-2680.

[4] KARANAM S, LI Y, RADKE R J. Person re-identification with discriminatively trained viewpoint invariant dictionaries[C]//International Conference on Computer Vision(ICCV), 2015: 4516-4524.

[5] SZEGEDY C, VANHOUCKE V, IOFFE S, et al. Rethinking the inception architecture for computer vision[C]//IEEE Conference on Computer Vision and Pattern Recognition(CVPR), 2016: 2818-2826.

[6] MCLAUGHLIN N, RINCÓN J M D, MILLER P. Recurrent convolutional network for video-based person re-identification[C]//IEEE Conference on Computer Vision and Pattern Recognition(CVPR), 2016: 1325-1334.

[7] HADSELL R, CHOPRA S, LE C Y. Dimensionality reduction by learning an invariant mapping[C]//IEEE Conference on Computer Vision and Pattern Recognition(CVPR), 2006: 1735-1742.

[8] CHENG D, GONG Y H, ZHOU S P, et al. Person re-identification by multi-channel parts-based CNN with improved triplet loss function[C]//IEEE Conference on Computer Vision and Pattern Recognition(CVPR), 2016: 1335-1344.

[9] SIMONYAN K, ZISSERMAN A. Very deep convolutional networks for large-scale image recognition[C]// International Conference on Learning Representations(ICLR), 2015.

[10] SRIVASTAVA N, HINTON G, KRIZHEVSKY A, et al. Dropout: a simple way to prevent neural networks from overfitting[J]. The Journal of Machine Learning Research, 2014, 15(1):1929-1958.

[11] SUN Y, CHEN Y, WANG X, et al. deep learning face representation by joint identification-verification[C]//Advances in Neural Information Processing Systems, pages. 2014: 1988-1996.

[12] LI W, ZHAO R, XIAO T, et al. DeepReID: deep filter pairing neural network for person re-identification[C]//IEEE Conference on Computer Vision and Pattern Recognition(CVPR), 2014: 152-159.

[13] SUTSKEVER I, VINYALS O, LE Q V. Sequence to sequence learning with neural networks[C]// Advances in neural information processing systems, 2014: 3104-3112

[14] TAIGMAN Y, YANG M, RANZATO M, et al. Deepface: closing the gap to human-level performance in face verification[C]//IEEE Conference on Computer Vision and Pattern Recognition(CVPR), 2014: 1701-1708.

第 5 部分

行人重识别数据库采集方法

第 13 章　行人重识别数据库的采集方法

自 2007 年 Gray 等研究人员[1]发布第一个行人重识别数据库 VIPeR 以来，先后有一些行人数据库逐步公开[2-6]，有些广泛用于各类算法的测试。现有的行人数据库主要可以分为基于图像和视频两种类型，并且绝大多数是在正常场景下拍摄的。由于在实际监控部署中，同一行人可能穿过不同地点的摄像头，因此这些镜头一般是无重叠的。但由于实际场景中监控设备的部署受到环境影响较大，如距离、光线及可能存在的遮挡等问题，行人重识别的研究面临着诸如图像分辨率低、视角变化、姿态变化、光线变化及遮挡等带来的诸多挑战。目前公布的数据库采集过程中，样本采集设备一般部署在固定的位置，同一个相机获取到的行人样本的视角相对固定。

13.1　场景设定与相机部署

行人重识别研究中的样本一般来自两个拍摄区域互不重叠的监控设备。两个比较典型的数据库采集过程相机部署如图 13-1 所示，其中图 13-1（a）为 PRID 2011[7]数据库的采集场景，图 13-1（b）为 DukeMTMC4ReID[8]数据库的采集场景。PRID 2011 视频行人数据集是与奥地利技术学院合作采集的。该数据集包括从两个不同的静态监视摄像机拍摄的多人轨迹中提取的图像序列。来自这些相机的图像包含视角变化及照明轻微变化、背景和相机特性的明显差异。具体采集并提取完整行人样本的效果如图 13-2 所示，可以发现来自两个摄像头的行人背景相对单调，但光线有所变化，同时同一个行人的视角有所不同。由于从行人视频轨迹中提取图像，因此在每个摄像机视图中可获得每人几种不同的姿势。筛选出一些严重遮挡的行人图像、每个摄像机视图中有效图像少于 5 个的行人图像，以及由跟踪和注释错误引起的损坏图像。数据库中存在的这些问题将增加行人重识别的难度。

图 13-1（b）为 DukeMTMC4ReID 行人数据库采集过程的部署，Gou 等研究人员[8]在杜克大学校园内部署了 8 个静态摄像机，分辨率为 1080p，每秒获得的视频帧率高达 60 帧/s。其中被拍摄的视频长度为 75min 的行人超过 2000 人。从图 13-1（b）中可以看出，8 个摄像头之间的拍摄视野基本没有重合区域，并且分布相对广泛，获得的样本背景也相对多样，更有利于后续行人重识别算法的评估。相对于图 13-1（a）PRID 2011 数据库采集场景，DukeMTMC4ReID 的采集场景相

对丰富，背景相对复杂多变，并且由于摄像机角度与行人的行走方向各有变化，能够获取不同视角的行人样本。图 13-3 展示的是两个不同的行人经过多个摄像头的样本集。可以看出，由于摄像机与行人之间的距离变化，导致获取的原始样本图像的尺寸差异较大。尺寸越小，样本中包含的颜色和纹理等细节越模糊，势必导致识别难度增大。相机本身的成像质量与部署位置和样本的获取质量有着很大的关系，相机与行人的距离越近，相对而言在光照条件一定的情况下，成像质量越高，细节越清晰，越利于后续的识别处理。

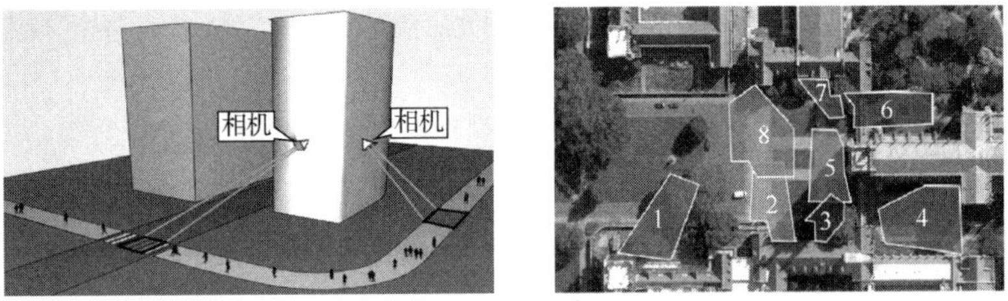

（a）PRID数据库　　（b）DukeMTMC4ReID数据库

图 13-1　常见的数据库采集场景中相机的部署

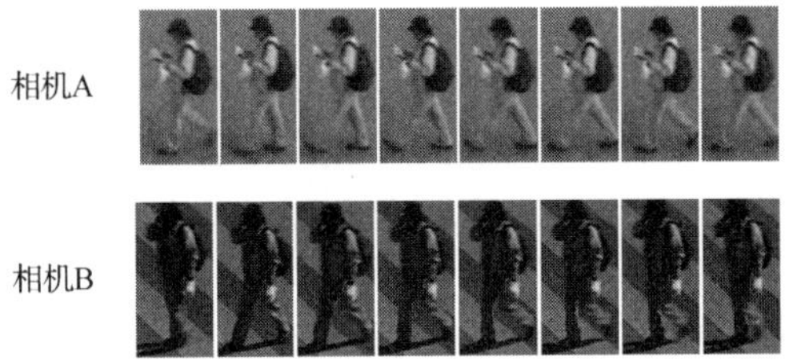

图 13-2　选自 PRID 2011 两个摄像头的行人序列样本拍摄效果

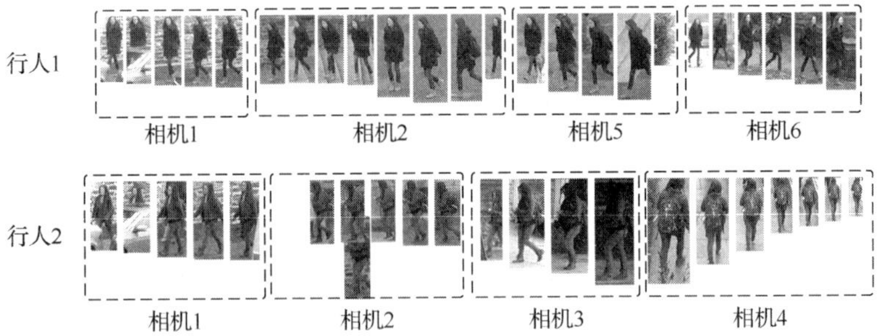

图 13-3　选自 DukeMTMC4ReID 数据库中两个不同的行人经过多个摄像头的样本集

以上介绍的都是相机固定的场景，在实际应用中，甚至存在相机是移动的情况，如执法车等行车记录仪等场景，其背景的变化更为剧烈；还有很多场景，行人与相机的距离是变化的，导致获取的样本尺寸大小不一和清晰度不一致，进一步增加了识别的难度。如图 13-4 和图 13-5 分别选自更为实际的场景采集。

图 13-4　复杂场景下的数据库采集场景

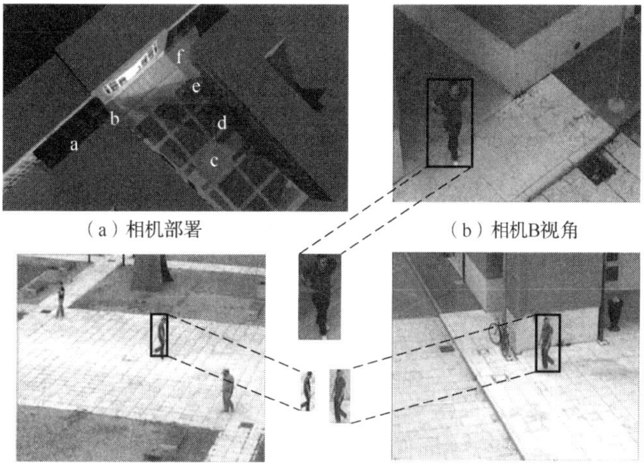

（a）相机部署　（b）相机B视角

（c）相机C视角　（d）相机F视角

图 13-5　3DPeS 数据库样本分辨率变化的数据库采集场景

PRW（person re-identification in the wild）[9]于 2017 年发布，该数据库在采集过程中能够同时对多目标进行检测和提取，如图 13-4 所示，左右两张原始图像分别来自两个不同的相机。原始图像样本中，不同的行人与相机的距离不同，导致有些行人的尺寸差异非常明显，势必给行人重识别带来更大的挑战。

常见的数据库，如 PRID 2011 等，一般只由两个相机采集完成，所以只包含对应的两个视角。随着研究人员持续投入该领域，出现了同一个行人包含多种不同视角的数据库，并且由于相机与行人的位置发生了变化，产生了不同分辨率或者尺寸的样本数据库，更为贴合实际需求。2011 年底发布 3DPeS（3D people surveillance dataset）[10]数据库，图 13-5 所示为该数据库采集过程中的相机部署，采集到的样本包含多个不同的观察视角和不同的样本尺寸。该数据集由 6 个日常监控摄像头组成，部署在不同的建筑物入口等位置处，收集了多天的行人样本数据。拍摄到的样本大部分是在正常光照条件下，有部分光线相对阴暗些；此外，同一个行人经过不同监控设备时由于距离不同，导致采集到的尺寸有所不同，具体样本如图 13-6 所示，可以发现同一个行人经过不同摄像机的尺寸变化较大，并且存在光线的变化。尺寸较小的样本中目标行人的纹理、色彩等细节相对模糊，提供的有效信息相对较少。

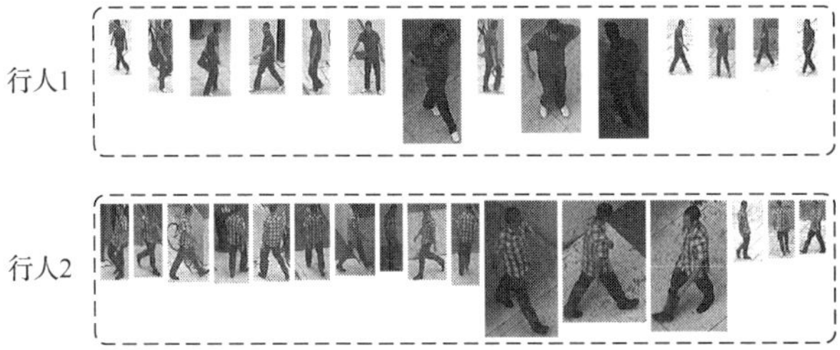

图 13-6 选自 3DPeS 数据库的两个不同行人由不同摄像机采集的样本

13.2 行人分割与归一化

由相机采集到的行人原始数据的存储格式一般以视频为主，需要后期研究人员将视频格式转换为图像格式，以方便行人的分割与提取。图 13-7 所示为视频格式转换为图像序列并提取行人样本，将行人从包含背景原始完整样本中选中，然后利用不同的方式选取行人区域并提取分割出来，得到对应行人的图像序列。行人样本分割与提取的方法主要分为两种，一种是通过数据采集人员手工提取，适用于构建小规模的或者基于图像的行人数据库，主要通过数据采集人员手工画出包含整个行人的矩形框，然后提取出来保存。另外一种是在现有检测算法的基础上进行行人样本的分割与提取，适用于采集大规模的行人数据库，但分割提取完成后需要人工挑选来自不同摄像机的行人样本对。这种方式依赖于检测算法的质量，很多时候会导致错检，甚至复杂场景下会出现误检和漏检的情况。例如，MARS[11]和 Market-1501[4]等较大规模的行人数据库采用自动检测算法来检测和分割行人目标。以 MARS 数据库为例，该数据库主要利用 DPM 检测器[12]来检测行人目标，然后使用 GMMCP 跟踪器对重叠检测进行分组。

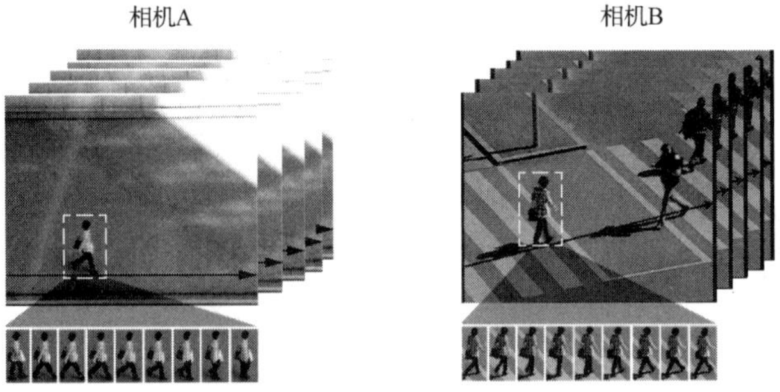

图 13-7 视频格式转换为图像序列并提取行人样本

参 考 文 献

[1] GRAY D, BRENNAN S, TAO H. Evaluating appearance models for recognition, reacquisition, and tracking[J]. International Journal of Computer Vision, 2007, 89(2): 56-68.

[2] LI W, WANG X. Locally aligned feature transforms across views[C]//CVPR, 2013: 3594-3601.

[3] LI W, ZHAO R, XIAO T, et al. Deep reID: deep filter pairing neural network for person re-identification[C]//CVPR, 2014: 152-159.

[4] ZHENG L, SHEN L, TIAN L, et al. Scalable person re-identification: a benchmark[C]// ICCV, 2015: 1116-1124.

[5] LI W, ZHAO R, WANG X. Human re-identification with transferred metric learning[C]// ACCV, 2012: 31-44.

[6] WANG T, GONG S, ZHU X, et al. Person re-identification by video ranking[C]//ECCV, 2014: 688-703.

[7] HIRZER M, BELEZNAI C, ROTH P M., et al. Person re-identification by descriptive and discriminative classification[C]// Scandinavian Conference on Image Analysis, 2011: 91-102.

[8] GOU M, KARANAM S, LIU W, et al. DukeMTMC4ReID: a large-scale multi-camera person re-identification dataset[C]// CVPR Workshops, 2017: 1425-1434

[9] ZHENG L, ZHANG H H, SUN S Y, et al. Person re-identification in the wild[C]//CVPR, 2017: 3346-3355.

[10] BALTIERI D, VEZZANI R, CUCCHIARA R. 3DPeS: 3D people dataset for surveillance and forensics[C]// J-HGBU@MM, 2011: 59-64.

[11] ZHENG L, BIE Z, SUN Y, et al. MARS: a video benchmark for large-scale person re-identification[C]//ECCV, 2016: 868-884.

[12] FELZENSZWALB P F, GIRSHICK R B, MCALLESTER D A, et al. Object detection with discriminatively trained part-based models[J]. IEEE Transactions Pattern Analysis Machine Intelligence, 2010, 32(9):1627-1645.

彩　　图

彩图 1　行人重识别的基本任务

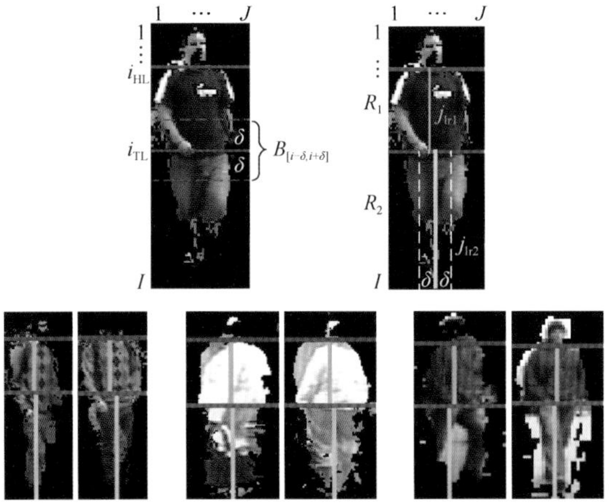

彩图 2　行人图像轮廓的对称性划分

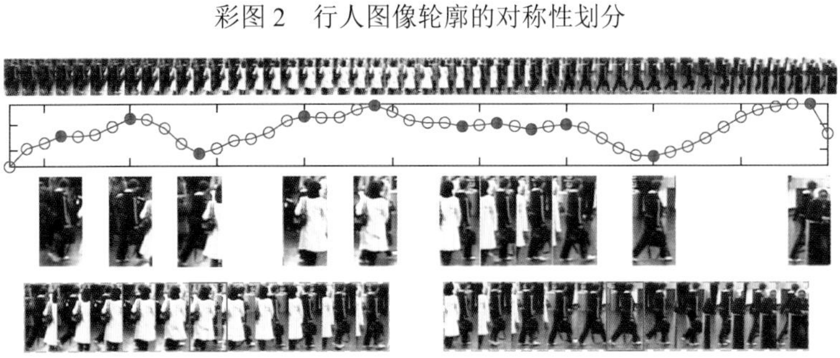

彩图 3　DVR 方法利用流能量分布曲线将一个行人视频划分为若干步态周期片段

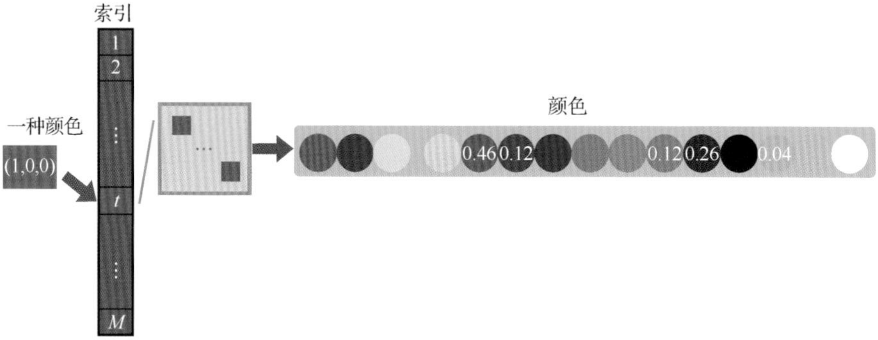

彩图 4　SCNCD 的基本原理

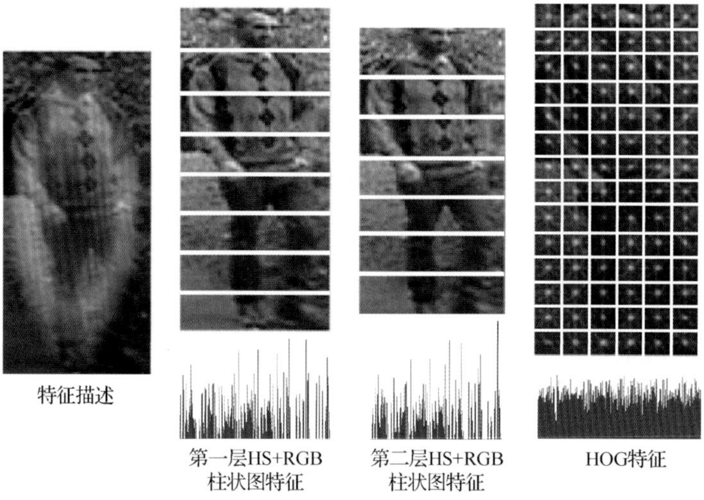

彩图 5　WHOS 的基本原理

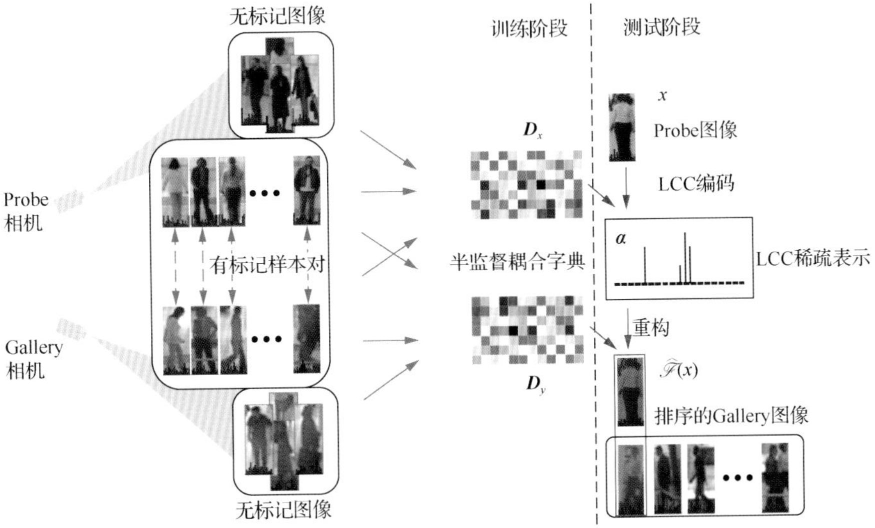

彩图 6　SSCDL 方法的基本原理

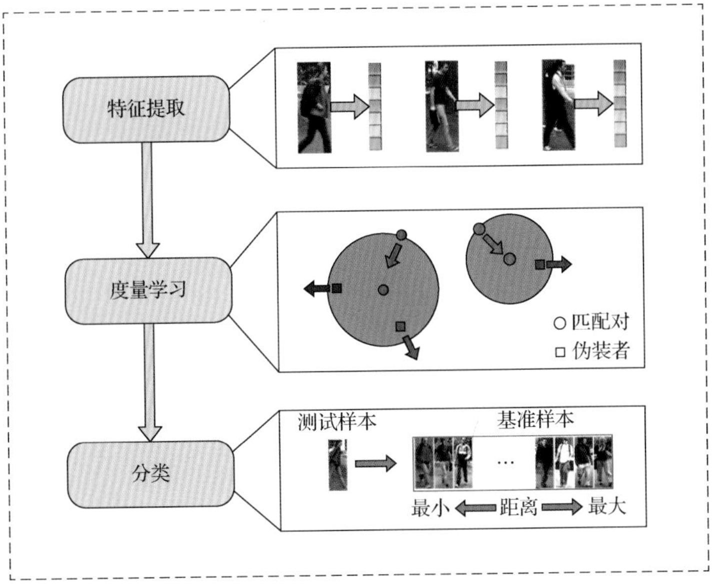

彩图 7　一般度量学习算法的流程

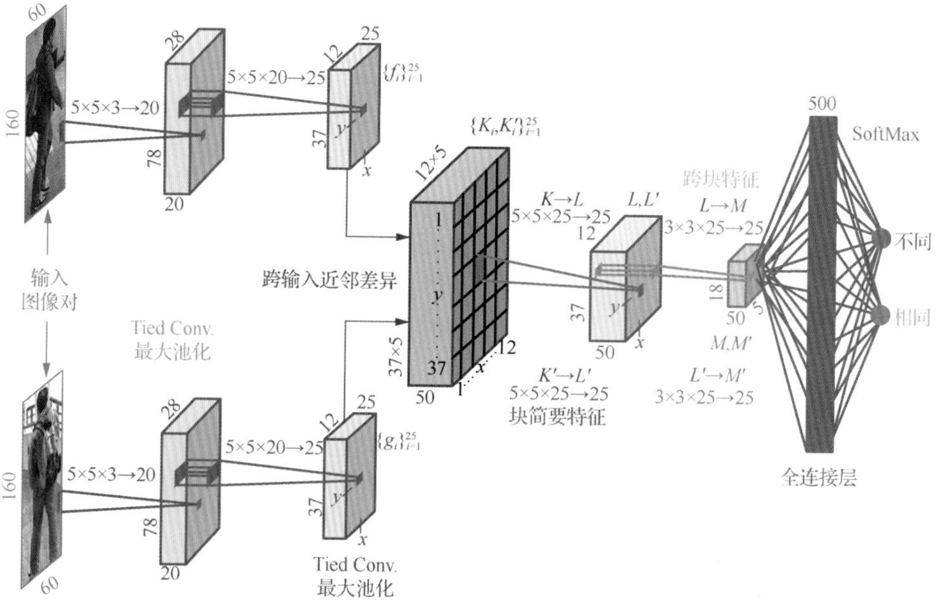

彩图 8　改进的行人重识别深度学习框架

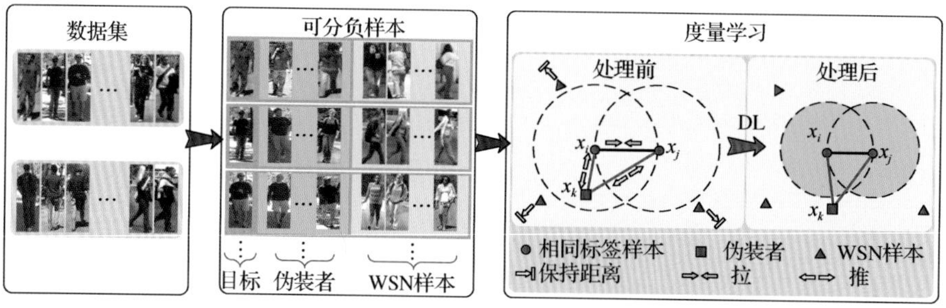

彩图 9　LISTEN 方法的基本原理

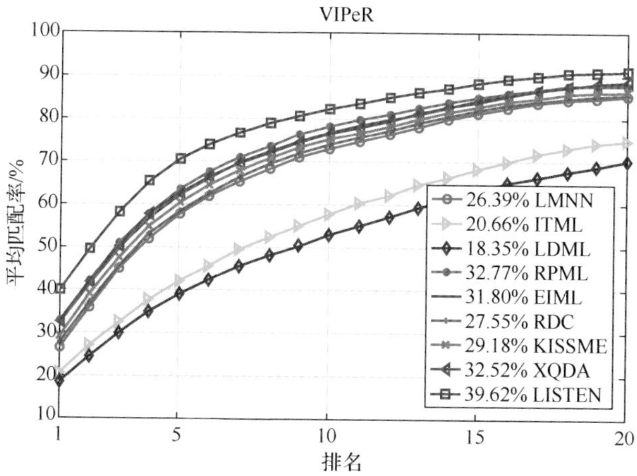

彩图 10　VIPeR 数据集上的平均匹配率 CMC 曲线（其中每个方法名前面给出了 rank 1 匹配率）

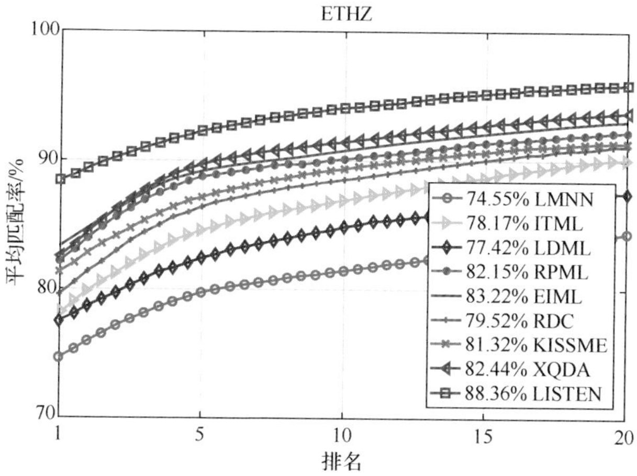

彩图 11　ETHZ 数据集上的平均匹配率 CMC 曲线（其中每个方法名前面给出了 rank 1 匹配率）

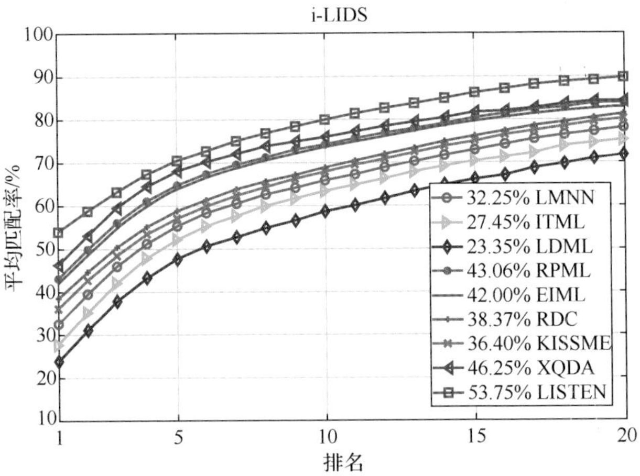

彩图 12　i-LIDS 数据集上的平均匹配率 CMC 曲线（各方法 rank 1 匹配率已列出）

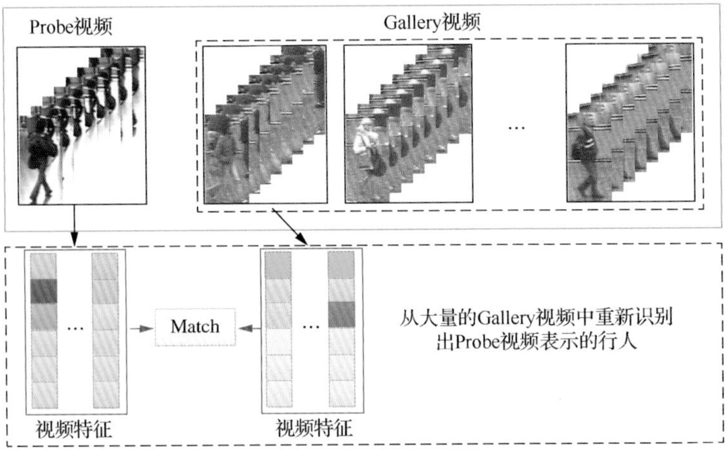

彩图 13　基于视频的行人重识别的基本任务

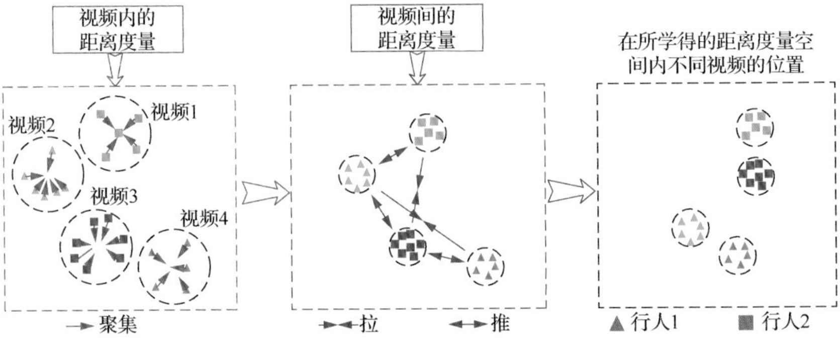

彩图 14　SI^2DL 方法的基本思想

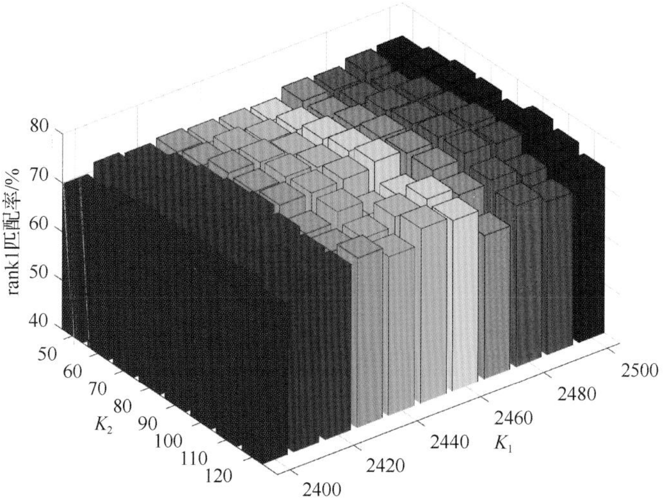

彩图 15　PRID 2011 数据集上 SI^2DL 在不同 K_1 和 K_2 情况下的 rank 1 匹配率

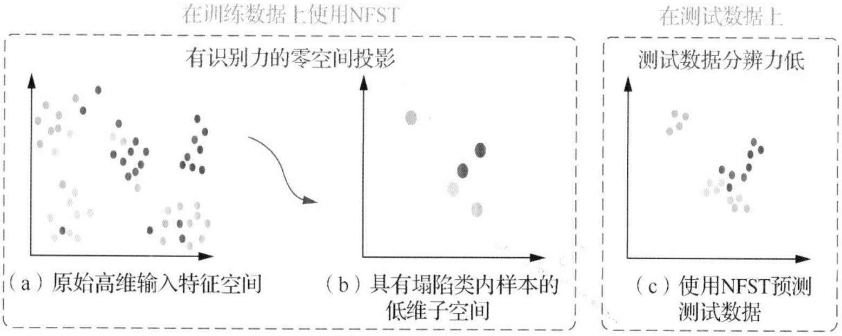

彩图 16　NFST 映射后导致次优性

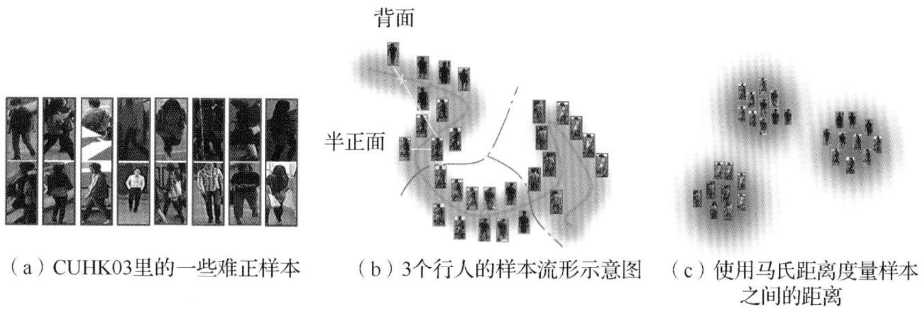

彩图 17　行人数据不遵循某一标准的一些分布图

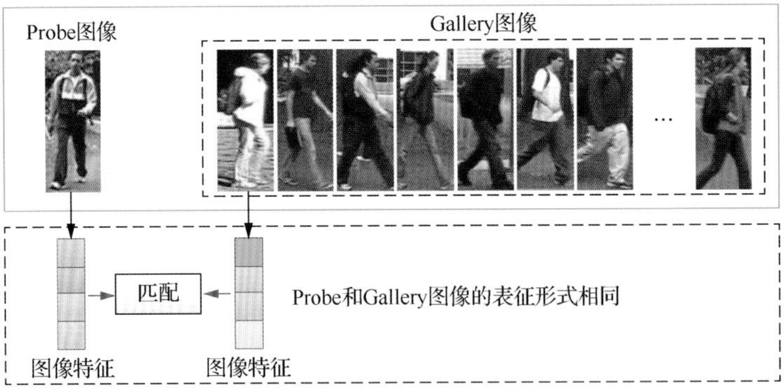

（a）基于图像的行人重识别

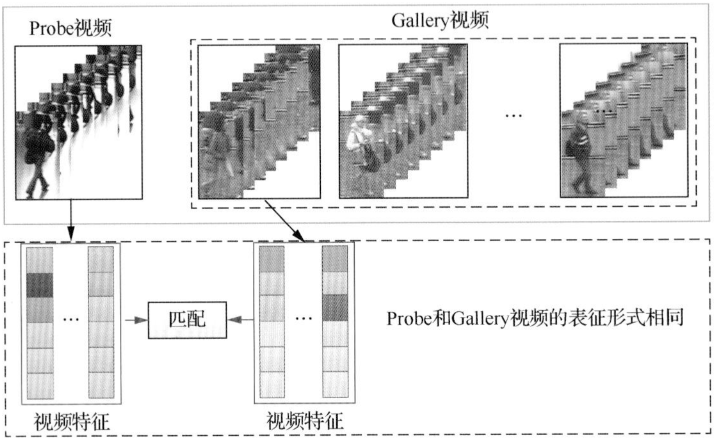

（b）基于视频的行人重识别

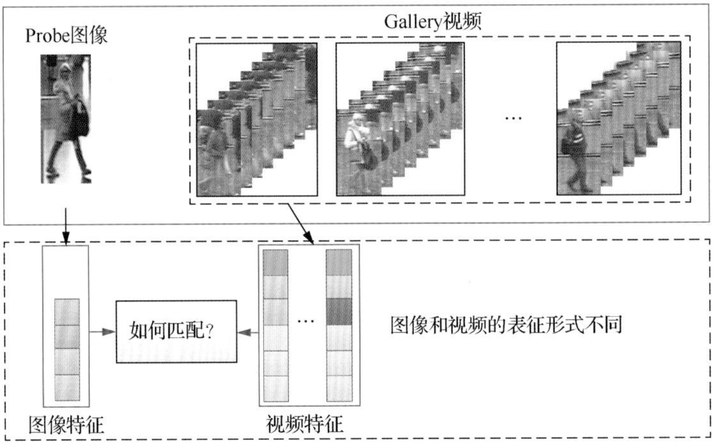

（c）图像到视频行人重识别

彩图 18　行人重识别技术的 3 种应用场景

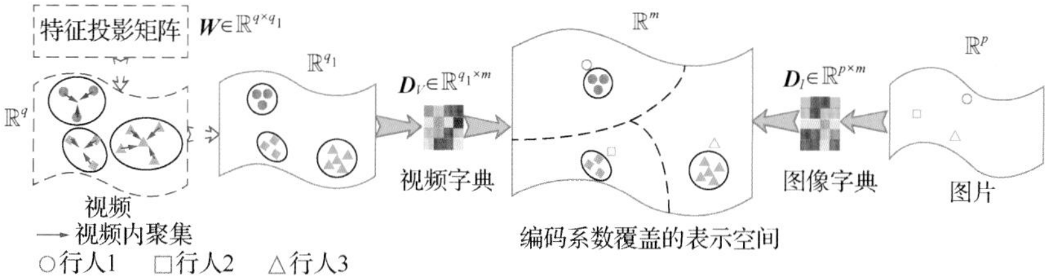

彩图 19　PHDL 方法的基本思想

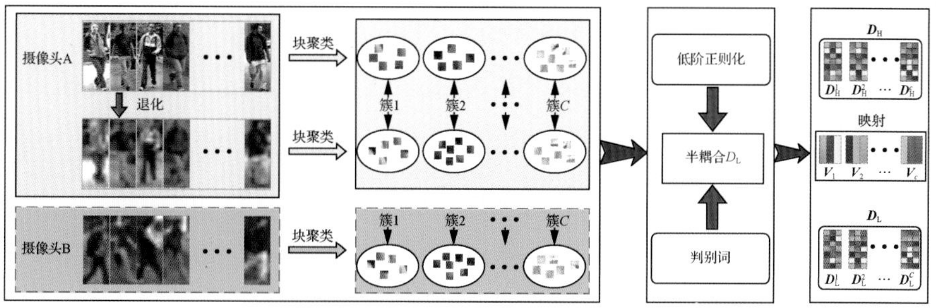

彩图 20　SLD^{2}L 方法的总体流程

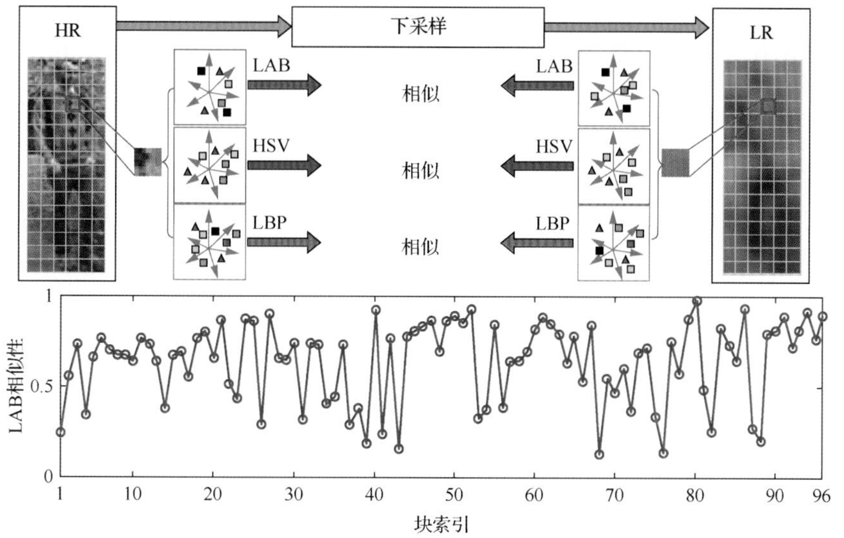

彩图 21　下采样（采样率为 1/8）前后图像块的 3 种特征余弦相似性［行人图像（128 像素×48 像素）被划分为 96 个不重叠的图像块，每个图像块的大小为 8 像素×8 像素］

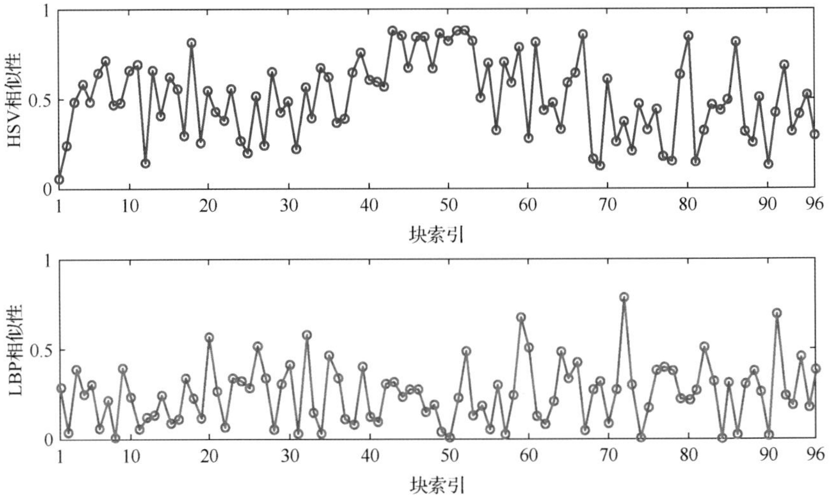

彩图 21（续）

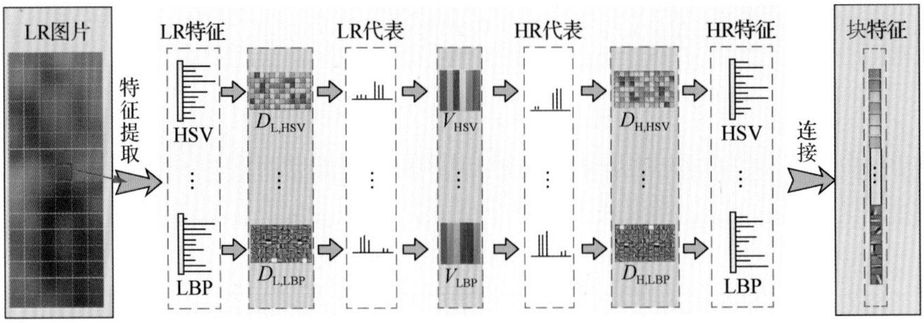

彩图 22　利用 MVSLD^{2}L 学到的字典对和映射矩阵将低分辨率图像块的特征转换为高分辨率特征的流程

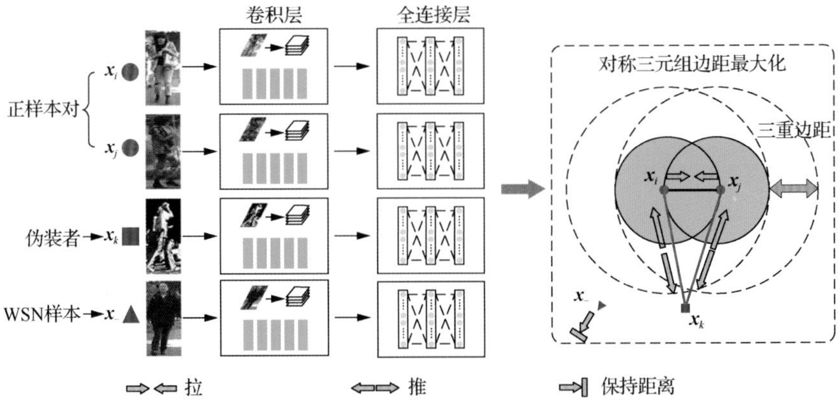

彩图 23　STDML 的基本思路

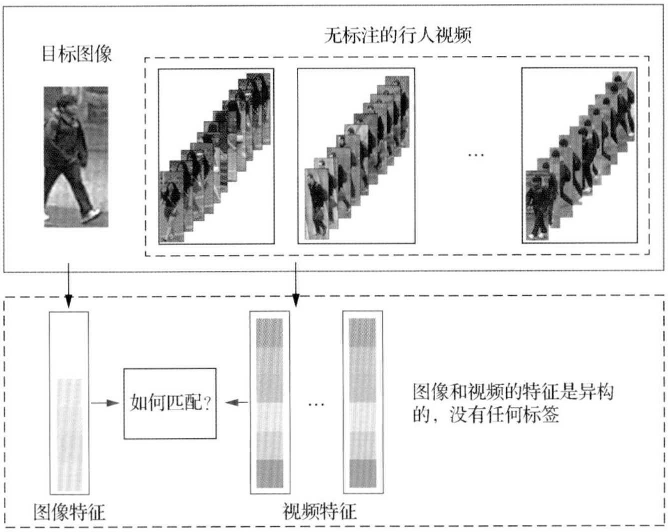

彩图 24　无监督图像到视频的行人重识别问题描述

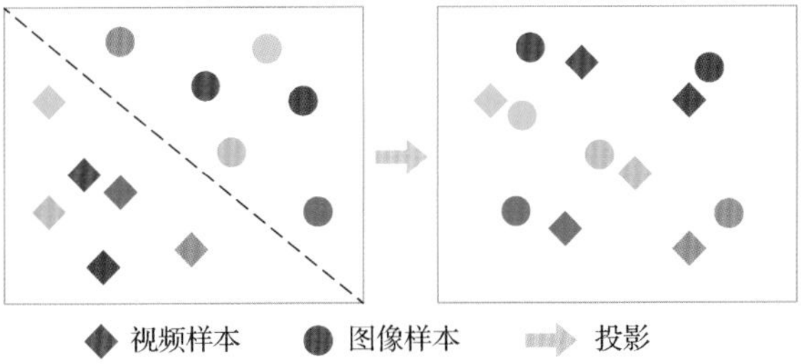

彩图 25　不同模态特征之间分布特征鸿沟的削弱

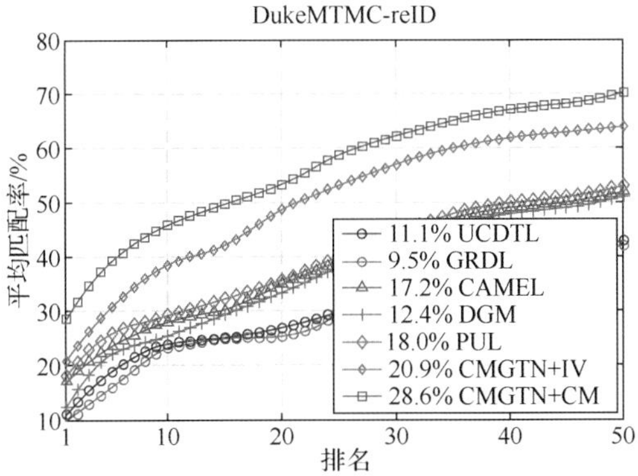

彩图 26　数据集 DukeMTMC-reID 的 CMC 平均匹配率累积曲线（每个方法的 rank 1 匹配率在图中标出）

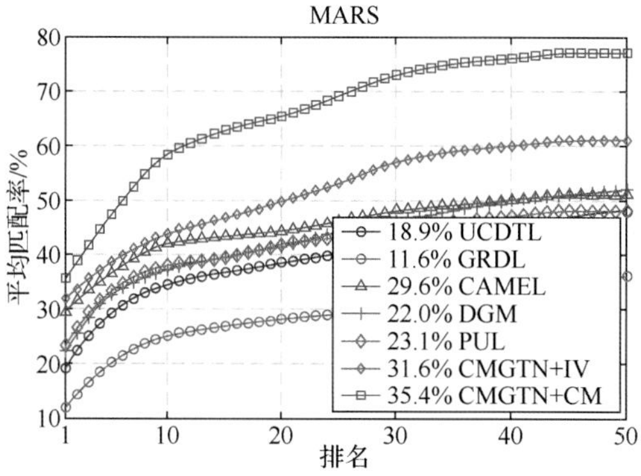

彩图 27　数据集 MARS 的 CMC 平均匹配率累积曲线（每个方法的 rank 1 匹配率在图中标出）